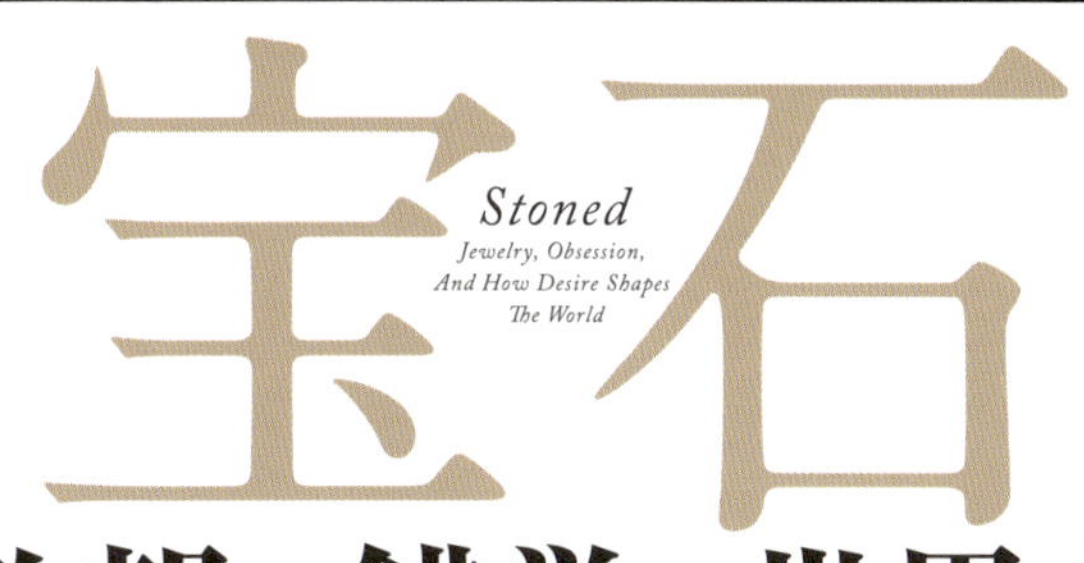

欲望と錯覚の世界史

エイジャー・レイデン［著］
和田佐規子［訳］

築地書館

伝統の貝殻玉で飾られたベルトを手にした先住民の部族長達——1871 年、アメリカン・カナディアンの文献学者であり、民俗学者、作家でもあるホラティオ・エモンズ・ヘイルの呼びかけで部族長達が集まった。

ヘイルは長達にそれぞれの貝殻玉を示してその説明を依頼、さらに子孫達に残すために写真の撮影を求めた。10 年ほど経って、ヘイルはイロコイ族の歴史や慣習を記録した『イロコイ族の儀式の書』を出版し、その中で貝殻玉のベルトに特に注目している。(1 章)

2

貝殻玉のビーズは白と紫の 2 色が作られた。白いビーズはヨーロッパバイ内部のらせん部分からできており、数の少ない紫色のビーズはホンビノスガイの成長輪から削り出して作られた。これらのビーズはネイティヴ・アメリカンにとっては貴重な通貨であり、権威の象徴ともなった。(1 章)

ダイヤモンド鉱山の大きく開いた穴。実際に見て初めてその巨大さが実感できる。小さな町一つ分ほどのものもある。ダイヤモンド産業の巨大さがわかる。(2 章)

扉　この大きなスペイン風のペンダントは新大陸のエメラルドと金で作られている。1680 年と 1700 年の間頃。コロンビアン・スパニッシュのスタイルのあとに続く典型例。エメラルドをちりばめた、非常に大型で重量もある洗練された品。(3 章)

ダイヤモンドはカットで生まれかわる。文字通りダイヤモンドだけでできている、シャーウィッシュ・ダイヤモンドの指輪はマリー・ド・ブルゴーニュのダイヤモンドの指輪と同様、優れた技術を見せつけた。(2章)

シャーウィッシュ・ダイヤモンドの指輪は巨大な1個のダイヤモンドからレーザーでカットされている。(2章)

3

岩石の基質の中で天然に形成されるエメラルドの結晶は、六方晶系のはっきりとした形で、目を引く緑色だ。(3章)

コロンビア人のエメラルド坑員。表面の岩屑を取り除いているところ。
新大陸でのエメラルドの大量採掘はスペインの隆盛と衰退を招いた。(3章)

マリー・アントワネットをスキャンダルに巻き込み、フランス革命のきっかけとなった、2800カラットのダイヤモンドのネックレス。ただ、これは最初の宝石商が残していた図案で、本物のネックレスはジャンヌ・ド・ラ・モットが手に入れると間もなく解体されて、現存しない。（4章）

4

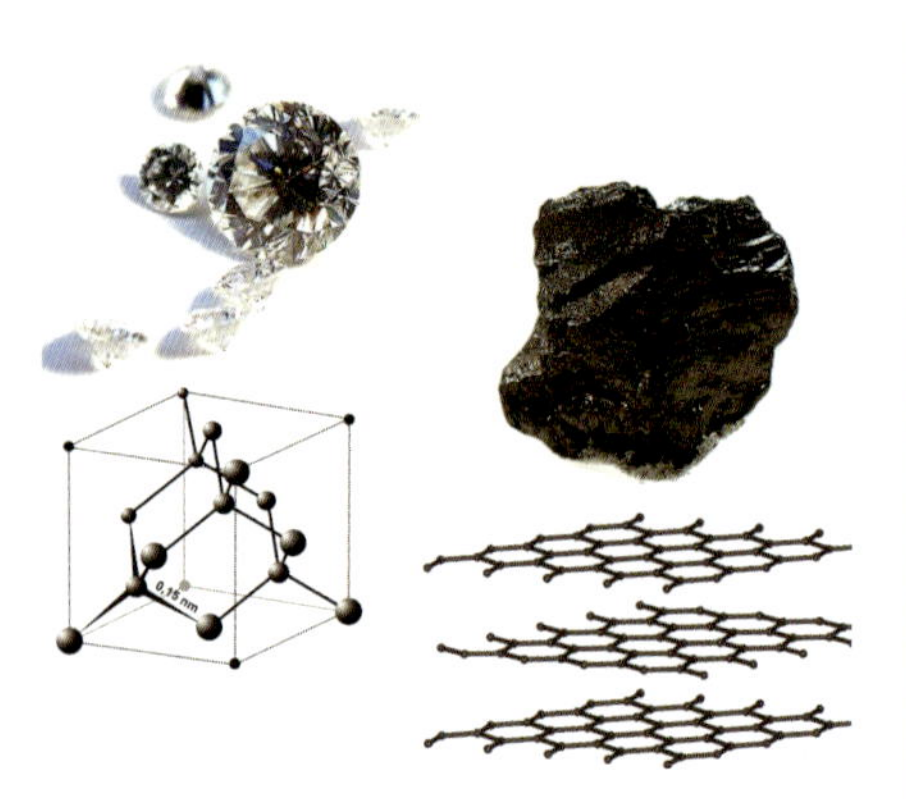

悪魔は細部に宿ると人は言う。ダイヤモンドとグラファイトは元素の結びつき方がほんの少し違うだけだ。（4章）

マリー・アントワネットをはじめとする、フランス王室の下半身ゴシップを扱うタブロイド紙の原版。ゴシップがフランス王政をこれほど弱体化させうるとは。（4章）

歴史を変えた、世界で最も有名な真珠、ラ・ペレグリーナ。写真は20世紀、リチャード・バートンがエリザベス・テイラーのために購入した時の姿。(5章)

チューダー朝の「血まみれのメアリ」が、洋梨形の巨大真珠ラ・ペレグリーナを身につけている。フェリペ2世が婚約の証しにメアリに贈ったもの。(5章)

イングランドの海賊海軍に敗北した、スペインの無敵艦隊アルマダ。それはイングランドが強国として世界に台頭する、スペインとイングランドの運不運を逆転させた瞬間だった。(5章)

ファベルジェ工房によるロシア帝国御用達のインペリアル・エッグは世界で最も美しい工芸美術と言われる。インペリアル・エッグ「戴冠式」はニコライ2世とアレクサンドラ妃の栄えある戴冠式を記念したものだったが、前途には不吉な運命が待ち受けていた。(6章)

インペリアル・エッグ「モザイク」はプチポワン刺繍を模してデザインされた。ハチの巣状の縁の中に宝石が嵌め込まれている。数十年は先を行く驚くべき技術力だった。(6章)

ファベルジェの工房にいた親方の娘、アルマ・ピルがデザインしたインペリアル・エッグ「冬」は大成功を収めた。このモチーフは宝飾品のシリーズに使用され、エマニュエル・ノーベルのイースターエッグにも用いられた。(6章)

日本の伝統的な真珠ダイバーは海女と呼ばれた。かつては腰布だけを身につけて2分間ほど息を止めて、冷たい海を25メートルの深さまで潜っていた。御木本幸吉は海女が採ってきたアコヤガイの中に真珠の核となる貝殻のビーズを埋め込むと、海底に戻させた。海女はもう必要ではなくなったが、真珠養殖の歴史に残した活躍は今も賞賛されている。（7章）

御木本が数百万個の真珠から選び抜いて作った、大将連。世界で最も大粒で完璧な粒ぞろいの真珠のネックレス。（7章）

神戸の商工会議所前でバケツに何杯もの真珠を焼却している御木本。彼が行った最も劇的で最も金のかかった公開イベントだ。傷のある真珠はいかなるものでも劣等であり「燃やしてしまう」しかないのだというのが御木本の主張だった。（7章）

世界で初めての腕時計は、パテック・フィリップが制作し、1876年11月13日（パテック・フィリップ社に残る販売記録による）にハンガリーのコスコヴィッチ伯爵夫人に販売された。鍵でネジを巻くタイプの女性用の腕時計は黄色味を帯びた金と七宝、ダイヤモンドからできており、中央のダイヤモンドでできたパネルの後ろに、正確に時を刻む時計が隠されている。（8章）

第1次世界大戦中、腕時計の宣伝文句は一変する。1914年から始まったエレクタの腕時計の広告が示しているように、腕時計は女性の持ち物だという感覚はなくなる。（8章）

8

初期の改良版「巻き付け時計」。戦場に出ていた兵士達は、自分の懐中時計を腕時計に作り替えようとした。（8章）

宝石

Stoned
Jewelry, Obsession, And How Desire Shapes The World

欲望と錯覚の世界史

エイジャー・レイデン［著］
和田佐規子［訳］

築地書館

写真クレジット

Victoria and Albert Museum, London (扉); Grateful acknowledgment is made to the following for the use of the photographs that appear in the insert: Electric Studio/Library and Archives Canada/C-085137 (2 ページ、上); Stephen Lang, 2009 (2 ページ、下左); Rich Durant—Portland, Oregon, 2009 (2 ページ、下右); Shawish Genève, 2015 (3 ページ、上左・右); Wikimedia Commons/Public Domain/User: M.M. (3 ページ、下左); Abby Stanglin (3 ページ、下右); RMN-Grand Palais/Art Resource, NY (4 ページ、上); Wikimedia Commons/ Public Domain/User: Itub (4 ページ、下左); Bibliothèque nationale de France (4 ページ、下右); Cartier/Private Collection/Photograph © Christie's Images/ Bridgeman Images (5 ページ、上左); Prado, Madrid, Spain/Bridgeman Images (5 ページ、上右); Society of Apothecaries, London, UK/Bridgeman Images (5 ページ、下); Velikzhanin Viktor /ITAR-TASS/Corbis (6 ページ、上); Royal Collection Trust/© Her Majesty Queen Elizabeth II, 2015 (6 ページ、下左); Private Collection/Photograph © Christie's Images/Bridgeman Images (6 ページ、下右); Mikimoto Pearl Island Co., Ltd. (7 ページ、上左・右); K. Mikimoto & Co., Ltd. (7 ページ、下); Patek Philippe Museum (8 ページ、上左); courtesy of the Gallet Watch Company, 2015 (8 ページ、上右); QualityTyme.net, 2015 (8 ページ、下).

STONED : Jewelry, Obsession, and How Desire Shapes the World

by Aja Raden

Japanese translation rights arranged with Aja Raden

c/o Foundry Literary + Media, New York

through Tuttle-Mori Agency, Inc., Tokyo

Japanese translation by Sakiko Wada

Published in Japan by Tsukiji Shokan Publishing Co.,Ltd., Tokyo

美しい宝飾工芸品は酒よりもタチが悪い。
酒に酔うのは飲んだ本人だけだが、
宝飾品は所有者だけでなく、それを観賞する者も陶酔に引き込む。

オルダス・ハクスリー

まえがき

美しいものは見る者に喜びをもたらすだけではない。物理的に行動に駆り立てる。ランス・ホージーはニューヨーク・タイムズ紙で脳のスキャン研究を取り上げ、「魅力的な物体を見ることが手の動きをつかさどる小脳の一部に刺激を与え、本能的にその魅力的な物体に対して手を伸ばすという動きをする。つまり美は文字通り人間を動かすのだ[①]」と述べた。

そうした美に対する熱望が私達を駆り立て方向づけるのだ。大激変や移民の群れでもなく、戦争や帝国や王族達や預言者達でもない。世界を動かしている同じものが我々一人一人を動かしているのだ。

世界の歴史は欲望の歴史だ。

「それが欲しい」という以上に根本的な言明はない。残念だが、人間はほとんど全てのものを欲しがる。この欲望に、生涯苦しめられるのだ……。

金（かね）がこの世界を回しているのかもしれない。しかし金は目的のための手段にすぎない。その目的とは件の並外れた、ほとんど狂気といってもいいほどの、美しいものを真に所有したい、永遠に我がものにしたいという人間の欲望である。

人類のあらゆる歴史は以下の三つの動詞に集約することができる。「欲求する」、「獲得する」そして「所有する」。宝石の歴史以上にこの原則を巧みに例証するものがあるだろうか。つまるところ、数々の大国は欲求の経済の上に建設されてきた。通貨の主たる形式は伝統的に宝石が担ってきたのである。

私はこれまでどんな時も宝石を愛してやまなかった。私の母は宝石箱というものを持っていなかった。母が持っていたのは宝石クローゼットだった。本物もあれば、模造品もあった。それは別段問題ではなかった。どれも同じように私を虜にしたのだから。どれも「本物の宝物」だったのだ。私が良い子にしていると、母は私を自分の大きなベッドの上に座らせて宝石をより分けてキラキラ輝く山を作らせてくれた。そしてそれを引き出しや箱へと好きなように入れ直すことを許してくれた。なぜだか実際に身につけるよりも満たされた実感があった。光り輝く一つ一つの宝石に触れて、いくつあって、どんな種類で、と、頭の中に一覧にしていくのだ。私はこれらの宝物をどれほど自分のものにしたかったことか。どんなにしても報われることのない愛情のような、胃の中に空っぽの穴があるみたいな……。

宝飾デザイナーとして十年という年月を宝石に囲まれて過ごしてきたのに、大人になっても、母の宝石はいまだに魔法の輝きを失っていない。今でも私は母の宝石が欲しい。母と私の好みがこれ以上違いようがないほど違っていても、自分でも宝石クローゼットをいっぱいにしていても、関係ないのだ。母が新しく手に入れたと言って輝きを放つものを私に見せる瞬間に、私はあの大きなベッドの上にいた時間に戻るのだ。母の派手な八〇年代物の正装用の宝石に囲まれ、聖杯を戴くかのように輝く宝飾品を小さな手のひらに載せているあの瞬間に。

なぜなのだろう。なぜ私は母が買うガラクタ同然の装身具の一つ一つが必要なのだろうか。なぜ、私は母の所有の品の価値をそんなにまで、馬鹿げたほどにまで膨らませるのだろうか。

それらが、単なる物とは全く違うからだ。そう、全く違う。宝飾品は象徴であり、手で触れることのできないものの代用品なのだ。それが呼び起こすのはうっとりするような魅力や成功や、あるいは母親のベッドなのかもしれない。

ここに集めた物語はどれも美しいものやそれを求めた男や女の物語だ。欲求と所有とあこがれ、貪欲の物語だ。しかし、本書は美しいものを題材にした書物にとどまらない。欲望というレンズを通じて歴史を理解しようと企てるものである。また、希少性と需要の経済がもたらす驚くべき結果を眺めることにもなる。希少で熱烈に求められた宝石が個人の人生行路の上に、また歴史の上に、さざ波のように波紋を広げる効果について論じていく。宝石は文化を生み出し、王家による支配や、政治的軍事的紛争を生み出す原因ともなった。

第Ⅰ部「欲求」では価値と欲望というものの性質を検証する。「欲求」とは、価値のあるものと、価値があると思い込んでいるものの間に、何か違いがあるかということだ。何かを欲しいと思う時、それには価値があると思い込んでいる。その逆もまた然りだ。オランダ人がビーズと引き換えにマンハッタン島を購入した時、それはアルゴンキン族の衰退の始まりだった。しかしながら、アルゴンキン族のネイティヴ・アメリカンは完全に騙し取られたのだろうか？　それとも私達が考えるよりもいい条件で折り合ったのだろうか。石の価値とは何か。そして何が石を宝石に変え、宝石を金で買えないものにするのか。あなたの指にあるダイヤモンドは復員軍人援護法とどんな関係があるのか。冒頭の三章では私達がどのように価値を決定し、創造し、時に価値があると思い込むのかを論じ、人類の集合的物語の全体がそのような評価装置によってどのように形成されてきたのかに言及していく。

第Ⅱ部「獲得」では人間を蝕む、むやみに欲しがるという性質について論じる。自らが持ちえないものを欲する時、何が起きるのかを明らかにする。第Ⅱ部は、願望が否定された歴史上の大きな事件に関係するものである。その結果、何世紀にもわたって残響が残った例がある。マリー・アントワネットはダイヤモンドのネックレスがもとでギロチンの露と消えたのだったか。フランス革命はたった一つの宝飾品が原因で勃発したのか。ほぼ五百年前、イギリスでの一つの貴重な真珠を巡る二人の姉妹間の争いが、どういういきさつで現代の中東の勢力図を引くことに繋がったのか。

一つの帝国が没落すると、別の帝国が台頭する。これすべて、人間に生まれついた、美しいものに対する弱さに依拠するものだ。「獲得」では私達が何を欲しがるのか、なぜそれを欲しがるのか、そして私達はそれを手に入れるために、どこまで行くのかを問う。

最後の第Ⅲ部「所有」は、戦争、あるいは破壊について論じるのではない。それとは反対に、創造についてである。「所有」は現在進行中の美しいものとの執拗な恋愛関係の、より建設的な結果について見ていく。第Ⅲ部では一人のうどん職人が登場する。地球上の全ての女性が真珠のネックレスを身につけることを夢見て、日本文化を完全なる忘却から救い出した人物で、その小さな島国を、国際的な経済大国に進化させることに寄与した。また、ヨーロッパの女性で、たった一言ファッションに言及したことで、男性性を再定義し、進行中だった戦争の近代化に貢献した人物にもフォーカスする。

一つの物語の終わりはもう一つの物語の始まりでしかない。「所有」は欲しいものを手に入れた時、何が起きるのかという問題に繋がる。そしてさらに信じられないことがその道すがら次々と起きるのだ。

〈世界の歴史は欲望の歴史である〉——本書はこれを検証するものである。
これは欲望の物語であり、欲望とは世界を変貌させる力を持っている。

宝石　欲望と錯覚の世界史　目次

第5章 姉妹喧嘩と真珠

第6章 ソヴィエトに資金を流す金の卵 228

第III部 *HAVE*
所有――誰でも手に入れられるもの

第7章 真珠と日本――養殖真珠と近代化 286

WANT

第Ⅰ部

欲望

思い込みと希少性

石が宝石になるための「価値の幻想」とは

一個の石の値打ちとは何なのか。さあ、それはその石によりけりであることは明らかだ。本当の問題は、私達の評価基準は何かということだ。私達はどのようにして石の価値を正確に測るだろうか。美しさによるのか。もちろんそれも一つの要素になる。しかし常にそうとは言えない。すぐに評価基準の問題に逆もどりなのだ。実際に私達は石の美しさをどう判断しているのだろうか。美は重要な点だが、ひどく主観的な問題である。

大きさも重要だが、絶対的な価値基準が出来上がってからの話だ。大きなルビーは小さなルビーよりも価値は大きい。ところが、小さなルビーは巨大な大理石の床よりも価値がある。したがって、大きさが決定的な価値基準でないことは確かである。品質についても同じことが言える。傷のない水晶は……しかしやはりそれは水晶である。

では、石の価値は何だろうか。石が宝石となるためには何が必要なのか。そして何が宝石を値段がつけられないほど貴重なものにするのか。

その答えは、トウモロコシ、大麦や米などの農作物、原油といった天然資源の相場の変動を幅広く検証することで見えてくる。こういった資源の価値をロケット花火のように高騰させる原因は何か。それは希少性だ。同様に下落させる原因は何か。過剰供給である。供給が需要を超えるのだ。

石についても同様のことが言える。結局のところ、その価値を決定するのは美ではない。大きさでも品質でもない。もちろんこうした要素は重要ではある。[*1] しかし、問題はその希少性なのだ。石を手に入れるためなら、なりふり構わない。他の誰も持っていないような、あるいはほとんど誰も持っていないものを自分が持っているという、あの天にも昇るような感覚なのである。

このことは水晶の場合にも共通している。希少であるとわかると価値が上がる。その逆も然りだ。あるものが手に入りやすくなったとたんに、輝きを失うのだ。結局のところ、もしも月の石が一個買えるとすると、同類の一ダース一〇セントといった隕石とは違って、ダイヤモンドよりもはるかに高い値段がつくのだ。私達がそれを欲しいと思うのはなぜかという問題はさておき、結果的に言えることは、一個の石が宝石となる大きな要因は、どれほど入手困難であるかによる。

この章では宝石の持つ価値の幻想について論じる。「価値の幻想」とはパラドックスなのだろうか、考えてほしい。もう一度、同じ質問を。何かの価値を問う時、多くの場合、それがどれだけの価値だと、特に希少性がどれほどだと私達が感じるかに左右される。これはすでに歴史が繰り返し示してきたことだ。第1章から第3章までの各章では、どのように私達が価値を決定し、価値を創造し、そして時に価値があると思い込むのか、さらに、私達人類の集合的物語がそうした価値評価によってどのように形作られてきたのかを検証することになる。

＊1

美というものの概念自体、流動的で信頼できるものではない。一八〇〇年代の美女は今日では退屈なだけの女性かもしれない。二十一世紀には太ったひよこは一ダース一〇セント、それに対して、産業革命前には痩せているより曲線美というような女性に希少性があった。ある世紀で流行だったものは、次の世紀では流行遅れになり、唯一、常に残るものは希少なものを手に入れたいという欲望だけなのだ。

第1章 マンハッタンを買い上げたガラスビーズの物語

白人がやって来る前、ネイティヴ・アメリカン達がアメリカを何と呼んでいたのかと人類学者が質問すると、ネイティヴ・アメリカンの一人はすぐさま「皆のもの」と答えた。

——ヴァイン・デロリア・ジュニア

ある人のゴミは別の人の宝

——ことわざ

大航海時代（搾取の時代として知られるようになったのと同時代のこと）、ヨーロッパは世界に関する知識を拡大していた。これは征服という行為によって堂々と行われていた。インドやアジアの宝石と香辛料を求める単純な競争から始まったものが、急速に世界をわがものと狙う競争へと発展していった。

ポルトガルは容赦なく武力で新世界に権利を主張したし、スペイン人征服者達は自分達が新世界を支配すべく神に選ばれたと主張した。イギリスは征服という行為に何ら説明責任があると思っていなかった。しかし、オランダは搾取者としてはおそらく最も奇妙な国で、あちらこちらの国々を購入することを好んだ。一六二六年、ペーター・メヌイという名のオランダ人がデラウェア族の東部支派ルナーピ族からマンハッタン島を購入した。二四ドルに相当するガラスビーズとガラクタ装身具という大特価だった。

マンハッタンの購入はアメリカ史の中でも最も異論が多く、繰り返し論争を引き起こしている事件の一つである。この破格の取引は史上最大の詐欺事件として後世に伝えられることとなった。作り話であることが判明するのではないかという淡い期待のもとに、この伝説的な売買は詳細に調査されてきた。この悪名高い売買は全く存在しなかった、でっち上げだとしてこの事件を即座に退けてしまう者もいるし、この取引はあまりにも不公平であるとして、島は「元の」所有者に返還すべきだと主張するグループもある。

しかしこの一六二六年にも、またその後の長い間も、売り手も買い手も両者ともに非常に満足していたことは最も驚くべきことだが、事実なのである。

騙したのか、騙されたのか

一六二六年五月、ペーター・メヌイはオランダ東インド会社（Vereenigde Oost-Indische Compagnie、以下、ＶＯＣと呼ぶこととする）の社員だった。メヌイはＶＯＣの上司からオランダ人入植者達の安全と団結のために、広くて安全な土地を購入する指示を受けていた。

この人物は新世界を探査した最初のオランダ人というわけではなかった。メヌイはＶＯＣから一国の買い上げを命じられた、ニューネーデルラントの最初の総督でもなかった。横領を働いたうえ、監督していたオランダ人入植者にも不人気だったヴィレム・フェルフルストという人物の後をメヌイは引き継いでいる。このフェルフルストという男はＶＯＣの基準で見ても無能な経営者で、会社から任されていたデラウェア族先住民達との契約を結ぶ能力もなかった。

ＶＯＣ社員（拡大解釈するとオランダ人入植者）は全て明確な規則のもとにあり、あらゆる「インディアン」との交渉において礼儀正しく、かつ尊敬を込めた態度で行うよう定められていた。その主な理由は、オランダ人にとってこれが相当危ない事業で、相手方と争うことになっては何の利益もないと考えられたからである。[*1]

フェルフルストは誰彼なく敵対し、結局、一六二六年九月二十三日、アムステルダムに不名誉な帰還を余儀なくされ、総督としてメヌイがその後を引き継いだのだった。一六二六年五月にニューアムステルダム島となった場所を、メヌイは間髪を入れずに購入する。次にメヌイと五人の男達は、基本的に同じ条件でカナーシー族と契約し、今日スタテン島として知られている島を購入。この譲渡証明書はアムステルダムに今日まで保存されている。と、まことしやかに語られている話はここまで。

メヌイが今日マンハッタン島と呼ばれている島、当時のニューアムステルダム島の住民[*2]の一団に接近した時、島を公正な価格で、少なくともそこに住んでいる住民なら誰もが公正だと合意できる価格で、買い上げようという意図を、彼ははっきりと持っていた。

ところが、一六二六年五月四日、今日のマンハッタン島はVOCにその地の住人によって六〇ギルダー相当のビーズ、ボタン、装身具、計算によると二四ドル相当で売却されたというのが有名な話。

狂った話だ。明らかに誰かが騙されている。

あるいは、騙したのか。ネイティヴ・アメリカン研究の権威、シカゴ大学教授レイモンド・フォーゲルソンによると、取引は確実に成立し、ビーズが取引に含まれていたことは間違いないという。しかし、メヌイと交渉したルナーピ族は、島に住む権利、またその地の資源を利用する権利を売っただけという可能性が高い。彼ら自身がそのようにしていたように、土地を未来永劫所有する

権利ではなく、いわんや他の人が使用するのを制限する権利ではなかったのだ。かつて教授とこの問題で意見を交わした時、教授も同意見であったのだが、売却時、ルナーピ族は売却が実行されていることを知っていたのは確実で、しかも、彼らがその価格について完全に満足していたという点がさらに重要なのだ。

ここで一つの疑問が執拗に浮かび上がってくる。つまり、精神も健全で、理知的なルナーピ族が、島の使用権であれ何であれ、ガラスビーズやボタンと引き換えに売ったのはなぜかという疑問だ。

考えうる答えはいくつもあるが、最も明らかな答えが、実際には最も単純でもある。価値が相対的だということなのだ。もしもメヌイがルナーピ族に提示したのが袋一杯のダイヤモンドだったとしたら、この決済に疑問を持つ者は誰もいなかっただろう。ガラスビーズは現代の我々にとって、かつてのオランダ人にとってよりもさらに価値が低いものであるため、インディアン達は騙されたのだと私達はすぐ考える。過剰は軽蔑のもと。国際的に高い価値が認められていなかったとしたら、今日のミ

ヤンマーの地元民達は豊富に産出されるルビーを、現代人がガラスビーズに行うのと同じやり方で捨ててしまうかもしれないのだ。

宝石用の原石は結局、色のついた石にすぎない。特別な名前をつけた石だ。真の宝石とは美しく、そして希少なもの。我々がそれを欲しがる理由は、所有している人がごく少ないからだ。そして、もしもそれが非常に遠くの異国の地で産出されるものなら、なお一層欲しい気持ちが募る。宝石の値打ちは、昔も今も九〇パーセントが幻想、思い込みの産物なのである。

チューリップ・バブルの顛末

思い込みの価値は非常に扱いにくい。そこにはそれが現実になるための現実的方法がある。一六三〇年代のチューリップ・バブルについて知っている人なら、ほんの些細なインチキが、遠くまで伝わって、きれいだが安物のあぶくが簡単に経済上のバブルに変わりうることを知っているはずだ。

チューリップ・バブルは一六三〇年代にオランダを嵐のごとく席巻した奇妙な現象で、たった一週間の間にオランダ経済をすっかり破壊してしまった。そしてその反動はもはや仮想上の物語ではなかった。

チューリップはオランダとは深いつながりがあるが(その理由はじきに明らかになる)、ヨーロッパ原産の花ではない。チューリップは魅力あふれる異国的な雰囲気の近東、厳密にはトルコが原産である。一五五九年以前はヨーロッパにはまだ入ってきていなかった。チューリップに対する興味関心は草の根的に十年ほどの間にゆっくりと広がっていた。しかし、花の人気は裕福で競争好きの人々の間でどんどん高くなり、新奇で美しいものに対する市場の反応と同様、チューリップの球根の市場は拡大したのだった。

一六〇〇年までにはチューリップは西ヨーロッパ中に広がり、この年にイングランドに初めて上陸した。その後の三十年間にチューリップ人気は急速に高まった。ところが、一六三七年の二月と五月の間に頂点に達すると、チューリップは史上初のバブル経済を記録したのである。[*3]

一六三〇年までには裕福な人々にとってチューリップのコレクションは、所有すべき必須のアイテムとなっていた。当時、富裕層オランダ人でそこそこのチューリップ畑の一つも持っていなければ、社会的に敬遠されることにもなっただろう。チューリップの価値が上がるにつれて、社会的地位を維持する目的でチューリップを所有する必要性も高まった。価格は急上昇し、球根は信じられないほどの高値で取引された。数年の間に一個の球根がごく普通の家一軒並みの値段につり上がっていたにもかかわらず、一六三七年までの数年間には、チューリップへの熱狂は中間層にまで広がっていたのだった。[1] 球根一個を買うお金がなかったにしても、チューリップを一本所有することは、今日のダイヤモンドにも似て、自分がふさわしい階級に所属していることを示すものだった。一六三六年の終わり頃までには、熱狂は頂点に達して、中産階級や低所得層の人々が家や農地を売り払ってまで一個の球根を買うようになっていた。現代の不動産フリップ（中古物件を購入、改築し、短期間で転売して利益を得る投資法）と同様、球根の価値は現実のもので、価格は上昇し続けると人々は信じていたのだ。

当時最も高価なチューリップの球根はセンペル・アウグストゥスという赤と白の混じった美しい花で、高級宅地一二エーカー分の値がついていた。一六三六年二月の絶頂期には、チューリップの球根はそうした狂乱価格で取引されたため、裕福になった者もわずかにはいたが、ほとんどはすっかり借金地獄に陥ってしまっていた。

同月、驚くべき事件が勃発した。ハールレム（アムステルダムの西に位置する）で招待者限定で行われた小規模のチューリップのオークションに、招待者が来なかったのだ。この入場者限定のイベントは完全な失敗だった。なぜならこのオークションが行われた近隣地域で、同時期に広範囲にわたって鼠径腺ペストが発生したのである。

それにもかかわらず、人々はペスト（黒死病）ではなくチューリップにパニック状態になったのだ。このたった一回のオークションで、期待された人出がなかった時、チューリップの球根を人々がどれほど欲しがっているものなのか、そして、金銭的価値がいかほどのものなのかを皆が疑い始めたのだ。失敗に終わったこのオークションが少量の触媒となって、チューリップの投資市場崩壊を招いたのである。

人々は球根を買うのをやめ、チューリップをめぐる契約を履行しなくなった。あらゆる階層の投資家という投資家が住む家を失い、突然値打ちのなくなってしまった小さな玉ねぎのような球根以外、無一文になった。オランダ政府と裁判所に対して救援を求める請願が提出されたりした。しかし状況はねずみ講的に複雑で、ハーグの行政府にすら打つ手がなかった。結局、政府はチューリップ取引をギャンブルによる借金であるとし、政府援助を拒絶した。

二カ月の間に、オランダ国民の半分が極貧の暮らしになり、ヨーロッパ中に広がった途方もない値段のついた球根にすっかり無関心になった。専門的な球根業者の中には需要を呼び起こそうとした者もいたが、無駄に終わった。冬場の花のように枯死したチューリップ市場が復活することはなかったのである。

これが希少性効果であり、仮想上の価値の最も恐ろしいところである。

価値とは経済学上、手の込んだ詭弁のように機能する。皆がそれを持たなければならない。なぜなら皆がそれを持たなければならないからだ。他の人が欲しがれば欲しがるほど、それを持つためにより多くを支払う。それを持つために多く支払えば支払うほど、他の人はそれが価値あるものであると、ますます確信するようになり、したがって、今度は同じ物に対してより多くを支払うようになるというわけだ。希少かつ多くの人が欲しがる物の価値は、このように不条理で非現実的に急上昇するのである。

希少性効果に関して興味深いのは、現実の希少性を必ずしも必要としないという点だ。

一回のオークションの失敗がチューリップ・バブル崩壊の引き金となった事実は、それほど驚くべき話でもない。多くの人が欲しがった球根の価値はダイヤモンドや宝石の価値と同様に、美やエキゾティシズムだけによるものではないのだ。常軌を逸した価値はその物の不足で決まるのでもない。同じ物を所有したいという他人と競う欲望によって決定づけられる。数に限りのある物の話になると、希少であると認識するや、人間の理性はパニックに陥るのだ。

欲望にあやつられる脳

需要と供給の神経学上の効果に関する実験がある。[2] 被験者のグループに二種類の異なるクッキー（話を簡単にするために赤と青と呼ぶことにする）を与え、どちらが興味を起こさせるか順位をつけてもらった。数が少なければ少ないほど、被験者達はそちらに魅力を感じるという結果になった。なるほど、ここまでは何も驚くようなことはない。これぞ希少性が作用した明らかな結果で、希少性が我々の価値認識にどれほど影響するかを示している。

実験の後半部分はさらに興味深い結果を示した。研究者達は最初同数のクッキーでスタートしたが、実験を行っている間に、赤色のクッキーをいくつか取り除いて、青色のクッキーを追加したが、被験者には知らせなかった。

実験の間、終始一方のクッキーの数が少ない状態が続くと、その種類のクッキーは価値があると認識された。同種のクッキーが実験の間中豊富な状態が続くと、それほど価値がないように認識された。しかし、ここに面白い結果が見られる。特に価値が高いと認識された種類は、初めには数が多かったのに、その後次第に数が減っていった種類のほうだったのである。

自分以外の被験者達が赤いクッキーを欲しがっていて、実際に選んでいると思い込んでしまえば、赤色のクッキーが最も価値があるのだと全員が信じ込むことになる。供給が次第に減っていることを目撃すること以外に、理由は必要ないのだ。

脳にとってより衝撃的なことは、何かを自分のものにできないことよりも、他の誰かはそれを手に入れることができると知ることだ。狭量な話に聞こえるかもしれないが、神経学では決して珍しい帰結ではない。

また別の研究者はさらに踏み込んだ結論を出している。

希少性を脳が認識した場合、「考える能力が阻害され……欲しい何かが前よりも手に入りにくくなると、肉体的な興奮状態に陥る。……血圧が上昇し、視野は狭まり、……認知的、理性的な側面が後退する。（そして）認知的行動が抑圧される。状況を思慮深く分析することが難しくなり、続いて脳内に曇りが発生する」[3]という。人間の認知機能を狂わせるのは欲望だけではない。妬みである。自分の欲望が向かう物を自分以外の人間も欲しがっていると信じることが、肉体的に闘争・逃走反応を引き起こす。欲望、特に数量に限りのあるものに対する欲望が、現実にそうであろうと、空想にすぎなかろうと、肉体的に人間に影響を及ぼすのである。無意識に我々を行動に走らせるのだ。そして、そうした反応は周りの人々にも同様の反応を引き起こす。たった一人の狂気が次の人の狂気を生み、またその逆が次々に繰り返されて、循環するのだ。

逆説的だが、別の研究グループは、肉体的に興奮し、混乱している時でも、希少性の認識によって人間は問題の対象物をより丁寧に観察するようになるという結果を導き出している。「数量に制限があることによって、その出物が有望な物かどうか、評価を下す認知的能力が活性化される」[4]というのだ。もしも私が、何かを大量に提供するとすると、あなたは細部にわたって注意を払うかもしれないし、あるいはそうでもないかもしれない。それに対して、最後の一つか、二つになった何かを提供すると、あなたの脳は前の例よりも一層丁寧に注意を払うだろう。なぜなら、その何かは供給が少ない状態だからである。

要するに、欲望は人間を愚か者にするのだ。肉体的に。また化学的に。集中力は高まり、熱烈さも増すが、理性的な決断をする能力は阻害される。一方の足でアクセルを踏み込み、もう片方の足でブレーキを踏むようなものだ。脳は過度の興奮状態になり、小さな蒸気機関のようにポッポッと音を立てながら、可能な限りベストな選択をしようと試みるわけだが、その能力はすでに大きく下がってしまっているのだ。

何かが少ししかない場合、人はそれをどうしても手に入れたくなる。生物学上の衝動である。

マンハッタンの適正不動産価格

メヌイ総督とルナーピ族との間で行われた取引には疑

義の余地があるが、さて、それではその貴重な対象物、ニューヨークと、希少性を巡る神経生物学は一体どのように関係するのだろうか。

マンハッタンはいつの時代にも世界中から最も熱望された場所だったというわけではない。実際、今日マンハッタンとして知られている島は、オランダ人がニューアムステルダムとして選んだ第一希望の選択肢だったのではない。ルナーピ族でさえそこに住んではいなかった。マンハッタンという名前は「マナハフタニンク」、おおよその意味で「みんなが酔っ払いになった場所」[*4]からきている。移住初期のオランダ人達との出会いによって生まれたものだ。⑤ルナーピ族達もこの島へは時折、魚や牡蠣を採りに来るくらいのものだった。マンハッタンという未来の島を欲しがる者は実際誰もいなかったのだ。

当時から今日までに建設されたものを全て、銀行、金融、商業、芸術、その他ニューヨークに心理的に結びつくありとあらゆるものをはぎ取ってしまえば、小さな二三平方マイルの土地は、素晴らしい不動産というわけではない。確かに、入り江はある。だがこの、広い入り江は非常に柔らかい砂州でできていて、過去三百年の間、マンハッタン島にはごみが打ち上げられるばかりだった。ほぼこの表現通りのありさまである。金融の盛んな区画の大部分も含めて、最低でも一五パーセントの土地が、何世紀にもわたるごみの堆積場だったのである。

島は最後の氷河期の終わりに氷河が後退した時に残していった花崗岩の堆積物でできている。セントラルパークにある巨礫は、ことわざのごとく、氷山の一角である。そうした花崗岩の堆積物がいたるところにあって、この地を造成不能にしている。[*5]マンハッタンは冬は凍りつくほどの寒さで、夏は酷暑の地だ。ハリケーンや洪水の被害を受けやすい土地柄でもある。小さな島で、冷たい三角波の立つ海に囲まれている。木材が少々あるばかりで、自然資源も恵まれているとは言えない土地だった。

それでもしばらくの間ニューヨークはこの国の首都であった。一九二五年にロンドンを抜いて世界で最も大きな都市になると、公式ではないが、世界の首都と言える存在となったのだ。皮肉にも、この島は今や、この星の上で最も多くの人が手に入れたいと憧れる不動産の一つである。

なぜそれほどに価値あるものとなったのだろうか。
マンハッタンの不動産価格は希少性効果の基本的法則に従っている。他の都市では建物を外へ外へと広げていくことができる。マンハッタンは島であるため、建物は上へ上へと延びていくことになる。開発可能な土地はこの島にはほとんどないのである。価格を決定するものは、平方フィート単位で測られるほどの希少性のみだと言ってよい。

数量が限られている商品には力がある。

少なければ少ないほど、その力は増加する。マンハッタンの場合、その価値を決めるカギとなるのはその大きさだ。ニューヨークはそれ自体が宝石なのだ。商品がダイヤモンドであろうが、岩盤であろうが、その希少性の効果が機能するようだ。

マンハッタンで空間価値が高騰したのは、土地が不足し始めた時だった。建設ラッシュ、資本主義万能時代の到来前、すなわち、ウォールストリートや金融街の発展以前には、土地も天然資源も豊富な、発展の見込める大陸の土地には到底及ばない価値しかマンハッタンにはなかった。

そうしてみると、珍しい、異国情緒あふれる「宝石」一袋が、気候の厳しい湿地の島の対価というのは、それほどひどい取引ではなかったのかもしれない。

スパイス戦争の勃発

ハドソン渓谷（現在のニューヨーク州都オールバニーと、マンハッタンとを結んで流れるハドソン川流域）はともかく、オランダ人達は新大陸で一体何をしていたのだろうか。岩だらけで湿地の多い小さな土地を欲しがったのはなぜか。結局、新大陸での土地の取り合いが進むにつれて、マンハッタンは、コロンブスが発見し虐殺を働いたバハマ諸島と同じにはならなかった。

儲かる物は何か。その答えは薬物である。

人々をこれほど素速く行動させ、これほど遠くまで足を延ばさせる、そして必死にさせる貿易はまずない。薬物である。スパイス、香辛料である。それはなぜか。

魅力の大きな部分は宝石と同様、限られた者にしか手に入れることができない、その排他性にある。香辛料が手に入りにくく、その獲得に危険が伴っていた歴史は長い。多くの宝石と同じく、遠方の地の産物であり、それを獲得するには、信じられないほどの努力と対価（時には血が流れることもあった）が必要だった。宝石と違うところは、香辛料が病気の手当てから、食品の保存、はてはベロンベロン状態に酔っ払うといった実用的な様々な目的に使用された点だが、別に問題はないだろう。実際のところ、正しく使えば、ほとんどの「普通の」香辛料でもかなりの恍惚状態に至るのは間違いない。

にもかかわらず、オランダ人と同様、探検家、商人、資本家達にとって、香辛料の最大の魅力は宝石と同じく、常に「需要」にあった。一人が買うと言えば、一〇人が売るためにしのぎを削る。中世には香辛料を手に入れ、取引し、売るための暴力的なまでに競争の激しい市場が存在した。前述の実験を思い出してみてほしい。もしも手に入れることが難しいとか、あるいは自分よりも別の人間が先に手に入れてしまうかもしれないと思うと、赤いクッキーはどうしても自分が手に入れなければならないものに思えるのだ。

何世紀にもわたって、東アジアの香辛料市場を手に入れようとしていた西欧列強は標準的なルートを採った。ヨーロッパを出発し、最重要都市のコンスタンチノープルへと東回りに、かのシルクロードに沿って、中国へ至るルートだ。ほとんどが陸上のルートだったけれど、キャラバン隊の行程もあれば、渡河もある。また湖を渡る旅にも耐えなければならなかった。通行できたとしても、長く厳しい旅だった。

しかし、一四五三年にオスマントルコ皇帝メフメト二世は、二カ月の包囲戦の末に東ローマ帝国の首都コンスタンチノープルの攻略に成功すると、ヨーロッパ人達の交通を遮断して、昔からの交易ルートを封鎖した。西欧列強は少ない日数でアジアに至る新しいルートを見つける必要に迫られた。この時、あたかもレース開始のピストルが鳴ったかのように、大航海時代に突入したのだった。

一九六〇年代の宇宙探査競争と同様、すぐ手の届くところで急激な拡張を始めた世界に、地球全体が熱狂した。この競争に参入できる手段を持つ国ならどこもかしこも参戦し、できない国々はコート際からこの競争を興奮しながら眺めるという、まるで前例のない光景が現れた。

　よく知られている渡航年表から、いくつかハイライトを取り上げるなら、一四九二年、コロンブスはインドを目指して西へ航海した。真珠と香辛料を求めていたのだが、間抜けな話だ。南北アメリカ大陸がもしも全く間になかったとしても、初めにぶつかるのは中国だったはずだからだ。コロンブスが勝利した最も大きな相手、バスコ・ダ・ガマは、一四九七年、南へ向かって航海し、アフリカの喜望峰を回った。もしも成功を測る物差しとして公に発表した目標を達成したということで言うなら、ダ・ガマはコロンブスよりもはるかに大きな成功を手に入れたと言える。彼はポルトガル代表としてインドに到着し、わずか二年後には、貴重な品々をふらつくほど積んで、意気揚々と帰国した。一五二〇年頃には、マゼランは地球一周も果たしている（彼の船は、ということだが。航海の終わり頃、貴重な香辛料の島インドネシアに向かう西へのルートを探しているうちに、戦闘に巻き込まれて本人は亡くなっている）。

　おわかりのように、初期の頃の東洋へ向かう挑戦は多

くの場合、スペインとポルトガルが中心だった。他の国々に比べて、この両国には資金があり、いい船もあり、また命知らずの探検家達もいた。カトリック教会の一員であることからくる特別な引立てとも相まって、両国は香辛料争奪戦の前半戦では共に優勝候補であり、またそれによって、世界経済の覇者の地位に最も近いところにいた。[*6]
　オランダ人が新世界に到達するのが遅れたのには理由があった。十五、十六世紀にはスペインがオランダを支配しており、オランダは自分達の独立国を作るためには、まずスペインの支配から抜け出すための戦争（一五六八から一六四八年）に勝たなければならなかった。その後ようやく香辛料争奪戦に参戦し、世界覇者の地位を窺うことができたのである。一方、英国は財力のない弱小国だった。女王エリザベス一世が一五五八年に王位を継承した時、英国は財政破綻にまず対処しなければならず、新世界へ乗り出すことなど、できる状況にはなかったのである。
　しかし、エリザベス女王が機転を利かせて、女王公認の海賊行為を非公式に行ったことにより、十年にわたる

スペインとの泥仕合をどうにかスタートさせることができた。女王はスペイン船を襲っては撃沈させる行為を黙認し、新世界からの想像を超える略奪品を獲得した。こうした戦いによって英国は富を増したばかりでなく、スペインは英国の攻撃をやめさせるために全面戦争を余儀なくされ、戦争はスペイン海軍の無敵艦隊の壊滅で最高潮を迎えた。結局、スペインは英国とオランダに完敗し、北ヨーロッパ勢が歴史の中央に座を占めることとなった。

そうして一六〇〇年代には英国とオランダは世界征服の自由競争のただ中にいた。実際には、それぞれの適所を見つけていたというのが公平な表現だろう。しかし、彼らの強みは探検ではなく、植民地化にあったのである。両国は上陸した場所がどこであっても、富を奪うだけでなく、作り出すことにも驚くべき才覚を発揮した。英国とオランダがぶつかる理由は、ビジネス上の関心分野が重なることによるものだった。両国は可能性のある事業として同じ場所を気に入ったし、同じ標的を狙った。商業上、利害関係のある大国同士として、略奪するのでなく、十分に手入れをして豊かにする目的で土地を探していた。貴重で再生可能な資源のある土地である。農業を起こし植民地化し、鉱物資源を採掘し、そしてそこから拡張できる土地だ。もちろん更なる交易ルートの探索も狙え、防衛上の足場となるような戦略的立地のよい土地である。こうしてオランダ東インド会社（ＶＯＣ）と英国東インド会社（ＥＩＣ）は長年にわたって同じ島々を巡って競争を繰り広げるという、興味深い歴史を有することになった。マンハッタンも例外ではなかった。

ヘンリー・ハドソンはＶＯＣで働く英国人探検家だったので、オランダの命令のもと、北西ルートを探っていた。ヨーロッパの商人達が新世界を横切っていくための、よく知られてはいたが、永遠に達成不可能に見えたルートだ。ハドソンは今日私達がニューヨークと呼んでいる土地に行きあたったものの、特別関心を持たなかった。彼の目は東洋にしか向いていなかったのである。

それでもオランダ東インド会社の名前でそのあたり一帯の権利を主張したのは実に賢明だった。しかし、ここでよく理解してほしいのは、ＶＯＣは本来その地の原住民の、言葉を換えれば主権者の権利を超えて所有していると思っているわけではなかったということだ。その他のヨーロッパの国々からの権利主張がないようにこの地域を見張るというだけのことだったのだ。これは、たとえばスペイン人がどこかの土地に現れて、その地の権利を主張するやり方とはかなり違っていた。スペインのために、ではなく、スペインの土地の一部としての権利を主張するのが彼らのやり方だった。それに対して、オランダ人達は初めての国にやって来ると、事業開拓のために文字通り「優先的使用権」を求めるのだ。

できるだけ戦争でなく、よりビジネスライクに。どちらも妄想だ。

ハドソンは一六一二年、船で通り過ぎる時に、自分の船のデッキからニューヨークに向かって、たとえて言えば小用をひっかけたくらいのものだったのかもしれない。VOCが入植者を統括するための場所を探し始め、ペーター・メヌイを通して実際に島を買い取れるように調整したのは、その後、十年以上経ってからのことだった。土地の代価の支払いを申し出ることは誠意を示すサイン以上の行為で、取引を正式なものにする一つの方法でもあった。

ローマ教皇に分割される世界

なぜオランダ人はマンハッタン島に対して対価を支払ったのだろうか。新大陸の土地に、対価を支払うとはどんな愚か者だろうか。

大航海時代は究極の自由競争で、著者はこの「自由」という言葉を強調しておきたいと思う。すでに述べたが、旧世界の全ての勢力はアメリカになだれ込み、我が物顔で、土地を手に入れていった。実際、神聖なる権利を主張する国もあった。オランダは征服者というよりは実務家だったのだろうが、だからといって全く牙をむくことがなかったわけではない。また、オランダは他の地域でも先住民を相手にしてきた歴史が長く、アフリカのダイヤモンド産出地ではどこでも、信じられないくらいの残酷さを示した。ではなぜ新大陸ではそれほどまでに紳士的な態度を取っていたのか。いわゆる「ウィルデンWilden」[*7]と契約書を交わし、価格交渉を行って、署名欄にサインしたのはなぜか。

原住民側の問題ではない。カトリック教会の問題だったのだ。彼らが所属することが絶対ない組織である。詳しく言えば、トルデシリャス条約である。

一四八一年の教皇シクストゥス四世の布告した大勅書により、カナリア諸島以南の新領土がポルトガル領となることが定められていたが、教皇アレクサンデル六世（悪名高いボルジア家の長）もまた神の教会の声として神聖なる権威を使って数多くの教皇大勅書を発行した。その多くは互いに矛盾しあっていたり、なかには全く意味を成さないものまであった。現実問題として、ローマ教皇によって発行された文書で、正式な印章を押されていればすべて教皇大勅書である。実際には教皇大勅書は制令として機能した。アレクサンデル六世は教皇大勅書を発行することを非常に好んでおり、不渡手形のように無造作に発行した。この人物が、カトリック教会の長い歴史の中で名誉ある名前として思い出されることはない。

アレクサンデル六世は教皇大勅書「インテル・チェテラ」を布告。これはその後スペインとの交渉の末、正式にトルデシリャス条約として批准されたが、地球全体を想像上の境界線（教皇子午線）で分割し、スペインとポ

ルトガルで分け合うというものだった。もちろん、教皇はそれ相応の見返りをスペインとポルトガルから受け取った。この両国以外の国は新世界に船を派遣することも、辺地の植民地や貿易ルートを設立することも許されなかった。違反すればカトリック教会から破門を言い渡されることが決まっていた。新世界とは今や東方も西方も未発見の世界を含んだ全体だった（多少の争いが起きると、境界線は少しずつ行ったり来たりした。そういうわけでブラジルは南米で唯一、スペイン語でなくポルトガル語を話す国なのである）。

この計画はアレクサンデル六世にとって、スペインにとって、またポルトガルにとって、非常に有利に機能した。それ以外の国にとっては全くの不利となった。

しかし、オランダは非カトリック圏で、教皇の権威をそれほど重視していなかった。実際、公式ではないもののＶＯＣのモットーに「キリストは良き者。しかし貿易はさらに良きもの」とある。破門すると脅迫されても、放り出される仲間内に入っていない場合には、別段、恐るるに足らずというわけだ。たいてい、オランダ人はト

ルデシリャス条約をあっさりと無視していた。しかし、教会の権威を重視する国に対抗して、自分達の土地の権利主張を正当化するためには、何らかの方策が必要だった。

ＶＯＣは海賊でも冒険家のグループでもなかった。契約を取り付ける素晴らしい才能を身につけた商人だった。ウィルデン達と交渉を重ね、契約書を作成し、彼らの土地に対して支払いをすることは、結局のところ巧妙かつ法的にも巧みな作戦だった。カトリックの国々以外から、万が一、オランダが設立してきた植民地は法的に正しく取得されたものではないと攻撃された場合に、その主張を無効にすることができるからだ。

島を買う

では、どのようにしてマンハッタン島の公正な価格を決定したのだろうか。そして、宝石でもなく、チューリップでもなく、その他の何ものでもなく、なぜビーズだったのか。

オランダ人がマンハッタン島の購入にビーズを用いたという事実は、実は何も特別驚くような話ではない。新大陸への冒険を企てる者が現れるよりはるか前から、ベネチア人はアフリカやインドネシアでの貿易の際、通貨としてビーズを使っていた。実際、オランダのビーズ職人達の多くはベネチア人だった。ガラスビーズは美しいだけでなく、ヨーロッパの域外ではガラスは希少な品だったのである。

事実、十六世紀、十七世紀には、ビーズは貴重品で、かつ、いたるところで使える通貨として、広く受け入れられていた。ルネッサンス時代にはトラベラーズチェックのように利用された。今日と同様、認識されていない外国の通貨を使って交易を行うことは当時も困難だったのだ。また、金と宝石は今ならどこでも歓迎されるが、宝石が遠方の土地から運ばれてきて取引されるのがほとんどだった時代、ヨーロッパの商売相手と比べて、売り手側の産地でははるかにその価値は低かった。金の値打ちは誰も認めるところだが、重量があるため、大量に輸送することは困難で、盗難にも遭いやすかった。

それに対して、ガラスビーズは輸送が容易で、価値の標準化もしやすく、希少性もあったため、西ヨーロッパ域外ならどこでも高い評価を受けた。自分よりも顧客のほうにより価値のあるものを使って取引することは明らかに有利なのだ。その製造技術がなくビーズが知られていない土地で、当時、ガラスビーズは特に価値が高く、評価ができないほど貴重だとも、希少性が高いとも、また異国的だとも言われた。

マンハッタン島がビーズを対価としてネイティヴ・アメリカンから買い上げられたと聞けば、いやな気持ちになる人が多い。なぜなら現代人は、ビーズは基本的に価値がないものと考えているからだ。しかし、ビーズがらみの売買にはスキャンダルになるような話は全くない。ビーズを貨幣として受け取ったネイティヴ・アメリカンは馬鹿だったのだという推論をするのはこの話を又聞きした人から出ているのであって、話そのものが根拠になっているのではない。文化的な罪悪感の他に、私達現代人自身の価値観が吹き込まれたものだ。もしもビーズには価値がないと私達が認め、もしも、ネイティヴ・アメリカン達は自分達の土地を値打ちのないガラクタと交換に売ってしまったと私達が信じるのなら、それなら、論理的に、そこに住むネイティヴ・アメリカンの知性と規範を貶める話になる。

ビーズが安いというのは脱工業化社会の認識だ。ある物の価値は、その物の数が増えてあたりまえのものとなり、広くいきわたるようになるにつれて、急落するということはすでに立証済みだ。ボタンとビーズの運命も、かつてはそこそこ贅沢品だったという点で、全く同じだった。すなわち工場と機械の助けを借りて製造が進むにつれて、一人の売り手が製造することのできるボタンとビーズの数量は爆発的に増加した。産業革命以前にはビーズやボタンの製造者はたとえば一カ月に一〇〇個作ったとすると、産業革命後には一万個作れるようになったのだ。そうした成功が衰退の原因となったとは皮肉な話だ。最終的には、ビーズとボタン市場は完全に供給過剰となった。希少性がなくなったことで、まずは価値が下がったかに見えるようになり、後には現実として価値が下がってしまったのだ。

美しいビーズやボタンの需要が低下するにつれて、価格も下落していった。製造者達はより安い材料を用いて、価格を低く抑えるようになった。機械分野での工業革新が休みなく続き、一〇〇万単位での生産がどんどん容易になった。皮肉にも、この過程が合理化され、大量生産体制が完成するや、まさにその理由で大衆はビーズやボタンを欲しがらなくなってしまったのだった。

「マンハッタンを買ったビーズ」の物語を巡る問題は、二四ドルにかかる金利の計算を誰もしていないという話ではない。非常に多くの頭脳明晰な人々がそれはすでに試している。ところが誰もビーズにかかる金利は計算することを思いつかなかったということだ。そこにこそ、希少性の効果の本質があるのだ。ビーズは今日どこにでもあり、安価で、そして使い捨て可能だ。誰でも手に入れることができ、したがって、何の価値もないということなのだ。

問題は、その当時、何と何が等価だったのかということに尽きる。

全ての光るもの

宝飾業での私の最初の仕事場はシカゴのオークション・ハウス、ハウス・オブ・カーンの査定部だった。初日、私は事典を見ながら、たくさんの指輪に刻印された製造者の商標（宝石商にとって、芸術家の署名のようなもの）が正しいものかどうかを調べていたのだが、二つか三つの数字が例外なく金属に彫り込まれているのに、私は疑問を持った。

昼食に出かけていく上司のカーン氏を見かけたので、私は自己紹介がてら、頭を悩ませていた数字の一つを彼に見せて、その意味を尋ねてみた。私が見ていたのは金属の刻印だという。宝石に彫り付けられていて、その金属の純度を示すものだという。つまり、何パーセントが純金、あるいは純銀かという表示だ。

数字を削って変えてしまえばいいのに。そうすれば宝石をもっと値打ちのある物にできるではないですか、と私は尋ねた。どうか怖い目で私を見ないでほしい。私は若かったし、それが私の初出勤の日だったのだから（私は少々犯罪めいた声色も使ってみたのだ)。

上司は私を頭のよく回る子だと言って、頭をぽんと叩いた。それから、そんなことをしないように、そして頭が回りすぎると、連邦刑務所への道も早いよと、私は厳しく言い渡されたのだった。

このような数字を勝手に書き換えることは、一〇〇ドル札にゼロを一つ書き足すのと何ら変わらない。個人の指輪であってもこの小さな印は連邦準備制度に属しているのだ。指輪やブレスレットの内側を見ると、たとえば925という刻印があると、九二・五パーセントの純銀だからスターリングシルバーという意味だ。あるいは725という数字があれば、一八カラットの金、七二・五パーセント純金と二七・五パーセントの卑金属という意味になる。宝石からこうした印を消すことは違法で、個人が所有している宝石でも同様だ。質屋が印を消したり、変えたりすることも違法である。宝石商がこれをつけないことも、故意に誤った印をつけることも違法とされる。[*8]

マットレスなどのような物につけられた「このタグを外すと処罰されます」といったものは違法ではない。違法なのは、偽造すると違法になるようなものの場合だ。

宝飾品は文字どおり貨幣なのだ。

宝飾品は溶かして、塊にしたり、石を外すことができる。通貨として機能するのでないとしても、通貨を支える働きが意図されている。美しいマネーだ。本質的に欲望の対象だ。しかし、結局のところは、金も宝石もマネーなのだ。

新大陸の「貝殻玉」として知られている特別な種類のビーズについても、これと同じことが言えた。

牡蠣の島

ニューヨークが眠らない街となるはるか以前、そこは東海岸の最も退屈で活気のない、小さな泥土の塊にすぎなかった。その海岸線は四百年の間に大きく変化したが、誰も気にもとめないような場所だった。ただ、一つだけ例外があった。それはブロードウェイ、伝説的な不夜城街グレート・ホワイト・ウェイである。

ブロードウェイは実際に私達が建設したものではなかった。ずっとそこにあったものだ。ブロードウェイは今日のニューヨークの長いほうの向きに、奇妙に斜めにそれて、ほとんど対角線を走っているが、これは自然が作り出したものなのだ。伝説の大通りは数百年後には、ニューヨークの中でも観光客の集まる地区の中心地で、生粋のニューヨークっ子にとっては悩みの種となるが、その始まりは幅の広く水深の浅い川に沿うように走る、よく踏み固められた道だった。長い間、先住民達はこの小道を、牡蠣を採りながら歩いたのだ。

白い川は牡蠣殻でいっぱいで（牡蠣が大量に採れたので常に白っぽかったのだ）、手を伸ばせば採ることができた。実際、先住民達はマンハッタン島のことを「小さな牡蠣の島」と呼んでいた。ちなみに「大きな牡蠣の島」とは今日のスタテン島のことである。

アメリカ先住民は牡蠣を食べていただけではなかった。ルナーピ族の人々は美しい牡蠣殻を使って、「貝殻玉」として知られている特別なビーズを作っていた。「貝殻玉」Wampumという語は「白い貝のビーズ」という意味のナラガンセット族の言葉から来ているが、貝殻玉は実際には二色ある。白いビーズは北大西洋のヨーロッパバイの貝殻でできていた。紫色のビーズは北西大西洋の殻の硬い二枚貝で、この地ではホンビノスガイとも呼ばれる貝の成長輪から作られる。ビーズ自体はチューブ状の形で、表面はなめらかに磨かれている。

ニューヨーク、またの名を「小さい牡蠣の島」にほど近い北米森林地帯の先住民は、いわゆる貝殻玉を昔から製造していた。ビーズは当時西方はグレート＝プレーンズのスー族との交易にまでも使用されていた。ある意味でビーズは域内通貨だったのである。

一六二六年、ビーズは事実上、世界共通の通貨だった。貝殻玉は様々な形に作られていたが、最も多かったのは磨き込まれた長い筒状のものだった。白いビーズは長い紐状で、決まった長さにまとめられて、通貨の単位として使用された。二種類のビーズは平たいベルトやネックレスの中に華麗に織り込まれた。こうして織り込まれた貝殻玉は重要な取引の成約を表すことに使用された。おそらくは土地の取引にも……。

では、貝殻玉とは厳密には何なのか？　これは貨幣でもあり宝石でもあったのである。神聖なる印、協定、約束、そして記録。まさしく旧世界の宝石なのだ。

　本質的に、白い貝のビーズは往時のダイヤモンドのような存在だった。どちらも本来その物質そのものが露出している。また、両者ともその美と希少性が称賛され、ごくわずかな人間しか知識を得ることも習得することもできない特殊な技術によって、その価値が高められる。そうした技術が希少な自然界の物質に加えられて、より美しいものとなる。さらに、希少性が急激に増すという点が重要だ。貝殻玉は交換可能通貨としても使用できる。あるいはまた、きらびやかで繊細な装飾品にも細工されて、社会的地位を高めるために人々から熱く求められたのだろう。

ネイティヴ・アメリカンと銀行

　通商のために一種類の宝石に目をつけ、装飾的にも、象徴的にも利用することは、ネイティヴ・アメリカンだけに特有の行動ではないし、ヨーロッパ人に特有だということでもない。実際に、これは人類普遍の行動のようである。

　ほとんど全ての文化圏で、宝石は宗教的（象徴としての用途）、また実用的（通商の用途）目的のために利用される。取引通貨は物々交換に使用される傾向があり、宗教的通貨は賛美のため、崇拝のため、儀式に使われており、この両者が出会うところが装飾品である。

　イロコイ族やデラウェア族にとって白いヨーロッパバイは通貨だった。現代のヨーロッパなら、ホワイトダイヤモンドである。デラウェア族にとってより宗教色の濃い象徴としての石は紫色のホンビノスガイだったと思われる。ヨーロッパで言うなら、エドワード懺悔王の時代以来、ブルーサファイアが歴代教皇の指輪を飾ってきたのに匹敵する。

　神々しいほど青い石は、キリスト教にとって非常に重要だった。装飾品としてとにかく美しい。エメラルドは中東ではどこの宗派でも、宗教的にさらに重要な意味を持っていた。死後のよみがえりと永遠に循環する生命を象徴する緑色は尊崇の対象であり、エメラルドは宗教上、常に好まれた。中東において通貨として人気が高い白い石は昔から真珠だった。中東では真珠の宗教的な意味はエメラルドよりは薄いが、この地域は海が多く、そこから真珠が採れた。実際のところ、バーレーンは千年以上の間、真珠貿易の中心地だったのである。*9

カリフォルニアのチュマシュ族は、貝殻玉と同様にホタル貝から「アンチュム」と呼ばれる通貨の基本単位となるビーズをディスク状に削りだしていた。彼らは他にも緑と紫色のアワビの殻を、さらに宗教的な意味合いを込めて使っていた。どちらも宝石として用いられた。

ところで、チュマシュ族は、地域の代表制度の他に、非常に複雑で洗練された通貨システムを持っていた。永久的な土地所有と、一時的所有、あるいは譲渡、さらに高度な非所有の形である土地の使用権（賃貸）、そして最も高度な非所有の形式、収得権のそれぞれの間の相違も、彼らは理解していた。確かに、チュマシュ族は天然ガスや石油の採掘をしていたわけではない。しかし、ある土地の所有権を持っている人もいれば、その同じ土地でドングリを収集したり、魚を採ったり、狩猟をしたりする権利を持つ人もいたのだ。レイモンド・フォーゲルソン教授によれば、本質的には、所有を主張する権利はあっても、利用する権利がない者の他に、利用するだけで所有していない者がいることを彼らは認識していたというのだ。

イロコイ族もあまり違いがない。彼らも貝殻玉をチュマシュ族がアンチュムを使うのとほぼ同じように使っていた。太平洋岸のホタル貝のように、大西洋白バイの殻はさらに通貨としての用途があった。紫色のホンビノスガイの殻は宗教的用途に主に使われた。太平洋チュマシュ族が死後の目の代わりになると信じた紫色のアワビの殻と同様だ。

ルナーピ族が中央集権化した通貨システムを持っていたのかどうかはわからない。スペイン人ほどには、イギリス人は新しい隣人達の動向と文化的な専門事項を詳細な利害の記録に残してはいないからだ。しかし、ネイティヴ・アメリカン達はスペイン人ともイギリス人とも、また、現代の私達とも、確かに共通点を持っていたようだ。金と宝石の問題になると皆同じことをする。金の話になると、人間の行動は特別な場合においても、それほど大きく変わらない。相対的価値、希少性、目新しさ、あらゆる結果は、文化横断的に言って、大なり小なり同様の反応だ。

通貨と装飾品とは、手に手を取って進むと言っても間違いはないだろう。心の中でも財布の中でも。

新世界の通貨

以上のことは何を意味しているのだろうか。東海岸にいたネイティヴ・アメリカンは「貨幣」についても、金融取引についても知らないわけではなかった。さらに要点に迫るなら、オランダとイギリスが当地に入った時には、彼らは貝のビーズを大陸全体で使用可能な通貨の形式としてすでに使用していたのである。彼らを騙したりする必要などなかった。彼らが使用していたビーズ、貝殻玉は本来それ自身美しかったが、非常に念入りに統制され、標準化されていたことは注目すべきである。私達が宝石用の原石に対して、サイズ、色、重量を評価し、精巧に整備された通貨交換システムの一部として価値を決定しているのと同様だ。ダイヤモンドやその他の宝石と同じように、その象徴的な意味でも、また貨幣価値としても評価されており、身につけることも、取引することも、蓄えておくことも可能だったのである。

メヌイ総督が交換した実際のビーズは見つかっていないが、オランダ人が新大陸に持ち込んだと思われるビーズはベネチアンガラスのビーズだった。貿易ビーズ、あるいは「奴隷ビーズ」と呼ばれていたもので、アフリカやアジア、アメリカの人々と、明らかに有利な交易を行う目的で、オランダで製造されたものだった。初期の時代のものは明るい色彩で、対照的な色の渦巻きやドット柄、縞模様が入っていることが多かった。[*10] のちのモザイクガラス（ミルフィオリ）ビーズは、虹のような色調の複雑な花模様のデザインがガラスの中に埋め込まれていた。脱工業化時代でさえ、こうしたビーズには驚くべきものがある。

ルナーピ族とデラウェア族インディアンでは、広く標準化された貝殻玉、ビーズの交換に基づく通貨システムが当時すでに存在していたため、オランダ人のビーズを外国通貨として受け入れ可能と考えたと言って差し支えないだろう。ガラスを製造したことのない土地では、完全に左右対称で、ガラスの透明な表面や大量のビーズがまばゆい色でずらりと並んでいる様は驚くべき光景で、息をのむような宝石に見えたに違いない。宝石や通貨に関して、かつて見たことがないという点は一層貴重さを増す要因となるのが常である。[*11]

そして、とうとう彼らは取引に応じたのだ。一六二六年五月四日、「小さな牡蠣の島」マンハッタン島はVOCに売却された。その当時、そしてその後もかなり長い間、売り手の誰に聞いても、その売却価格について満足していた。おそらく新大陸の先住民族が初めて手にしたベネチアンガラスのビーズだった。生まれて初めて見たものという点がとりわけ重要なのだ。

マンハッタン島を買ったビーズの物語は、宝石の持つ、真に仮想の価値の物語なのだ。欲望が頭脳の損傷と同然であり、外国の美しい花について興奮することが、二カ

月で一国の経済をひっくり返してしまうに十分であるとすれば、それならば、魅力的な目新しい宝石で、しかも通貨として認容されそうなものでなら、誰も欲しがらなかった島の一つを買うくらい十分に可能だったのだ。

もう一つの島

オランダがマンハッタンを失うことになったいきさつは、買った時のいきさつと同じくらいに重要な話だが、あまり知られていない。終わりは常に始まりの中にその種を宿している。マンハッタンがどのようにオランダの手から失われたのかを理解するためには、香辛料戦争にまで遡らなければならない。

十七世紀、ポルトガルはバンダ海の島々の支配権を失いつつあった。ルネッサンス時代には香辛料貿易の中心地、別名スパイス諸島として知られていたところだ。南太平洋の火山の小さな群島で、ナツメグが繁茂する場所は地球上でここだけだった。ポルトガルの影響力が弱ま

ってくると、バンダ諸島にはオランダが乗り込んできた。一五九九年までに、ＶＯＣはポルトガルをスパイス諸島から追い出し、香辛料供給の支配権を掌握した。

オランダ人達は自分達のほぼ完全な独占支配を維持することに非常に熱心で、バンダ諸島の人間を苦しめたばかりでなく、その木の実にまでも苦痛を与えたと言える。ナツメグはバンダ諸島の火山性の土壌でしか生育しないが、確実にそれ以外の地では栽培できないようにするために、オランダ人はナツメグの実[12]を売る前に毒性のある消石灰に浸して消毒した[13]。このやり方を使えば、別の適地で栽培をしようとしても、発芽させることはできないのだ[14]。

ナツメグに騙されてはならない。クリスマスを連想させる無害な香辛料ではない。炉端でいただく吐き気のするサルモネラ菌の入った飲み物なのだ。料理本だけでなく医学と毒物の本にも載っている。使用量によって強力な幻覚剤ともなる。食物史家キャスリーン・ウォールによると「気分をよくする化学成分を含んでいる⑥」という。ナツメグは薬物だったのだ。別世界の薬物で、手に入れることが困難であるという点が重要だ。

オランダ人には一つ気になる問題があった。この多島海の非常に小さな島で、岩以外の何物でもない、だがＶＯＣの支配の及ばないルン島だ。英国の所領で、この島はバンダ人の目から見ても特別で、ナツメグの木ですっぽりとおおわれていた。ナツメグの木々は丘を這い上り、海に向かって斜面を落ちるように生えていた。

このルン島をオランダはイギリスから奪うことができなかったうえ、交換することもできなかった。イギリスはオランダと同様に非常に強い海軍を有しており、作戦もまた熾烈なものだった。一六一九年、司令官ヤン・ピーテルスゾーン・クーンがオランダナツメグ農園の指揮にあたっていた時、戦いは厳しい局面を迎えた。もしもこの競争を勝利で終わらせることができなかったら、ナツメグ生産もあきらめると、彼は決心したのだ。ヨーロッパでＶＯＣとＥＩＣの間で交わされた暫定合意により、彼はルン島のイギリス人に暴力的な攻撃を加えることを明確に禁止されていた。そこで、公の戦争をする代わりに、ピーテルスゾーン・クーンとその部下達はこっそりと島に上陸し、島に火をつけ、ナツメグもろとも全てを焼き払ってしまったのだった。

第二次英蘭戦争中の一六六六年になってようやく、イギリスはVOCにルン島の焼け残りの支配権をきっぱりと譲った。しかしそれはイギリス海軍が一六六四年にニューアムステルダム植民地（現在のニューヨーク）の支配を自分のものにした後のことだった。

喜ばしいことに違いはなかったが、イギリスはオランダを痛めつけるためだけにニューアムステルダムを奪ったのではなかった。主な理由としては、宿敵スペインを攻撃する目的でアメリカに足場が欲しかったのだ。結局、まだ煙の残るルン島の公式支配権と引き換えに、オランダは同様に利用価値のないニューアムステルダムの権利を譲り渡したのだった。

もともと、イギリスは貿易にはそれほど熱心ではなかった。マンハッタン島はルン島よりはるかに価値の劣るものと考えられていた。それで、砂糖生産をしている南米の島とマンハッタンをもう一度交換しようとした。砂糖には価値があったが、巨礫や牡蠣はそうではなかったのだ。当然オランダはそれに応じなかった。

そこでイギリスは行き詰まってしまい、後に島の名称をニューヨークに変更することとなる。

しかし、最後に微笑んだのはイギリスだった。ナツメグを吸飲したことがないからというだけではないし、マンハッタンが世界で最も高級な不動産であるからという理由でもない。イギリスは良いほうのくじを引き当てたのだ。というのもマンハッタン島とルン島の交換から数年のうちに、ナツメグはカリブ海のグレナダ島のいたるところで繁茂するようになったからだ。ナツメグの独占支配はもはやなくなった。ナツメグの森が破壊されてしまう前に、明らかに誰かが消毒されていないナツメグの種子をルン島からこっそり持ち出して、世界の反対側に新しい繁殖地を見つけてやったのだ。

さて、ナツメグの悲しい物語はマンハッタン島を買ったビーズとどう繋がるのか。ナツメグ貿易は、未来の世界首都が価値のはっきりしないものと交換された二度目にあたる。しかし、この二つの物語の関係性はそれよりも深いところにある。つまり、人間が価値を決定するプロセスに関わるのだ。需要と供給の間の永遠の法則と関係するわけだが、希少性の認識がいかに私達の価値認識を捻じ曲げているのか、まさにそこに繋がるのだ。

ルナーピ族はマンハッタン島をビーズと引き換えた。大きな取引だった。彼らはこの島を所有しておらず、ただそこで魚を採っていただけだった。また、ビーズは彼らの日常の通貨だった。第一希望というのではなかったが、マンハッタン島を買ったオランダ人はその地に住みついて、根を下ろし、この地に植民地を建設した。そして一六六四年にイギリスに譲り渡した。ナツメグと引き換えにである。

価値とは、好みの問題であることは論をまたない。

＊1 フェルフルストは、植民地の建造物の資金を調達していたオランダ東インド会社から詳細な指示書を受け取っていた。それにはおよそ次のようなくだりが含まれていた。「前述の土地に先住民が住んでいる場合や、我々にとって有益な土地の権利を先住民が主張したりする場合、武力や脅迫によって彼らを追放してはならない。しかし、誠実な言葉で説得したり、何か代替物を与えることで満足させたり、我々の中に交じって暮らすことを認めたり、契約を交わし、彼らのやり方で署名することなどは、会社にとって非常に有益である」。VOCは次のように言っているに等しい。「我々を悪者であるかのように見せてはならない。嘘をついてはならない。盗んではならない。相手をイライラさせてはならない。破壊行為をしてはならない。真に死に値する場合でない限り、人を殺してはならない」。言い換えれば「おまえ達、行儀よくするのだ」となる。

＊2 おそらくルナーピ族であろう。しかし伝えられるところでは散歩の途中で購入したがっている者に出会うと誰彼なくその場で土地を売り、またそのまま散歩を続けるといってカナーシー族もかなり知られた存在だった。レイモンド・フォーゲルソンなどの歴史家によれば、マンハッタンやその近隣エリアは様々な売り手からVOCが何度も購入したに違いないという。さあ、どちらがカモにされているのやら。

＊3 記録に残っている最初のバブルである。一八四〇年にはチャールズ・マッケイがよく知れ渡ったこの事件について一〇〇〇ページに上る記述を残している（*Memoirs of Extraordinary Popular Delusions and the Madness of Crowds*）。バブル発生からその後の経過、拡大から崩壊までを資料を示して記録している。非常に影響の大きな事件であったため、現在でも出版されており、経済を学ぶ多くの学生の必須文献とされている。

＊4 これもまたかなりふさわしい名前である。

＊5 花崗岩のこうした基盤のためマンハッタン島はほとんどどんな事業にも不向きではあったが、ただ一つこの

地が適しているといえたのが、のちにこの地のトレードマークにもなる「摩天楼」といわれるタイプの建築物である。

*6 当時の状況は、近代の世界が全てポルトガル語を話すことになりそうな勢いだった。ところが、スペインとポルトガルが最初に上陸したほぼ全ての場所で、わずか二百年の競争の後には「大英帝国に日没はない」と言われるまでになる。一体どのようにしてスペインとポルトガルは足場を失い、地球上のそれほど多くの土地が英国の支配下に入ることになったのか。答えは一言。宝石である。第3章〈エメラルドのオウムとスペイン帝国の盛衰〉と第5章〈姉妹喧嘩と真珠〉で述べるように、英国とスペインの幸不幸はガラスビーズではなく、真珠やエメラルドとの関係のほうが深かった。

*7 Wildenとはオランダ人が行く先々で出会ったその地の先住民に対して使用した名称。

*8 National Gold and Silver Stamping Act of 1906.

*9 これは日本のうどん職人（訳註：御木本幸吉のこと）が二十世紀に入る頃に真珠の養殖を発明するまで続いた。世界の真珠交易の中心は、その後はずっと東アジアへと移った。これについては第7章「大将連」で書いた。

*10 ベネチアンガラスは貿易ビーズの中でも当時、特によく使われていた。実際に交易に使われた種類のうちでも人気のビーズだった。

*11 これはヨーロッパ人との接触以前のことである。コロンブスは新大陸にガラスをもたらした。その後、彼に続くヨーロッパ人達も同様にガラスを持ち込んだ。

*12 厳密に言えば、これは種子である。

*13 美味なライム果汁の話ではない。酸化カルシウム、あるいは水酸化カルシウムのこと。毒性が強く、共同墓

地の消毒に使われることが多い。(訳註：消石灰で消毒する soaked in lime)

*14 酸化カルシウムに浸されたナツメグを食用にしていたことが気がかりならば、鉛がたくさん入った化粧品を使っていたことや、ヒ素が多量に含まれた健康強壮剤を飲んでいたことを思い出してみてほしい。こちらのほうがおそらくより大きな問題だったろうと思う。

第2章

「永遠の輝き」は本物か？——婚約指輪の始まり

深い心理的欲求を満たしてくれる以外、ダイヤモンドは本質的に無価値。

——デビアス会長、ニッキー・オッペンハイマー

宣伝広告は合法化された嘘だ。

——H・G・ウェルズ

一九七六年、経済学者で著述家のフレッド・ヒルシュは、他の人が持っていないか、または持つことができないという理由だけで、ある物がある人にとって望ましいものとなるその過程を説明するために、「地位財（positional good）」という言葉を生み出した。経済学の分野では、地位財という語はそれがどれだけの数量があるかではなく、どれほど強く他の人が欲しがっているかによって、部分的に、あるいは全体的に、その価値が決定づけられる商品のことを表している。一六三六年、チューリップの球根がオランダ人達を狂乱させた事件は格好の例だ。

では、妬みや欠乏、低成長社会に関する複雑な経済理論はダイヤモンドと何の関係があるのか。

それはありとあらゆるものが関係しあっている。

ダイヤモンドは永遠ではない。ダイヤモンドの婚約指輪が「必要な贅沢品」となっておよそ八十年である。私達は結婚という制度自体と同じくらい古いかのように、ダイヤモンドの婚約指輪の伝統を当然のことと考えている。しかし、そうではない。実際、電子レンジの歴史と同じくらいのものなのである。

この章は二つの物語からなる。一つ目は、一四七七年マクシミリアン大公が王女マリー・ド・ブルゴーニュに求婚した際に贈った最初のダイヤモンドの婚約指輪の物語だ。

　二つ目の物語はそれからおよそ五百年後に起こる。地球上の九九パーセントのダイヤモンドの支配権を獲得したデビアスが、昔も今も誰もがダイヤモンドの指輪を欲しがっていると、全世界を、それまで無関心だった全世界を信じ込ませた物語である。デビアスが歴史上最も偉大なキャッチフレーズによる商売の一つを成し遂げ、そして、結果として何千万ドルというダイヤモンド帝国を築き上げた物語である。

帝国設立までの道のり

　今から百五十年前、ダイヤモンドは実際、数が少なかった。南アフリカのダイヤモンド・ラッシュ以前は、全世界で産出される良質なダイヤモンドの原石は年間数ポンドにすぎなかった。ダイヤモンドは時にインドやブラジルの川床に現れることがあったが、散発的にすぎず、量もわずかだった。こうしたダイヤモンドは多くの場合、比較的大きな石で、時には鮮明な色のものもあった。最高級品の中でもとりわけ高級なものはゴルコンダダイヤモンドで、インドのゴルコンダ地方で産出された。[*1] ゴルコンダダイヤモンドの品質は他の産地の追随を許さないもので、ゴルコンダダイヤモンドの供給が枯渇した時には、それまであったダイヤモンドの評価基準の一つが失われたほどだった。その評価基準とは、そのほとんど液体のような輝きを「水」という言葉で表現したものだった。光が何にも遮られることなく通過するという点で、結晶は完璧だった。現代の南アフリカのダイヤモンドは「水」を持たない。ダイヤモンドの品質を評価する現代の基準は、四つのC、すなわちカラー（color）、クラリティ（clarity 透明度）、カット（cut）、カラット（carat）だが、これが考案されたのは一九六〇年代のことで、中間層の人々に比較的小型の石を喜んで買ってもらうためのマーケティング活動の一部だったのである。

　悪い噂のあるホープダイヤモンドと同様、最高品質であるゴルコンダダイヤモンドだが、不幸にも信じられないほど産出量が少なかった。十八世紀初期までには全て枯渇したかに見えた。しかし、一八六六年、突如としてダイヤモンドは特別なものでも、希少性があるものでもなくなったのだ。好奇心旺盛な少年、エラスムス・ヤコブが南アフリカのオレンジ川で大きないびつな形の結晶を発見したのだ。これがダイヤモンド・ラッシュの始まりで、それ以降の世界を……結婚産業界をもすっかり変えることになる。すぐさま、この地域は人々でいっぱいになり、鉱山だらけになった。直後には、地中からトン単位で採掘されていた。

デビアスはセシル・ローズが設立した会社である。ローズは一八五三年生まれ、教会区牧師の息子で、綿花農場で失敗した男だった。世界的な成功を収めることになるダイヤモンドの独占企業設立のはるか以前、ローズは世界制覇を目論む若者だった。一八九〇年、首尾よくケープ植民地の首相となったが、彼はさらに大きな野望を抱いていた。帝国の旗のもとに、アフリカの国々を複数国統合することや、南アフリカとカイロを繋ぐ大陸横断鉄道を建設することだった。

首相として過ごした時代に、帝国の痕跡をかなり残している。建国に携わったローデシア国は彼の名前にちなんで命名されたものだ。しかしクーデター未遂事件の結果、ついにケープ植民地の首相の地位辞任を余儀なくされた。

これにて、セシル・ローズとその帝国の夢は消えたかに思われたが、歴史が示しているように、併合された国々と傀儡政権はローズの二流芝居の第一幕にすぎなかったのである。

ローズの面目躍如たる舞台はここからだ。大英帝国のために努力したのに本国政府からは期待していた協力が得られず、しびれを切らしたローズは独力で事業に乗り出していた。ヨーロッパ列強によるでたらめな「アフリカ分割」の一環として、一八八九年、セシル・ローズは英国南アフリカ会社（BSAC）を設立する。もともと南部中央アフリカで金鉱を掘るつもりのローズだったが、あのエラスムス・ヤコブ少年が、自分の勢力下にあった土地を流れている川から、野球ボールサイズのダイヤモンドを拾い出した時の驚きと喜びを想像してみてほしい。

ローズはダイヤモンド事業に乗り出すにあたり、坑内員に坑内の水をくみ出すのに必要な道具を貸し出した。これによって坑内員らの利益はほぼゼロになった。ローズはレンタル事業から上がる収入で鉱山の権利を買い、さらに買い増しを続け、のちに信じられないほどの世界的独占企業に成長していくのである。ダイヤモンド・ラッシュが進むにつれて、いわば粒よりの企業家がトップに上り詰め、一八八八年にはすでに南アフリカのダイヤモンド採掘事業に携わるのは、数名の著名人のみとなっていた。最大の採掘業者はローズのデビアス鉱山連合会社で、ローズが二束三文で買い上げた農地の持ち主の名前を取ったものだ。

しかし、最初から、デビアスの目的はダイヤモンドの供給を独占するだけではなく、ダイヤモンドの供給についての私達の認識そのものを支配することにあったのだ。

他人の欲望が決定するもの

真実はこうだ。ダイヤモンドは希少でもないし、本質

的に価値があるのでもない。ダイヤモンドが持つ価値は大部分が消費者の心の中に創造されるものなのだ。

地位財の理論によると、ある物は望ましさの結果として価値を得るのであって、その逆ではない。「地位性」を持つと言われる物は、それが必要であるとか、実用的であるとかという理由で価値があるのではなく、単に、人間の恣意によって価値が決定する。したがって、その値打ちが絶対的条件ではなく、相対的条件で判断される商品なのである。宝石はほとんどの場合、この分類に入る。

第1章で見てきたように、希少性は物の価値を高める。供給が減少していると見るや、ニューロンのレベルでどうしようもなくそれを手に入れたくなるのだ。ここまでが希少性の効果である。地位財の考え方はさらに深い。ある物の価値は、自分以外の他人（しかもほんの少数の他人）が持っているものを手に入れたいという欲望によって決定されるというのだ。ダイヤモンドはその数量が少ないからというだけで、他のものよりも価値があるのではない。数量が少ないという事実は、その物が何らかの価値があるという理由にしかならないのだ。

ダイヤモンドの指輪は地位財の典型だ。自分以外の人が持っている物と、（できれば自分のほうがより素晴らしいと）比較されるための、ステータスシンボルとして以外に何の目的もない。その価値はその物自体、あるいは客観的な基準や大きさ、原価コストから決まるのではなく、自分の仲間内の他のダイヤモンドの大きさや原価コストと比べられて決まるのだ。

つまりこうだ。自分以外のみんながある物を手に入れたいと思っているという理由で、自分もそれを手に入れたいと思う。そして、誰かがそれを持っているという理由で、他のみんなもそれを手に入れたいと思うのである。誰でも手に入れることができるものは、誰も欲しいとは思わない。結局のところ、経済学的椅子取りゲームというところだ。地位財の価値は完全にその有限性に基づいているため、それを欲しがっている人の数よりも、その物の数は少なくなければならない。そうでなければその物は価値がなくなる。

もしも、ダイヤモンドが究極的地位財であるなら、その数がもはや希少と言えなくなったらどうなるだろうか。

デビアスの印象操作

一八八二年、ダイヤモンド市場は崩壊する。

その十年前の一八七二年のことだ。一〇〇万カラットのダイヤモンドが南アフリカの大地から毎年発見されていた。それ以外の産地を合わせた五倍の量だった。インドからそれまでに産出されていた量よりも、さらにどれくらい多かったのか誰にもわからない。

その結果、「ケープ・ダイヤモンド」[*2]の評判は地に落ちた。すでに長きにわたって鉱脈が枯渇していたインドの古代ゴルコンダダイヤモンドほど美しくなかったというだけでなく、単純にその産出量が多かったため、ごく普通のありふれたものになってしまったのだ。ダイヤモンドがトン単位で大量に地中から採掘され続けるにつれて、鉱山所有者達は、自分達の宝石がまもなく市場を溢れさせ、貴重な産品が半貴石とほとんど価値が変わらないというところまで行きそうだということに気がついた。

これまで見てきたように、結局、石を宝石に変えていたのは主にその希少性である。

こうした混乱の日々の間、著名なパリの銀行家ジョルジュ・オーベルはダイヤモンドが将来発見される可能性も熟考したうえで、地位財の要素とセシル・ローズが置かれていた最悪の状況を素早く見抜いて、書き残している。オーベルいわく、「人がダイヤモンドを買うのは、ダイヤモンドが誰でも手に入れることができるわけではない贅沢品であるからだ。もし今の四分の一の値打ちになったら、金持ちはもうダイヤモンドを買わなくなり、その嗜好をそれ以外の宝石や贅沢品に向けるようになるだろう」。

一八八八年、ローズは素晴らしい解決策を思いつく。ダイヤモンドがもはや珍しいものでなくなったとしても、人々に逆のことを信じ込ませることで、手に入れたばかりの自分の帝国を維持できるのではないか。ローズは他の大きな鉱山の所有者を説得して、利益を整理統合し、市場へ出回るダイヤモンドの量を規制する会社（カルテルと呼ぶ者もいるかもしれない）を設立した。地中から掘り出されるダイヤモンドの量は規制できなくても、少なくとも貯蔵してある分の出荷量を規制することはできるのだ。

一八九〇年までには、新規設立したデビアス鉱山連合会社は南アフリカのダイヤモンド鉱山の全てを所有し、ダイヤモンドを思いのままに配分した。デビアスが供給のほとんどを掌握してしまえば、取引の条件を牛耳るのは容易だった。これにより購入希望者は、入手可能なダイヤモンドはそれほど多くないと簡単に信じてしまった。

しかし、ダイヤモンドの鉱山が次々に発見されるにつれて、デビアスはどんどん過敏に反応するようになった。一八九一年、会社はダイヤモンドの生産を一年だけ三分の一に削減した。十分なダイヤモンドが市場にないという嘘を人々に信用させるためである。

増え続けるダイヤモンド

この方法は魔法のようにうまくいった。……少なくともしばらくの間は。

しかし、一九〇八年にダイヤモンド・パニックが勃発し、ダイヤモンド市場は再び崩壊の危機に陥った。第一次世界大戦勃発前、ダイヤモンドの価格は下落していった。人々は熱心に戦争準備に入っていた。ダイヤモンドは食糧や電力、鉄鋼のような生活必需品ではない。生活が厳しい時に宝石をたっぷり用意するような者は誰もいないのだ。さらに問題を難しくしたのが、別の巨大なダイヤモンドの主鉱脈がこの同じ十年の間に発見され、その大きさにローズの調査員が卒倒したとも言われる。

それは一九〇二年、ローズが亡くなった同じ年のことだ。所有者アーネスト・オッペンハイマーは仲間と協力するタイプではなかった。オッペンハイマーのカリナン鉱山はデビアス鉱山からの産出ダイヤモンドの総合計を上回ると見られた。

デビアス・グループはパニックに陥った。何か劇的な手を打たなければ、オーベルの予言が現実のものとなるのは時間の問題だった。一九一四年、オッペンハイマーに脅されたローズの法定推定相続人の諸会社が招集され、価格操作の協定に合意させられた。二回目の会社併合が行われ、ダイヤモンドを備蓄し、できる限り少量ずつ出荷することで、供給量は限られているのだという幻想を維持していこうとしたのだ。このやり方は、いったんは功を奏した。そこで人々はこれが継続できると決めてかかった。

第一次世界大戦終結時にはすでに、カリナン鉱山はデビアスの鉱山と併合され、オッペンハイマーが会長として支配権を握っていた。デビアスは地球上の九〇パーセントのダイヤモンド権益を握って、今や完全に独走態勢となった。

たった一人の、たった一つの方針によって初めて、全世界のダイヤモンドの供給が支配される時代になったのである。これにより、価値が決して下がらない物が誕生するはずだった。一九一〇年、オッペンハイマーは次のように述べている。「常識に従えば、ダイヤモンドの価値を上げていく唯一の道は数量を少なくすることだ。……すなわち、生産量を減らすことだ」

しかし、ダイヤモンド・ラッシュは続き、人々の殺到を止める方法はなかった。鉱山からはまるで砂利のようにダイヤモンドが流れ出した。さらに困ったことに、デビアスが買い上げることができるのと同じくらいの速さで、ダイヤモンドは新しい場所で次々に発見された。世界的独占が始まってからわずか数年で、供給過多に陥り、ダイヤモンド帝国は再び崩壊の淵に立たされた。

オッペンハイマーはここで気づく。ダイヤモンドがその価値を維持し続けるためには、ダイヤモンドが希少であるというデビアスの「幻想を宣伝」し続けるだけでは十分ではない、もう一つ別の幻想、「ダイヤモンドは必要だ」という幻想を高めていかなければならないのだと。

ダイヤモンドについての不都合な真実

専門的に言って、ダイヤモンドとは何か。

科学的用語ではダイヤモンドは炭素元素の同素体である。物質が取りうる多くの形態の一つだ。その他の炭素元素の同素体には石炭、すす、黒鉛（グラファイト）（より知られた名称では鉛筆の芯）などがある。

炭素はほとんど全ての物質の構成要素で、人体の構成要素にもなっている。人体の九九パーセントは三つの要

素だけでできており、その一つが炭素だ[*3]。また、大気や海、地球上のあらゆる有機物（炭素を含む化合物）の主構成要素でもある。炭素はごく普通に存在するという言い方では、控えめにすぎるだろう。全世界で四番目に豊富な元素である。

地球上のダイヤモンドは、一千万年前から三千万年前の間に、地表から三二〇マイル（訳註：五一五キロメートル）の深さの地点で高い温度と圧力の中で形成されたものだ。想像もつかないほど大量のダイヤモンドがいまだに地中に眠っていることは疑いもない。地表面に近いところで見つかるダイヤモンドは「キンバーライト管状鉱脈」として知られている小規模でありながら非常に強力な火山の、マントルの内部へ伸びる「根っこ」によって地球の表面まで押し上げられたものだ。その深さはセントヘレナ島などのような比較的大型の火山の三倍も深いところまで達している。

何百万年も前にこのような火山が噴火し、マグマの中でダイヤモンドは運び上げられ、他の岩の間に堆積したのだ。

炭素Carbonという語はラテン語のcarbo「石炭」と

いう意味の語に由来する。したがってダイヤモンドは高圧で圧縮された石炭の一種ということになる。

石炭の一種とは驚きだ。

標準的な温度と圧力では、炭素はグラファイト（黒鉛）という形状を持つ。グラファイトではそれぞれの原子は別の三個の原子と結びつき、その四個の原子がまとまって六角形の環状の結合した二次元のシート状になる。わかりにくいだろうか。地面にチェーン状に繋がったフェンスが置いてあると思ってほしい。チェーンが交わるところが原子結合になっている。一枚のフェンスの上にもう一枚が、さらにその上にもう一枚が載っているという、緩い層状の物質がグラファイトなのだ。

では、一般的な炭素をグラファイトのシートではなくダイヤモンドに変化させるのは何か。結合である。高圧と高温のもとでは炭素原子は、同じ物質だが、結合がさらに進み、チェーンの交わる場所と同じく、チェーンフェンスの層はもう一枚の層を垂直方向に繋いでいるのだ。ちょうどきちんと積み重なった立方体の箱が、各連結ポイントで結合しあうように、ダイヤモンドの格子状配列はあらゆる方向に対称的だ。この基本形がダイヤモンドの特性を作り出している。最もよく知られているのは、光の波をプリズムのように拡散させる力である。光がダイヤモンドに入ってくると、ダイヤモンドの格子状配列を形成している信じられないくらいに密集した電子が光の波を（様々な色に）分解し、周囲に反射させながら拡散させる。これはもう美しいというだけではない。幾何学的、分子的な見地から言って完璧というべきである。

しかし、これではダイヤモンドが希少であるということにはならない。一九九八年には、十五年前のおよそ二倍の量のダイヤモンドが流通していた。それ以後も新しいダイヤモンドが大量に発見されている。米国宝石学会（GIA）は南アフリカでのダイヤモンド・ラッシュが始まった一八七〇年以降、合計で四億五〇〇〇万カラットのダイヤモンドが採掘されたと推定している。[1]これはおよそ七〇〇〇万人の一人ずつに標準的な〇・五カラットのダイヤモンドの指輪を配っても、まだ一〇〇〇万カラットが残る計算だ。

そしてまた、広告が人々に何を信じさせようと、ダイヤモンドが永遠だということはない。「ダイヤモンド」という語は「adamantine（破壊できない）」という語に由来している。もう一個のダイヤモンド以外にダイヤモンドを切断することはできないというのは真実だが、ダイヤモンドを破壊できる物質がないという意味ではない。事実、その強度と永遠性について言えば、ダイヤモンドはそれほど耐久性があるわけではない。確かに硬い。その完璧な格子状配列のおかげで鉱物族の中では最も硬く、その次に硬いサファイアの五倍も硬い。しかし、硬いことはそのまま強度があることと同じではない。

ダイヤモンドに対してありとあらゆるひどいことをやってみるといい。他にもダイヤモンドがあるなら、宝石箱の中でこすって傷をつけてみる。一四〇〇度で焼却してみる。これなら冗談ではなくダイヤモンドは跡形もなく消滅する。あるいは私の父が六歳の好奇心いっぱいの子どもだった時、地球上でダイヤモンドが最も硬いと聞いてやったみたいに、母上のただ一つのダイヤモンドの指輪を取り出して、金づちで粉々に砕いてみてはいかが（これは祖母にとって完全に快復することのできないトラウマとなった）。

ダイヤモンドはもろいだけでなく、熱力学的にかなり不安定なのだ。これを読んでいる今、あなたが見たことのある全てのダイヤモンドはゆっくりとグラファイトへと変化している。その経過は室温では恐ろしくゆっくりで、人間が生きている間に見届けることはできない。

さて、今年のクリスマス、石炭の塊が欲しい人は誰？

もちろん、誰もが欲しい。ただし、ダイヤモンドの真の物質が何か知らない間に限られる。一般的に言って、ダイヤモンドの化学的成分についてほとんど知識がないし、知識がないことにれっきとした理由もある。過去八十年間、誰ひとり本当のダイヤモンドを売った者はいない。売っていたのは思想だったのだ。

そして、どんな思想がダイヤモンドから生まれていたのか、知る者は誰もいない。

指先を飾るもの

一九三〇年までに、デビアスはダイヤモンド供給において、空前の支配力を発揮していた。人為的に供給不足の状況を作り出すことによって、ある程度まではその需要をも管理、あるいは少なくとも操作できていた。

しかし会社が管理し得なかったもの、それは戦時経済だった。大恐慌から次第に近づいてくる第二次世界大戦の足音を聞くまでの間、人々はダイヤモンドを買わなくなったばかりか、なんたることか、自分の持っているダイヤモンドを売却し始めたのだった。

起こるべくして起こった惨事だった。あまり知られていないことだが、個人所有のダイヤモンドを転売することは非常に難しいのだ。実際、自分の婚約指輪を、それを購入した店に持ち込んでも、店はその指輪を買い戻すことはしない。なぜなら、その小売業者が決定的に居心地の悪い立場に置かれることになるからだ。つまり、「お客様の宝石は実際にはお買い上げ価格の何分の一か、極々少額の値打ちしかございません」と、伝えなければならないからだ。大した永遠への投資である。こうした理由で、ダイヤモンドは転売すると需要自体を冷え込ませてしまうことになる。

加えて、これまでに採掘されてきたほとんど全てのダイヤモンドは誰かの手元にある。宝石箱の中にしまわれていたり、人の指先や、美術館の中にあって、輝きを放っていたりする。これらのダイヤモンドの合計を考えると恐ろしいものがある。もしも個人のダイヤモンドを転売する人が増えると、市場は供給過多に陥る。一六三六年から三七年にかけてのチューリップ狂乱の時、オランダ人達が得た教訓を当てはめれば、需要不足に供給過多が結びつくとダイヤモンド価格の急落を招くことは必至だ。ダイヤモンドがどこにでもある半貴石であるということが明らかになれば（実際のところはそうである）、ダイヤモンド産業は二度と立ち直ることはできないだろう。ダイヤモンドは非常に重要な経済価値を有しており、もし、その価値が失われるとなると、世界経済は激しく揺さぶられることになるだろう。

では、打つべき手は何か。デビアスは需要を管理するために価格設定と供給を人為的に操作したのである。人間の心理と財布を支配したというわけだ。

そしてさらに人間の情緒をも支配する必要があった。

いいですか。ダイヤモンドは女性の最良の友なのだ。少なくとも平均的な大人にとって、ダイヤモンドの指輪は必需品と考えられる唯一の宝石だ。個人的な感情がついてまわる、ロマンチックな、そして一生涯愛着を感じ続けると思われている宝石はダイヤモンドだけだ。ダイヤモンドの指輪は誰でも必ず買う、または受け取ると考えられている。大人になったらいつかティアラを持つ[*4]なんて誰も真剣に考えたりしないが、婚約指輪は違う。成功した大人の人生を象徴する表現がそこには強烈に盛り込まれているのだ。

これこそが、あなたのために作り出された思想なのだ。注意深く、意識的に練り上げられ、何十年もかけて洗練されたマーケティング戦略なのである。心理テスト、消費者研究、若年層への刷り込み、製品配置、八十年にもわたって続けられた広報活動などを利用して、綿密に

（かつ前代未聞のやり方で）練り上げられた戦略だ。これが煙草などの広告のひな型となり、世界経済を完全に作り変えたのだった。

供給と需要を操作するような安手のやり方ではなく、消費者自身を操るという方法だったのだ。

デビアスは手始めにあまり値打ちのない製品を取り上げて、それを貴重な素材に対しても絶対的な基準とすることに成功した。コンサルティング会社のベイン・アンド・カンパニーの二〇一一年のレポートによると、「世界経済の長引く懸念にもかかわらず、ダイヤモンド産業は驚くほど立ち直りが早い。景気後退によってダイヤモンドの売り上げは低速化するかに見えたが、全般的需要は伸び続けている」[2]という。しかも、小売業界の視点から言えば、デビアスが生み出した製品は、同社が業界の支配権を得て以来八十年、その価値を失うことがなかった。あらゆる商品、あらゆる必需品が巨大な市場変動の影響を受けているという状況で、これは驚くべき報告である。

デビアスとは何者なのか。何者でもない、群衆なのだ。

デビアスは中央販売機構ＣＳＯ、企業連合、ダイヤモンド・トレーディング・カンパニー、フォーエバーマークといった、社名の違う複数の企業を包括している。[*5] まさに言葉通り、人類史上最も成功したカルテルである。

どうやってそんなことができるのだろうか。彼らは前例探しから取りかかったのだ。

私と結婚してくれますか？

前述したように、一四七七年、十八歳の大公マクシミリアン（のちの神聖ローマ帝国皇帝）は、史上初のファセット（切子）面を付けたダイヤモンドの婚約指輪を贈って、愛するマリー・ド・ブルゴーニュに結婚を申し込んだ。このカップルが、ダイヤモンドの婚約指輪という、五百三十九年間も続いてきた、気も遠くなるような伝統を作ったのだ。約束の言葉、ダイヤモンドの輝き、そしてキスへと続く一連の伝統だ。ため息……。

とにかくこれがデビアスの筋書きだ。

マリーにプロポーズした大公ではあったが、彼は一度も彼女に会ったことがなかったし、おそらく大勢の候補者の中から彼女を選び出すことができたというのでもないだろう。彼がファセットをつけたダイヤモンドの婚約指輪を贈ったのは、彼女の父、シャルル豪胆公に対してだったのが歴史的事実だ。読者がイメージされるようなティファニーのダイヤモンド一つはめの指輪ではなかった。ダイヤモンドは小さく、Ｍの文字の形に並べられていた。おそらくマリーのＭだったのだろう。王室（Monarchy）のＭか、金（Money）のＭだったとも考えられそうだ。併合（merger）のＭということも多いにありうる。結婚とは実際には両国間における領土取引にすぎない。王室の結婚とはしばしばそういうもので、件の指輪はよく熟考されており、象徴的な意思表示がたっぷりと盛り込まれた、非常に公的なものだった。

現代的ダイヤモンドのファセットカットはブルージュで発明された。マリーの父シャルル豪胆公はその技術にすっかり心を奪われた。誰もがそうだった。しかし資金力のあるシャルル公は、自分の心酔した技術を実際に価値あるものとすることができた。彼は自分が持っていた最も大きくて素晴らしいダイヤモンドをブルージュに送って「新しいスタイル」に再カットさせた。[*6] ちなみに、この町はシャルル公が所有する地方だった。

ブルージュ・ファセットを施されたダイヤモンドは伝統ではなく、技術だった。

加えて、マクシミリアンにはこの時ロマンチックな考えはなく、先のことを見据えていた（将来の義理の父に少々ゴマをすったと言えるかもしれない）。マクシミリアンは策略に富んだ人物で、将来、神聖ローマ帝国への出世街道に乗るための一手を打ったことは疑いない。マリーと結婚した時、マクシミリアンは彼女の持参金としていわゆる「低地」を受け取れるように交渉した。「低地」とはベルギーの大部分とオランダのことで、技術と贅沢品が集まる地としてその重要性を増していたブルージュも含まれていた。

指輪という束縛

マクシミリアンとマリーの併合の話——結婚ということだが——に戻る前に、婚約指輪の歴史を少々拾い読みしておこう。期待ほどにはロマンチックではない由来に驚くかもしれない。

最初の婚約指輪は古代ギリシャ人やローマ人が残している。輪の形と「約束」との間の連想は古代からあり、異文化の間にも存在したのは言うまでもない。八世紀から十一世紀にかけてはヴァイキング達が王や神に、あるいはお互いに対して、金属の腕輪の上に忠誠を誓った。極東では多くの文化において伝統的に腕輪で結婚の印とした。緩くて、硬質の、丸型のブレスレットだ。腕輪は実際にヒンドゥー教では非常に意味が深く、結婚した女性がその腕輪をつけないで他人に姿を見せることは禁じられていた。

しかし、指輪の歴史は古代ローマ人によって作られた。輪の持つ象徴性は明らかだが、他方、指につける小さな縛め（いまし）というのは完全にローマ人のものだ。ちょうど今日の私達と同じように、結婚指輪は左手の四番目の指にはめていた。これが現代まで続く伝統の起源である。そこには vena amoris「愛の血管」という意味の特別な静脈があり、この特別な指からは心臓へと直接に通じているど、当時の人々は信じていた。実に素晴らしい話ではないか。コンクリート製の屋内配管にだって、ロマンチックな物語があればいいのに。

「全ての道はローマに通ず」と同様に、全ての静脈は心臓に通じていると、彼らに教えた者がいたはずだ。まさにそれが循環器の仕組みが機能する様子なのだ。全ての静脈も動脈も血液で満たされている。その血液のしずくの一滴一滴が、生命を持った巨大で複雑な輪の中を循環しているのだ。そして全ての道は心臓へと戻っていく。

しかし、類似の話はもうこれでほとんど終わりだ。このようなシンプルな金属の輪には多くの場合、ダイヤモンドはつけられてはいなかった。そのかわり、強さを現すため鉄でできていることが多かった。これが所有権を表すと考える歴史家もいる。ローマ人達もまた、手で触れることのできる忠誠の証しとして、友人や協力者達と

誓いの指輪を交換した。多くの場合、二人の男性の間で観念的な誓いのために交換された。驚いたことに、このような誓いの指輪は恋人達の間で交換されていた簡単な金属の輪よりも光沢があり、飾り立てられていることが多かった。

西欧の結婚指輪の起源を辿ればおそらくこれら二つの伝統の融合ということになるだろう。現代の婚約指輪は飾りの多い、宝石がはめ込まれた誓いの指輪のタイプにより深い繋がりがあるようだ。

誓いの指輪に使用された素材から、製法も材料も、また地方から地方へと時代とともに劇的に変化を遂げていることがわかる。しかし、早い時期には指輪は地味な素材で作られることがほとんどだった。したがって、指輪は経済的表象ではなく、社会的な表象としての役割を持っていたと言える。鉄の輪は「どうだ、私達は金持ちだ」とは言わなかった。「この者すでに選ばれし者」といったところだ。長い年月の間に結婚指輪は次第に飾りが多くなっていったが、その機能は「閉じている」ことを表す普遍的な表象として残っていた。

しかし、ローマ帝国の崩壊後、この誓いの指輪という

伝統は、カトリック教会が介在するようになるまで、何世紀にもわたって失われていたのである。

聖なる結婚

自分の目的のために婚約指輪を「発明」したのはデビアスが最初ではなかった。十三世紀初頭、教皇インノケンティウス三世は世界で最も影響力の強い教皇の一人だった。

インノケンティウス三世は、聖地や聖戦へと向かう途中や遠征先からの帰路で、人々が規律に甘くなり、定見なく過ごしていることを心配していた。休暇中のように同衾する者も多かった。人間の性ではある（暑い中、薄着でいたら、そういうことも起こる……）。こうしたことに教皇は強いいら立ちを覚えた。カトリック教会は、精神的な意味だけでなく、結婚という制度に対して管理強化する必要があると、教皇インノケンティウス三世は決心したのだった。

そこで一二一五年、結婚と婚姻の登録所としてカトリック教会を組み込む改革を断行した。まず許可を求める申請をし、公式の記録に進み、申請が受理されるまで一定の結婚禁止期間を経なければならなかった。この結婚禁止期間は「婚約」として知られるようになった。そして、これが真の「婚約」指輪の起源だったのである。

結婚に先約や反対者がいたり、さらによい相手が現れたりする場合にも備えて、指輪は「選ばれし者、だがいまだ娶られず」と、明確に、かつこの方法によってのみ、婚約を公表するためのものとなった。インノケンティウス三世は「婚姻の儀は教会で司祭によって適切に、決められた時に、公に発表されなければならない。万一契約上の不備があった場合にも、公表される」と布告した。指輪は結婚の意思を公に宣言するために必要とされたのである。男性も女性も指輪を身につけた。

目的は社会制度を維持するだけではなかった。何世紀も後のデビアスと同様に、カトリック教会も結婚の制度に一定の形式を与えることに関心を持っていたのだ。それ以前には、「私と結婚してくれますか？」とはほとんど「私と今すぐ結婚してくれますか？」ということを意味していた。定められた婚約というものがなかったのだ。もちろん許婚の関係というものもあるにはあったが、第三者が婚約者達のために行うもので、多くの場合、一人または両者が成熟期に達していればそれでよかった。

婚約期間は多くの場合、便宜的に必要なものでもあった。条件交渉のための時間や、結婚が決まった場合の互いを知るための時間、親戚達を町に招くための時間、また美しいドレスを作るための時間も、会場を決めるための時間も必要だった。インノケンティウス三世以前は、結婚に必要な活動であっても教会で行われることはなかった。インノケンティウス三世は、キリスト教徒の結婚は、教会で執り行わなければならないと定めたのである。

婚約指輪は人気が出てきた。それによって、経済的な階層を差別化し、可視化できるからという理由もある。最初は上層階級だけが宝石の埋め込まれた婚約指輪を持つことができた。上層階級になればなるほど、飾りも豪華で宝石も巨大なものになった。

しかし、それでもなお、ダイヤモンドは多くの人が選ぶ石ではなかった。

一つには、ダイヤモンドはそれほど美しいとは認識されていなかったからだ。カラフルではなかったし、明るさもなかった。何か特別な特徴があるようには見えなかったのだ。オパールや月長石のように虹色の光沢はなかった。ルビーやエメラルドのような輝きもなかった。ある種のサファイアや金緑石のようなスター効果も石の中にはなかった。

ダイヤモンドはただ少しきらきら光るというだけだった。それも、特別光るというほどでもなかった。少なくとも、ブルージュへ送られるようになる前は、それほど輝くわけではなかったのだ。

カットで生まれ変わるダイヤモンド

ところで、世界初の文字通り本物のダイヤモンドの指輪が、二〇一二年に製造された。ジュネーヴを本拠地とするスイスの宝石会社の製品で、シャーウィッシュ・ジュネーヴと呼ばれる。使われたダイヤモンドは七〇〇〇万ドルの価値のあるもので、一五〇カラット、カットには一年を要した。私は「組み立てる」でなく、「カット」という語を使用しているが、その理由は指輪全体が一個のダイヤモンドからできているからだ。金属も、他の宝石も使っていない。たった一個の巨大な多面体のダイヤモンドにドリルで穴を開けてそこに指を通すようになっている。

シャーウィッシュ・ダイヤモンドをカットするにあたり、この作業のために特別に作られたレーザー装置が使用され、その意味では、シャーウィッシュ・ダイヤモンドの指輪も史上初のダイヤモンドの婚約指輪とそれほど大きく違っているわけではない。マリー・ド・ブルゴーニュの指輪同様、この指輪も新技術を披露する意図が込められている。

十四世紀の終わり頃、ブルージュではある新技術が衆目を集めていた。ユダヤ人のダイヤモンド研磨師ロードウェーク・ファン・ベルケンが、スカイフの発明により、ダイヤモンドをカットする技術を劇的に変えたのだ。スカイフとは高速で回転する研磨用の回転盤だ。ダイヤモンドは非常に硬く、もう一つ別のダイヤモンドを使用し

なければカットすることができないという伝説めいた話を聞いたことがあるだろう。さて、ダイヤモンドにまつわる話の半分は眉唾物だが、この部分はとにかく真実である。

スカイフ技術の核心は標準的な研磨用の回転盤に油とダイヤモンドパウダーが使われることだ。カットされた面をダイヤモンドパウダーで磨く。これにより微細で均整のとれた部分を正確に切り取ることができる。これが現代的ダイヤモンドカッティングの基本原理だ。

つまるところはこうだ。ダイヤモンドというのは天然のままではそれほど眺める値打ちはない。前世紀まで、採掘技術がなかったので、大部分が沖積堆積物から発見されていた。したがって、川岸に沿って打ち上げられて、しばしば礫のように拾い集められた。起伏の多い場所を移動して地上面に至る過程で、手荒に周囲にぶつかるため、ダイヤモンドの表面の輝きは鈍く、ざらざらしていることが多かった。

実際に、一九〇七年、エドワード七世がカリナンを贈られた時もあまり驚かなかった。三一〇六カラットもある世界最大のダイヤモンド原石だったのだが、カット加

工を施される前で、表面の粗い石だったからだ。のちに英国王室の宝石の最高傑作の多くをこの原石から作ることになるのだが、「もしもこの石を道端で見つけたら、蹴飛ばしていたことだろう」[3]と、その当時、非常に失望した国王は述べている。

ダイヤモンドは中で炭素原子が格子状に固定されているため、加工が非常に難しい。しかし、直角に叩くと、きれいな平面に沿って割れる（宝石のカット技術の世界ではこれを「完全な劈開（へきかい）」と呼ぶ）。ブルージュの新技術発明以前に、現代的なカット技術に最も近かったのが、のみのような道具で石を砕くという技だった。これによって、平面が鋭く叩き落とされて、いくつかの輝く面が現れるのだ。これで少しは輝きも加わる。何もないよりはましだ。しかし、スカイフの技術のおかげで宝石産業は革新され、ブルージュの町はダイヤモンド貿易の中心地となった。また、これによってブルージュはオランダで最も価値のある不動産の一つとなったのだった。

マリー・ド・ブルゴーニュとの結婚でブルージュを手に入れたことは大公マクシミリアンにとっては大成功だった。「最初のダイヤモンドの婚約指輪」は神聖ローマ帝国皇帝マクシミリアンとなるための足がかりとなったのだった。

しかし、この合併――結婚という意味だが――は成功したが、あまりロマンチックな話ではなかったし、ダイヤモンドの婚約指輪の伝統は一般に受け入れられることはなかった。

婚約指輪という神話

「最初の婚約指輪」は神聖ローマ帝国の運命に寄与したばかりではなかった。この同じ指輪は四百七十五年ののち、もう一つの帝国の基礎を作るために使用されたのだ――今度は商業の帝国だ。

五百年ばかり時間を飛んでみよう。気の毒なデビアス。第二次世界大戦の終わり、ほとんど一世紀にもわたって、いわばギャング達が跋扈した経済統制が終わってみると、唯一本物のダイヤモンド供給元は市場を失いつつあった。戦争はほとんど終わっていたが、世界はすっかり変わっていたのだ。

　貴族制は基本的にすっかりなくなって、それとともに宮廷用の宝飾品も消えた。イギリスの貴婦人達の夕食会のためのイヴニング用ティアラや、不幸にして死去したロマノフ王朝の皇帝達の宝石がちりばめられたガウンは、もはや必要性を失ってしまった。さらに事態を悪くしたのは、宝石商達が貴族向けの市場を失ったというだけにとどまらなかったことだ。全く異なった市場がその後に続いたのだ。ニューディール政策と復員軍人援護法の時代、台頭してきた中間層が経済的かつ文化的影響力の大きな源となったのである。


　デビアスが一九四六年に行った消費者調査の結果は、宝石業界の人々に不安を抱かせるものだった。新しい中間層は確かに使う金を持っていた。しかし、彼らはその金を使ってダイヤモンドや指輪などを買うことには全く乗り気ではなかったのだ。婚約指輪というものの存在を知っている者もほとんどいなかった。ダイヤモンドを恋愛とか結婚と結びつけて考える者は誰もいなかった。ダイヤモンドは大富豪やヨーロッパの貴族の階級を象徴す

るものと考えられていたが、第二次世界大戦後になると、そのような連想はもはや例外なく人の心を動かさなくなっていた。

　実業界は新規事業の開拓を目指して、今しも戦車のように進もうとしていた。デビアスのジレンマはいかにして規格外の小さな色のないダイヤモンドを、無関心なアメリカ大衆に売りさばくかにあった。必要なのは普及拡大のための新機軸だった。

　ダイヤモンドの婚約指輪はご存じのように、デビアスと広告代理店N・W・エイヤー社による発明だ。それは全く、これまでにないタイプの初めての製品だった。感情の面から人々に訴えてダイヤモンドを買わせるのだ。衝動とか軽率さとかではなく、ダイヤモンドは必需品なのだという考え方を新しく作り出すのだ。また、これによって世界で最も大きな新市場である中流層に、ダイヤモンドを所有することにはそれまでほとんど関心のなかった市場に、ダイヤモンドを売りさばくのだ。非常に小粒で誰も欲しがらないような原石をきれいに飾って、まるで特別な、重要な何かのようにして売り出すのだ。

では、具体的にデビアスは何をどうしたのか。まず、商品にまつわるストーリーを発明、あるいは少なくとも話を肉感的に歪めて作った。まず、マクシミリアンとマリーの間で最初のダイヤモンドの婚約指輪が交わされた物語が採用された。歴史を掘り下げて同じようなケースを探し、それを叙事詩的な物語として推し進める作戦だ。「最初のダイヤモンドの婚約指輪」の物語は、偉大な歴史上の文脈とも相まって、まさしくロマンチックな語調を生み出した。

それから、非常に創造的な仕事が行われた。N・W・エイヤー社と契約して、ダイヤモンドの婚約指輪という「コンセプトを売る」仕事をさせた。無意識の大衆、特に十八歳以下の大衆にこのコンセプトを売るのだ。

デビアスはすでに希少性を高めるための手は打っていた。つまり、供給量を操作して、ダイヤモンドは数が少ないもの、したがって貴重なものであるという認識を行き渡らせてあった。あとは、消費者の情緒を操作するだけだ。

独占禁止法によって、デビアスはこの時点で、アメリカ合衆国内で事業を行うことが禁止されていた。しかし、

コンセプトを広めることができないという意味ではなかった。N・W・エイヤー社はダイヤモンドを売っていたわけではない。同社が売っていたのはダイヤモンドに関するコンセプトだったのだ。特にダイヤモンドの婚約指輪というイメージだ。それにどんな意味があり、なぜ人はそれを必要とするのか。結局、消費者がどこで指輪を買おうとどうでもよかった。ほぼ全てのダイヤモンドがデビアス社のダイヤモンドだったのだから。

一九四七年、N・W・エイヤー社は「ダイヤモンドは永遠の輝き」というキャッチコピーで宣伝活動を展開した。彼らはカッティング技術に関わり、製品調査や社会心理学も熱心に研究した。プロダクト・プレイスメントの考えを、「発明した」という言い方が相応しくないとしても、他社に先駆けてこの手法を採用したとは言えるだろう。映画スター達にダイヤモンド指輪をプレゼントしたり、様々なメディア露出に金を出して、宝石を身につけているところが人々の目に触れるようにした。

デビアスが発明したのはダイヤモンドの婚約指輪ではなく、それよりも優れたもの、つまりダイヤモンドの婚

約指輪という神話を発明したのだった。

「我々は大衆心理学の問題を扱っているのである。ダイヤモンドの婚約指輪という伝統を浸透させることを目指す――**心理的欲求**を付加してダイヤモンドの婚約指輪が小売りのレベルで実用品や実用的なサービスに太刀打ちできるようにするのだ」[4]。これは一九四〇年代にN・W・エイヤー社がデビアスに宛てた内部文書からの直接引用である。[*7] その中で、エイヤーは宣伝対象をいくつか限定している。驚いたことに非常に若い女性に焦点が絞られている。[*8] エイヤーとデビアスはそろって思春期の女の子達に向かって、ダイヤモンドの指輪を持つことだけが本当に婚約したという方法なのだという厳しい「現実」を吹き込んだ。さらに、内部文書は次のように言及する。

「婚約のシンボルとして、いかなる場所でも受け入れられ、認識されるのはダイヤモンドだけなのだと、常に広く宣伝し続けることが肝要である」

彼らの宣伝対象は男の子達にも及んでいた。ダイヤモンドを用意しないことには本当にプロポーズしたことにはならないという考えだ。自分の値打ちの大きさがダイヤモンドの大きさに比例することは言うまでもない。別の内部文書によると、一九五〇年代以降、「男としての人生の成功を映し出す物質はダイヤモンドなのだと宣伝する」ことの必要性が強調されるようになったことがわかる。

デビアスの市場調査、広告、プロダクト・プレイスメントの巧妙な組み合わせによって、私達は完全に幻惑され、この神話が現在ただ今だけでなく過去においても正しかったのだと信じ込んでしまった。実際、この神話は非常に説得力があり、それまでデビアスでさえ売り込むことができなかった、それほどダイヤモンドを欲しがっていなかった客層に対しても、製品は空前の売上を記録したのだった。

翻弄される女達

しかし、とにかくその神話に対して消費者自身がコストを支払ったものに違いない。そうではないか。正しい買い物をしたのだ、ひと財産をかけて買った小さな石が、重要で、永遠で、真の値打ちがあるのだという保証をつけるためだ。一九三八年、デビアスはN・W・エイヤー社に近づいて一つの質問を投げかけた。次世紀の経済を一から定義するほどの質問だ。「様々な形式の宣伝を使うこと」は製品を売るための有利な戦略となるのか。

ドロシー・ディグナムとフランセス・ゲレティの二人は、デビアスのための広告戦略を練り上げるため、N・W・エイヤー社が立ち上げた宣伝チームの主力メンバーだった。今日、何百万人という女性達がダイヤモンドの婚約指輪を所有しているのは、この二人の功績によるところが大きい。およそ八〇から九〇パーセントの新婦達がダイヤモンドの指輪を華々しく身につけている。昨年だけで、アメリカ合衆国の消費者は七〇〇〇万ドルをこの小さな光り物につぎ込んだという。何百万という女性達が自分のダイヤモンドの婚約指輪に対して非常に濃密な心理的愛着を持っているのは、ディグナムとゲレティの二人に原因があるといっていい。

読者の推測とは反して、一九三〇年代から四〇年代、N・W・エイヤー社のような大手の広告代理店が女性を

雇うのはごく普通のことだった。彼女達は別の女性達に商品を買わせるために働いていたのだ。

まず、ディグナムとゲレティは「ダイヤモンドがなければプロポーズは本物ではない」ということを女性達に信じ込ませていった。「二カ月分の給料を永遠に続くものに⑤」といったコピーを打ち出して、婚約指輪にいくら払うべきかについてまで、人々の思考を支配した。もちろん給料に応じて自動的に上下する。広告の対象者があらゆる階層の人々だったからである。

それから、一九四七年にゲレティはあの有名なコピー、「ダイヤモンドは永遠の輝き」を思いつく。N・W・エイヤー社がデビアスのために制作したプロパガンダ形式の宣伝コピーは、そのほとんどが、二十五年在籍したゲレティによって書かれていた。一九九九年、ゲレティが亡くなる二週間前に、彼女の「ダイヤモンドは永遠の輝き」というコピーは『Advertising Age』誌により世紀のコピーに選ばれた。[*9]

ゲレティの相棒である、ドロシー・ディグナムは宣伝チームの責任者だった。少し専門的に言えば、プロダク

ト・プレイスメントという分野だ。議論の余地もあろうが、実際問題として、この分野を切り開いたのは彼女だ。彼女は映画事務所に出向いては、タイトルや、宝石が関係する映画のシーンに「ダイヤモンド」という語を入れるように要請した。スクリーンに出ない時でも、女優達に宝石をちりばめた服を着せたことは大きかった。アカデミー賞の授賞式や出演映画の封切り、競馬のケンタッキー・ダービーなどに出かけていくセレブ達に宝石を貸し出す事業も始めた。出先で観衆の目に触れたり、写真に撮られたりするためだ。時が経つにつれて、ダイヤモンドは新しく生まれたばかりのアメリカ貴族ともいえるセレブ達を連想させるツールになったのだった。

ディグナムはハリウッドスターを追いかけただけではなかった。初めて社交界にデビューする上流階級の女性達にもダイヤモンドを貸し出した。「目論み通りの人物」がダイヤモンドの婚約指輪を受け取って結婚するという段になると、ドロシー・ディグナムの出番で、抜け目なく指輪が広く認知されるように動いた。巧みな販売工作を行ったあとは、メディアへの露出だ。雑誌や新聞、各界のジャーナルなどに可能な限り、写真が出たり、取材されたりするように計らった。

火事を起こして人々の注目を集め、やおら取材をするという作戦だ。ディグナムがダイヤモンドを無料で配り、それによってダイヤモンドを身につけた著名人達を多数メディアに露出させることができたのだ。

ゲレティが作った素晴らしく創造性の高い、革新的な世紀のキャッチコピーで、私達の心の琴線がわしづかみにされている間に、その相棒のディグナムは、あらゆる場所で、憧れのセレブが皆ダイヤモンドを身につけているという状況を作り出していった。二十世紀最高のロマンチックな神話を生み出した、この布教家の女性達が生涯結婚しなかったのも頷ける。二人とも自分の仕事が結婚相手だったのだ。結果として、二人は私達のダイヤモンドに対する、また、ダイヤモンドの婚約指輪に対するイメージを形作ったといえる。そして現代的広告とそれを運ぶメディアを創造し、洗練させることに力を尽くした。粒が小さすぎたり、供給数が増えすぎたりしたダイヤモンドを売りさばくための新市場を求めていた会社のために、二人は大きく貢献した。

結果は見てのとおりで、「様々な形式での宣伝」は有効だったというだけではない。世界の経済ゲームの流れを一気に変えてしまったのだ。

お金で愛は買えない？

おっと、お待ちください。買えますとも。

少なくともデビアスの言い分にしたがうのなら、愛は買える。半世紀がかりでダイヤモンドが愛情と同義語であることをデビアスは世界に信じ込ませた。皆が皆ダイヤモンドを欲しがっているわけではないが、誰しも愛情は求めている。愛が素晴らしいのは、売り手が提供する商品として、タダだということだ。したがって利益幅は申し分ない。

　ダイヤモンドと愛情を結びつけることがこれほどまで完璧に成功したのにはわけがある。愛情と金は脳の中の同一部位に共存しているのだ。神経経済学という比較的新しい分野でこの仕組みの研究が進行中だ。行動学とか化学の問題ではなく、実際に構造上の問題として、脳が

物の価値を評価するそのやり方を観察している。そして、デューク大学のチームがとうとうそのスイートスポットを突き止めた。腹内側前頭前野（vmPFC）である。両の目のちょうど真ん中、数センチ内部だ。

　ではこの特別な場所で何が起きているのか。

　私達は物の価値評価もするし、物に対する好悪の感情もある。「感情と評価を決定する過程はどちらも前頭前皮質内で行われる[6]」ことが研究で明らかになったのである。すなわち、感情的な愛着を感じる過程と物の価値を判断する過程とは、この同じ小さなニューロンの塊の中で、ひとまとまりになっているということだ。

　時に回路が交差することがあるのは確かだ。

　愛想のいいセールスマンであろうが、にこにこ笑っている赤ちゃんを登場させた広告であろうが、いい気持ちにさせることが金離れをよくする効果的な方法であることは、すでに誰もが知っている。しかし、これではまだ信頼できる結論とは言えない。これまで、この仕組みが、なぜ、そしてどのように機能するのか、証明はできていなかった。ところが、前頭前皮質の解明によって証明が

できたのだ。デューク大学で意思決定のプロセスを学際的に研究しているスコット・ヒューテル教授によれば、価値の評価をすることと感情が別々に皮質の中で起きていることはわかっていたが、両者の間の物理的な繋がりを見つけた者はこれまでいなかったという。

さては、デビアスは薄々感じるところがあったに違いない。

デビアスの戦略

もしもチューリップに別の名前があったとしたら、オランダ人は同様に熱狂するだろうか。

キュービックジルコニア（CZ）は、美しさの点でダイヤモンドに劣っているのだろうか。両者は同じように見えるし、光の屈折もほとんど同じだ。何か違いがあるとすれば、キュービックジルコニアのほうがより白く、より明るく、そしてより透明だ。

ダイヤモンドはCZよりも本当により良いものなのだろうか？

ごく自然な答えとしては「イエス」だ。しかし、宝石商として言わせていただくと、宝石をのせたセッティングを別にしたら、両者を区別することは、どんな同業者でも、まず不可能だ。一見して、セッティングが安物ならCZだとわかる。もしも高価なセッティングに、しかも丁寧に取り付けてあったら、一〇〇パーセントの確信を持って、ダイヤモンドと区別することは私にはできないだろう。石の内部にわずかの光を当てて、屈折率を読み取るダイヤモンドテスターを使わなければ無理だ。

ダイヤモンドがもしもそれほど入手困難でないとしたら、私達は同じようにダイヤモンドを愛するだろうか。手に入れることが難しいものを私達は自分のものにしたいと強く思うのではないか？　恋の相手も然り、赤いクッキーも然りだ。他にも例はきりなく挙げられる。

これが行動における希少性の効果である。希少性が人工的に作られたものだとしても、――デビアスはダイヤモンドを死蔵しているし、神経学者は恣意的にクッキーの数を少なくする――人の脳と体には同じような効果が現れる。

ダイヤモンドの婚約指輪の神話は、希少性効果と地位財を繋いで珍しい組み合わせを作り出しているのだ。

「欲しい」と「必要」は別ものだ。もし、ダイヤモンドを手に入れるべき「正しいもの」「最も良いもの」だと考えなければ、私達はこれほどまでにダイヤモンドを「必要だ」と考えるだろうか。憧れの人や、そうなりたいと思う人、崇拝する人をダイヤモンドが連想させることはないだろうか。一方、自分が持っていなくて、持てたらどんなにいいかと思うようなものをすでに持っている人がいたら、その人を嫌悪するということもある。

ダイヤモンドが地球上で最も強いのではない。強いのはそうした認識のほうなのだ。

人々に価値が高いと教え込んでおいてから、外から圧力をかけて、それを買うように仕向けるところに、デビアスの戦略の真髄はある。私達に価値が高いと信じ込ませた物について、人為的に希少性の行動パターンを作り出すことで、ほぼ百年前に業界の支配権を掌握したデビアスは、絶対に価値を失うことのない製品を生み出したのである。[*10]

ひとかけらの原石

未来の妻マリーに対する魅力的な——政治的な意図があったにしても——五百年前のマクシミリアンの振る舞いは巧妙にラッピングしなおされて、ロマンスとして全世界に向けて売り出された。地球上くまなく、何十年もの間、この計算しつくされた作戦でデビアスの経済的支配は、より確かなものとなっていった。さらに、婚約指輪の神話は、ダイヤモンドの指輪を目に見える、しかも全世界で通用する愛と成功の象徴としたのみならず、「必要な贅沢」の証しとしたのだった。

デビアスの作戦は成功した。すでに貴重な宝石の一つとなっていたこの物質は、拡大中の中流層向けに小さくカットされて、そんなかけらでも価値のある宝石であるかのように販売されたのだ。

そして、誰もがこの石のひとかけらを持つようになったのである。

一世紀前にセシル・ローズの調査員が卒倒したという

原石よりもはるかに大きな原石がカナダやオーストラリアで新たに発見されたことを考えれば、デビアスはすでにダイヤモンド原石の完全独占権を失っている。にもかかわらず、ベイン社のコンサルティング・レポートに基づいて言えば、業界は絶好調だという。

話は単純だ。供給のほうは初めから問題ではなかったのだ。人為的な供給不足とそれによって作られた需要が常に話の中心だ。これまでにデビアスのように需要を生み出すことに成功した者はいない。

ダイヤモンドの婚約指輪という概念は、驚くほど最近のものだ。象徴的表現形式として現代生活にそのまま溶け込んでいる様には、目を見張るものがある。私達は未来の婚約指輪について憧れたり、またダイヤモンドの婚約指輪を自分自身の一部として、自分のアイデンティティーの一部として考えたりするように、知らず知らずのうちに仕向けられてきた。このことはメディア操作の力とデビアスのマーケティング戦略の成功を如実に表している。

別の時代にも同じような象徴はあったが、そうしたものとは異なり、ダイヤモンドの婚約指輪というのは世界的な現象で、ほとんど全ての国で認められている象徴だ。デビアスはアジア市場に無理やり割って入ろうなどと考えていなかった。歴史的に見ても、一九六七年まで結婚指輪も婚約指輪もなかった地域だ。ところが一九七八年には日本人花嫁の半数がダイヤモンドの指輪をしていた。日本は合衆国に次ぐ第二のダイヤモンド市場となったのだ。

ダイヤモンドの婚約指輪は、知らず知らずのうちに欲しくなるという話では終わらない。自分達が何者で、何が欲しくて、この人生が将来どうなっていくのか、いかないのかという認識の中に、ダイヤモンドの婚約指輪というコンセプトを組み込んでいるのだ。この事実は驚くべきことだ。タバコ業界もダイヤモンドと互角の競争にはなったが、他のどんな会社もそのような偉業を達成してはいない。その他の製品でアメリカン・ドリームの中に繋ぎ目も見えないほどに溶け込んだものはない。人間の想像力の為せる業だ。これまで常にそうだったわけではない。たかだか八十年ほどのことなのだ。

＊1 ゴルコンダは百五十年ほど前までダイヤモンド貿易の世界的中心地で、ほとんどのダイヤモンドがこの地を通過していった。

＊2 ケープ・ダイヤモンドは南アフリカ産のダイヤモンドだった。「喜望峰」にちなんでそのように呼ばれる。

＊3 人体の大部分が炭素であるため、二〇〇一年設立の会社、ライフジェム社は、大切な人の遺灰を加熱、圧縮してダイヤモンド（実験室製だが）を作るという。私も目下検討中だ。

＊4 私の場合は確かにそうだったのだけれど。

＊5 二〇一二年、オッペンハイマー家はデビアスの四〇パーセントを占める株式を、同社株式保有率四五パーセントのアングロサクソン系のアメリカの鉱山会社に、現金五一〇〇万ドル（訳註：現在のレートだと約五七億円）でそっくり売却した。とはいえ、このアングロサクソン系アメリカ企業とは、デビアス創業時の出資者アーネスト・オッペンハイマーが設立した会社だったことは述べておかなければなるまい。カルテルはなかなか崩壊しないものだということだ。

＊6 シャルル豪胆公はダイヤモンドの複雑なカットを施す新技術を開発したファン・ベルケンの熱心なファンで、この人物の最初のパトロンとなった。再カットのために送られたシャルル公の「最も素晴らしいダイヤモンド」の一つは、サンシーダイヤモンドだった。大粒で、カットも美しく、淡い黄色のダイヤモンドで、今日でもよく知られている。

＊7 強調は筆者による。

＊8 タバコの「若いうちに」的な広告モデルはダイヤモンド業界のモデルに対抗したもので、その逆ではない。

＊9 世界恐慌、第二次世界大戦、経済回復期に入るか入らないかの時期に行われたゲレティの最後のインタビューによれば、アメリカ人はダイヤモンド以外の物なら何に対しても購買欲があったという。インタビューの

中で、ダイヤモンドも婚約指輪も「まさに金をどぶに捨てるようなもの」と見られていたとゲレティは述べている。

*10

さて、デビアスは何を語るだろうか。できることならば知りたかった。

本書の執筆中、私は数多くの宝石商にインタビューしてきた。実に様々なインタビューになった。神経質な人もいた。口の堅い人もいた。用心深い人も、気難しい人もいた。そして、これ以上ないほど率直で、私を助けてくれた人もいた。

デビアスとのインタビューが実現できると考える人はまずいない。悪名高いほどに手強い相手であるし、率直であるとは思われていない。だから、広報課長に電子メールを送って、デビアスについて目下執筆中で、デビアス社の歴史と最初のダイヤモンドの婚約指輪の物語についてお話を伺いたい旨を伝えた時、私は全く返信を期待していなかった。

ところが、返事があったのだ。それも非常に好意的な。一人の女性が広報課から電話をかけてきて、何について書いているのか知りたいと言ってきた。私は単刀直入に概要を伝えた。女性は大変熱心で、興味を持ってくれて、たくさんの質問を私に浴びせた。デビアス社の広報と総務関係の取締役ステファン・ルシール氏にインタビューできないだろうかと尋ねてみた。この人物はデビアス・ボツワナ社とデビアス・ナミビア社の会長も務めている。電話の女性はもちろんだと答え、会ってみたらどうかとさらに数名の名前を挙げてくれた。

そして、彼女は「信じられないくらい魅力的な題材」だと言って、さらに詳しい説明を求めてきたのだった。

ところがその後、三週間待ったが、彼女からは連絡がなかった。ついに私は彼女に電話で話をすることにした。毎回電話のたびに彼女は変わらず熱心だった。彼らはとても多忙で……、よかったら、実際に書いた章を送ってもらえないだろうか、そうすれば彼らの記憶をはっきりさせることもできるだろうし……と彼女は言った。私は、作業中の章を開示したくないし、章は今のところまだ完成していないのだと、粘り強く説明を続けた。

ついに、彼女がインタビューの暫定的な日時を伝えてきた。私は他に仕事もあったので、ロンドンへ飛んだ。彼女は私と二回別々のアポイントを入れてくれたが（まだ何を書くのか自分でもわかっていなかったためもあって）、私がデビアスについて何を書いているのか詳しく電子メールで伝えるつもりはないとわかると、直前になってアポイントをキャンセルしなければならないと言ってきた。

私は最後にもう一度彼女に電子メールを送った。私の出張旅行は終わりが近づいていた。ロンドンには五週間も滞在していたのだ。インタビューはまだ可能ですかと私は聞いてみた。会談が唯一「現実的に成立する」とすれば、私が完成した章を彼女に送って、デビアス社がそれを読み、検討することができる場合だ、と彼女は返答してきた。それでなければ「インタビューはない」と言う。デビアス社は広報の担当者に私の原稿に目を通させて、その後、私に公式のコメントをすると。私は丁重にお断りした。私がやりたかったのはインタビューであって、前もって公認した報道用の公式発表を聞きたかったのではない。

さて、デビアスは何を言うつもりなのだろうか。

何も言わないのは明らかだ。——対話の条件が完璧に思い通りにならない限りは。

がっかりはしたが、驚きもしなかった。結局のところ、最初のダイヤモンドの婚約指輪から始まって、ダイヤモンドの認識、愛情の認識、必要性の認識という具合に、デビアス社は他人の認識を操作するという仕事に勤しんできたのだ。

したがって、デビアス社自身に関する人々の認識を熱心に操作していたとしても、それは驚くことでも何でもないのだ。

第3章

エメラルドのオウムとスペイン帝国の盛衰

光るものはすべて金だと思っている女、彼女は天国への階段を買っているのだ。

――レッド・ツェッペリン

飲み過ぎれば毒

――パラケルスス

デビアスがダイヤモンドの指輪を見せて、世界でただ一つの指輪にしようと言うはるか以前に、見る者の心臓の動悸を速めるほどの美しい宝石があった。西洋（と東洋）史のほとんどの時代において、真珠もそうだったが、エメラルドはそれよりももっと、広く通用する通貨となっていた。

何千年もの間、エメラルドはその輝きと希少性、また霊性への連想から、古代エジプトやナポレオンのフランスで熱狂的に求められたように、数多くの文化の中で讃えられてきた。しかし十六世紀のスペイン王国ほどその煌（きら）めく若草色の宝石と深く、そして複雑に関係した絶対王政はなかった。

実際、黄金で輝く都市、エルドラードの神話物語は、正確に言うと神話ではなかった。それは資金不足のスペイン王国の側が、巧みに仕掛けた広報活動だったのだ。それが、光り輝く緑色のエメラルドのオウムの話だ。オウムもエメラルドが豊富に産出される都市も実際に存在したばかりか、それによってエメラルドの価値とヨーロッパの勢力バランス、そして大陸の人口は激変することになった。しかし、さらに影響は深く、富の流入は十六世紀のスペイン経済に急速な変動を引き起こし、それが原因で発生した問題とその解決策とは、四世紀後の現代経済の土台となる。

エメラルドが権力だった時代

一時的な、はやりすたりはある。しかし、初恋は永遠に続くものだ。人間のエメラルドへの心酔は深く、かなり古くまで遡れる。エメラルドに関する話は人類史のいたるところに、数多く残されている。新石器時代に階級を表す頭飾りに使用された唯一の宝石でもある。そう、ご存じの穴居人の王冠である[*1]。事実、このエメラルドという語自体、何千年も前にできたものだ。

最も古くから知られている、少なくとも紀元前三三〇年まで遡ることができるエメラルド鉱山は、西半球で言えばエジプトにあった。エジプトで最もよく知られた女王クレオパトラは盛んにエメラルドを使用した。そのため彼女の時代より数世紀前からある鉱山は、「クレオパトラ鉱山」として知られている。二千年以上前、クレオ

パトラはエメラルドを用いて、経済的にも心理的にもローマと調和していこうとした。実に、彼女ほど、「イメージ」と「権力」との間の柔軟な関係を理解していた為政者はいない。クレオパトラは、王の座を追われた時も、彼女の王国の象徴であるエメラルドの数々を、いついかなる時にも身にまとっていた。王位にある時もそうでない時も、彼女が女王だということを人々に知らしめるためだ。この国を表すアイコンとして、また財力を誇示するために、その象徴として彼女は宝石を自在に利用した。——エメラルドにかける財力があるなら、軍隊を買って戦争をしかけることだってできると人々に思わせた。

ズバラにあるクレオパトラの鉱山は、エメラルドの産地としてその当時いくつか知られていた中でも最も良質の山だった。彼女は贅沢品の数々を見せつけてシーザーを誘惑した。相手が重要人物なら二倍の贅沢品を見せて、脅すやり方だ。金糸の衣装に身を包み、羨望を集める緑色の宝石の巨大な塊の上に横たわって、クレオパトラはシーザーと会見したのだった。

エジプトの女王とその宝石だけでなく、富を操る術に

心を奪われて、シーザーはローマに帰還した。富を見せつけるだけではない、力を顕示するのだ。その結果、彼は帰国するや、全く新しい奢侈（しゃし）禁止の法律を制定した。特定の贅沢品の使用の禁止と、使用できる者を制限した。*2

シーザーの後継者アウグストゥスはクレオパトラを殺してエジプトを奪い取ると、エメラルドの供給も我がものにした。この同じ宝石を使って、パクス・ロマーナを築いた。「ローマ帝国の平和」である。前例のない二百年にもわたる、国内的安定と、拡張主義、そして社会の発展の時代だ。この決して短くない古代の歴史、エメラルドの上に築かれたローマの栄光の時代こそが、ナポレオン以降の、この宝石に対する執念に火をつけたのだ。ナポレオンは自分自身と妻、廷臣達にもエメラルドをまとわせ、絶頂期にあったローマ帝国の富や力を巧みに自身に投影させたのである。

ビザンチン帝国皇帝ユスティニアヌスは、虚栄心からではなく経済的利益のために、自身と皇后テオドラ以外、宝飾品にエメラルドを使用することを禁止した。元来外国の通貨で、しかも最も人気の高い貿易品であるエメラルドが、人々の宝石箱の中にとどまっていることを、快

く思わなかったのだ。①

エメラルドは「彼らの時代」のダイヤモンドだったと言えば十分だ。「彼らの時代」とは古代初期から数百年前までの間ということだ。少なくとも部分的にはエメラルドと、エメラルドが世界で最も貴重な宝石だと考えられていた、人類史の数千年分に値する時間のせいで、緑色と富の概念との間に連想が生じたのだと示唆する証拠もある。

緑色の力とは

様々ある宝石の中で、エメラルドはどのようにして、金（かね）という考え方とこれほどまでに固く結びついたのだろうか？

その色のせいかもしれない。

「赤いドレスの効果」は色の認識効果についての、最もよく知られた心理実験の一つだ。一続きの女性の写真を前にすると、被験者の男性グループはほとんど洋の東西

を問わず、赤を着ている女性達に対して、他の色を着ている同じ女性達よりも、セクシーで、性的な誘惑により許容性があると評価する。②

この簡単な実験から、単純な色彩シグナルと複雑な社会的メッセージを連結するように、いかに人間が条件づけられているのかがわかる。これらのシグナルは私達の進化の歴史上はるか昔に遡る。赤い色は繁殖や排卵、赤面などの肉体的連想から、おそらく男性に対して「セックス」を意味するのだ。――セックスをしたいと思っている時に女性は赤い色の服を着るということではないが。しかし、現代人が本能のままに行動している時、色彩シグナルと社会的イメージの連結が二千五百万年前と同様に心の中に紛れ込んでくるという話はわかりやすい。

実際、同様の研究によると、緑色を数秒間見ると、血管が拡張し、脈も遅くなり、血圧も下がるという。緑色は本質的に鎮静効果があり、眺めていて心地よいだけではなく、身体にもよいのである。数々の研究成果でも、緑色の壁の中で暮らすと血圧が下がるということが報告されている。また、正しい波長の光に当たると脳内で「気持ちがいい」という信号を発する特定の神経伝達物

質が増加するというのだ。病院や精神科病棟、刑務所などでは壁が緑色で塗られているのはどうしてなのか、考えたことがあるだろうか。緑色は人間の心を実際に落ち着かせるのだ。*3

この驚くべき事実は、何百何千万年の間の生物学的進化によって、緑色と豊かな自然とを常に関連づけるように条件づけられてきた結果であることは疑いもない。私達は緑を見て春を、冬の終わりを、そして飢餓の終わりを連想する。緑色を見て食物を、豊富な食糧を連想する。産業革命以前には食べ物と同じように富を象徴するものは何もなかった。工業化時代以降という意味で、現代では私達は富と言えば金銭を連想する。*4

もう一つ簡単な心理学のレッスンをしよう。私達の目は「錐状体細胞」という特化した細胞を使って色彩を認識する。それぞれ違う錐状体細胞が赤、緑、青の光に敏感に反応している。しかし、全ての錐状体細胞は光の波長が五一〇ナノメーターで最も敏感になるという。簡単に言えば、緑色の光は他の色よりもはっきり、鮮やかに見えるということだ。私達の目は実際に緑色のものを素

早く突き止めるようにできている。私達は緑色を探すようにに進化してきたといえる。

緑色が決定的な役目を果たしている、ごく日常の例を見てみよう。小学一年生ともなれば、どの子も緑色は「進め」の意味で、赤は「止まれ」の意味だと知っている。それはなぜか。道路交通信号は鉄道信号に基づいている。さらにそれは手旗信号の手法を基にしている。赤は常に、「危険」と伝えるために使用されてきたのと同じ理由で、「止まれ」という意味で使われてきた。根本的に人の注意を引く性質のためだ。見落とされることがない。もしもあなたが男性の注意を引きたいなら、赤を着るとよい。もしも緊急性のある何か（「止まれ」などのように）を伝えるために誰かの注意を引く必要があるなら、赤は実に有効な色だ。

カラーホイール（色相環）では緑は赤の反対側にある。その意味は、緑は赤から離れていて、簡単に見分けられるということだ。この二色がなぜ並んで使われるのか、その理由の一端はここにある。しかし、緑色が使用される理由として、人間の目に最も見えやすいという点のほうがより重要だ。同時に心を落ち着かせ、元気づける。「こちらにおいで――こっちにはいいものがあるよ」と伝えているのだ。事実、進化論的観点から言えば、緑は（赤と違って）「こちらへおいで」と伝える色だ。「安全、進め」という意味だけではない。「進むのがよい」という意味なのだ。

西部開拓のマニフェスト・デスティニーの緑の牧草地も、『グレート・ギャツビー』に出てくるデイジー・ブキャナンの桟橋の先端についた緑色の灯火も然りである。緑は人間の心の中で自由、拡張、そして可能性の同義語となってきたのである。

お金、私が欲しいもの

文化的に言って、緑色は世界各地で重要な意味を持っていた。中東では神聖な色だ。イスラムでは、預言者の外套の色だ。それよりもはるか以前には、古代エジプトの死と再生の神オシリスの皮膚の色だった。キリスト教が広がる前、緑はグリーンマンを崇拝していたケルト人達にとって神聖な色だった。グリーンマンの葉で覆われた顔は、中世キリスト教の礼拝堂の中でその彫刻を見ることができる。アジアでは、緑は忠誠を表す色で、最も深い緑色の翡翠は「インペリアルジェイド」と呼ばれている。

二百万年の間、緑色を他の色よりも容易に認識できるように、緑色から無意識のうちに豊かさ、自由、選択などを連想するように、人間は繰り返し条件付けされてきた。アメリカで緑色がお金の色であるのは不思議でも何でもない。

しかし、世界中には数多くの緑色の宝石があるのに、感情面でも経済面でも、エメラルドが特別な価値を持つのはなぜだろうか。

理由は単に希少性にある。価値認識を高めたり、作り出したりする時に希少性が大いに役立っていることは、すでに前の章でも見てきたとおりだが、エメラルドは他の数多くの宝石と違って、歴史的にも本当に産出量が少ないのだ。

したがって、色鮮やかな緑色の石は「十分」と「不十

分」とを同時に伝える。エメラルドとその色が、自然の食べ物の豊かさではなく、金銭的な豊かさを同義語とするようになったのはそういうわけだ。事実、エメラルドのオウムのおかげでコロンビアのエメラルド鉱山へ至る道が発見されるまで、エメラルドは空前の希少性をほしいままにしていた。「数量が限られている」と表現することは全く正当な話だった（ダイヤモンドについてもそうだと、私達は勝手に想像してはいたのだが……）。

貴石のほとんどは、様々な色・品質のものが世界中で見つかる。しかし他の多くの貴石（ダイヤモンド、サファイア、特にルビー）と違って、エメラルドが天然に産出されるのはごく限られた場所だけだ[*5]。しかもエメラルドは真に驚天動地の環境でしか形成されないのだ。

エメラルドはどのようにして生まれるのだろうか。まず、全く異なる大陸プレート二枚に、強い圧力がかかる必要がある。

地球の造山運動

という。簡単に言うとこうだ。エメラルドは煌めかない。輝くのだ。「ガラス光沢」ように見える。石に差し込んだ光は、エメラルドは濡れているうに無数の小さな虹色の破片のように粉々になるのでなく、光はエメラルドの内部で反射しない。そのかわり、光の波はエメラルドの平たい緑色の表面で反射し、濡れたままのマニキュアのように光沢を出すのだ。

エメラルドの格別な美しさのわけは、ここでも化学の話になる。エメラルドは単純な六方晶系の緑柱石結晶で、形成期に様々な量のクロムとバナジウム、あるいはそのどちらか一方で汚染されてできる。緑柱石の結晶、すなわちベリリウム・アルミニウム・シクロケイ酸［Be3Al2(SiO3)6］は色のない非常に光沢のある物質[*6]（その原子配列が理由）であり、比較的珍しい。汚れがなく、傷のないジェムクォリティの緑柱石はさらに希少だ。

無色の緑柱石の結晶はその形成時に鉄と触れ合うと、様々な色合いの青になり、アクアマリンと呼ばれている。

マンガンと交わるとピンク色になり、モルガナイトとして知られているものになる。[*7]黄色はヘリオドールで、白はゴシェナイトである。結晶の形成期に侵入する元素によって、緑柱石には様々な色が現れる。

エメラルドとその独特な緑色は非常に珍しく、価値の最も高いものなのである。[*8]貴石として認識される唯一の緑柱石の仲間だ。エメラルドの中の追加の元素は、石に独特の色を与えるクロムで、太陽光の中の紫外線に当たると蛍光を発する。言葉を換えると、エメラルドの中には文字通り光を放つものがあるのだ。[*9]

エメラルドを作る元素、クロムとベリリウムは同じ組み合わせで物質を作るが、少なくとも地質学上は存在しない。ベリリウムとクロムは両者とも、そもそも非常にまれな元素で、ごく少量しか存在しないというだけでなく、お互い、遠く離れた地殻内に存在している。太古の岩で大洋の地殻の多くを形成している超塩基性の岩の中で微量のクロムが見つかる（超塩基性の岩とは、海の下の構造プレートで地球のやわらかいマグマを覆っているもの。モルテン・チョコレートケーキの上にガナッシュが載っているようなものだ)。他方、緑柱石はずっと新しい火成岩の中に埋まっている傾向がある。こうした新しい岩石はペグマタイトと呼ばれ、溶けたマグマが地上で冷やされて形成されるが、しばしば巨大な洞窟や崖を形作る。

基本的に、ベリリウムとクロムは元素のロミオとジュリエットだ。普通の状況ではこの希少物質同士が出会うことはなく、通常これらの元素は化学的に共存しえない。エメラルドが形成されるためには、海洋地殻の中のこれらの太古の石が、大陸棚の底で文字通り地球を動かすほどの力で、衝突しなければならない。ごくまれにだが、これが完全に起きたのだ。

これが造山運動と呼ばれているものだ。文字通り、山を造るのだ。実際に何が起こったのか。二つの異なった大陸プレートがぶつかると、大陸棚はねじ曲がり、上方へ押し上げられ、ぎざぎざの頂上を目指す。他方、極度に温度の上昇した水と、溶解したミネラルは裂け目という裂け目から押し出される。こうしてヒマラヤやアンデスといった巨大な山岳地帯が形成されたのだ。

エメラルドが生み出されるのもこの過程による。驚くほど多くの山岳地帯が圧縮されて、このような「大陸縫合帯」が出現した時、海底から溶解したクロムを特に多く含んだ極度に温められた水が、頁岩が固まってできた黒い沈殿物の中を通って濾過され、形成過程にある岩石中にできた晶洞の中へと押し上げられていく。こうした晶洞には成長中の緑柱石が含まれていることがある。この数少ないケースでは、溶けたクロムがベリリウム・アルミニウム・シクロケイ酸塩のアルミニウムと置き換わったのだ。これが、単純な無色の緑柱石の結晶が値段のつけようのない緑のエメラルドへと変化する仕組みである。

さて、これでおわかりだとは思う。エメラルドの形成はごく希少で尋常ではない現象なのだ。宝石というだけでなく、地球の四千五百四十万年の地質学史上の一大イベントだったのである。

スペイン帝国誕生前

さて、地質学の話から政治、経済、さらにはいつの世も気になる財宝探しの話に戻そう。造山運動によって地球上の全てのエメラルドが形成されてから何千万年ものち、異なる世界は再びアンデスでぶつかりあうことになる。旧世界は、新世界と二度目の衝突を起こす前に、自分達の薄汚れた黒い沈殿物を固めておかなければならなかった。

いつの世も、どこの世界でも金持ちが頂上へと昇るものだ。社会の序列でもそうだ。正しい方法であろうと、間違った方法であろうと、自分よりいく分か下の者の勤勉さの上にのし上がる。これぞ経済というものである。従業員がいなければ社長にはなれないし、その逆も然り。ユートピアの思想に心惹かれるのと同じく、人間がこれを退けることができたためしがない。

経済について、チアリーディングのピラミッドとして考えてみてほしい。金持ちは一番上の女の子だ。しかし、

頂上にいることの問題は、この位置が歴史的に見て危険な誤信を引き起こしてきたことだ。チアリーディングのたとえを続けよう。自分のチームメイト達を見下ろして、一番下でなくてよかったと感謝の気持ちを持ったり、あるいは下を見下ろして、地面に落ちたらどんなに痛いだろうと考えたりするより、チアリーダーは上を見上げ始める。他のメンバーよりも地面から遠いことを思うのではなく、自分のほうが天国に近いと信じ始めるのだ。

このような誇大妄想、自分は神に特別に気に入られているから、特権階級の最上段にいるのだという信念は、何千年にもわたって大富豪や貴族、王や妃達に支持されてきた。彼らはこれに対して特別な表現も創り出していた。天命である。この表現ははるか古代中国にまで遡る。周王朝が紀元前一〇四六年に殷王朝から政権を奪った時である。周王朝は神が自分達にやれと言ったから、それでいいのだと主張した。前政権に対する勝利を、彼らは自分達の正義の証明だとしたのである。彼らが何をしても、それが良いことだろうが悪いことだろうが、天がそうあれかしと認めているという理由で、正しいというわけだ。論理的にはそういうことになるのだ。

便利な考え方が紀元前一〇四六年の中国に生まれたものだ。しかし、二千五百年後にはスペイン帝国がこの考え方を利用した。

とはいえ、一四八六年にはスペインはまだ帝国とはなっていなかった。スペインはまだ国家にもなっていなかった。ごたごたの続く王国の寄せ集めのような状態だった。イベリア（私達が今スペインと考えている土地のまとまり）はそのほとんどがムーア人のグラナダ王国だった。一四六九年にカスティリャ王国の王女イザベラが十八歳で、十七歳のアラゴン王国の王子フェルナンドと結婚し、ようやく最初のスペイン統一の可能性が出てきたのだった。

そして、いつまでも幸せに暮らしましたとさ……となったのだろうか。

そうはいかなかったのである。

「まさかの時のスペイン異端審問[*10]」

フェルナンドとの結婚から五年、イザベラはカスティリャ王国を継承した。幸せな二人はそれについて相当揉めた。一家の男として、フェルナンドは自分が国王になるものと思っていた。イザベラも一家の男のような存在で、しかも夫より年上で、カスティリャ王国は自分の王国だった。彼女は国民の支持を得ていた。彼には性差別主義の先例があった。そこで、二人は一緒に統治を行うことにした。

それからまた五年が経ち、フェルナンドの両親が亡くなり、フェルナンドはアラゴン王国を継承した。しばし、彼はアラゴンの王権を自分だけのものにしようかとも考えた。しかし、その時点まで、二人で一緒に統治するのが慣習となっており（あるいは、イザベラがかかあ天下だったことを思ってか）、二人で両王国を統治することにしたのだった。

歴史上初めてスペインは真に統一された。一四八一年、フェルナンドとイザベラは「カトリック両王」として讃えられた。このことは各地のカトリック教徒達にとって心踊る出来事だったが、その他の人々の神経を苛立たせた。それには多くの理由があった。イザベラが熱烈なカトリック信者で、異教者達に強い憎しみを抱いていたためである。

　異端審問の宗教裁判は、十二世紀に制度化されたもので、異教徒を見つけ出して処刑するカトリック教会の強力な武器だった。フェルナンドとイザベラが生まれた時にはすでに、異端審問はカトリック教会の権力基盤として何世紀も存在していた。しかし、一四七八年、カトリック両王は教皇シクストゥス四世から特別な許可を受け、スペイン国内で彼ら独自の異端審問を行うことができるようになった。いわゆるスペイン異端審問である。スペイン国内に特有の偽改宗の問題に焦点を当てたものだ。

　偽改宗とは非常に独特で逆説的な問題だった。当時、スペイン社会のメインストリームに乗っていたいなら（多くの場合、身体的な危害を避けようと思えば）、カトリック教徒でなければならなかった。そこで多くの人々は改宗するように圧力をかけられていると感じていた。しかし、本心からの改宗でなくてもよかった。死の恐怖や拷問は、真実の信仰心を育てる強力な動機とはならなかったし、教会への愛情は言わずもがなで、イザベラはこれに対して苛立ちを募らせていた。カトリックのふりをすることは、ユダヤ教徒であることよりも悪いことだと、イザベラは思ったのだった。

　イザベラは全ての国民にカトリック教徒であるようにと命令した。さもないと……。しかし、彼女は、人々が恐怖によってカトリック教徒になることは望んでいなかった。これでは誰も喜ばせることはできない。

　イザベラとフェルナンドはユダヤ教徒に命令を出した。[*11] 改宗するか、死か。さもなくば、急ぎ立ち去れ。もしもユダヤ教徒が退去を選ぶなら、何一つ持ち出すことを禁じると命じた。最後の部分が重大な点だった。どうしても改宗が嫌なら、持ち金と現世の宝物を全て置いて、王室に差し出し、即刻国外へ退去しなければならなかったのである。

　ユダヤ教徒は一〇万人ほどが実際に改宗した。しかし、これは現実にあった『キャッチ＝22』（訳注：ジョーゼフ・ヘラーの小説。ジレンマの慣用句としても使われる）だった。拷問や死を避けるために改宗した者が大部分だった。彼らはすぐに「審問」の対象者となった。そこで死ぬまで拷問を受けるのか。改宗は嘘で、心のずっと底では……、そう告白するまで拷問を受けるのか。

生き残った者は、着の身着のままでスペインから追放された。彼らの大追放によって、国家は大いに潤った。まもなく、イベリア半島のイスラム教徒も多かれ少なかれ同様の苛烈な待遇を受けた。王室にとっては相当な資産を蓄えることとなった。その十年二十年前までは、多様な文化にも寛容で洗練されていたヨーロッパの一角が、カトリック世界へ急速に病原菌を撒き散らし始めたのだった。

招かれざる隣人

スペイン王国のことで連想されるのは新世界とコロンブス、それからコンキスタドールと財宝だ。異端審問と反ユダヤ主義を思い浮かべる向きもあるかもしれない。

アメリカの小学生なら、必ずイザベラと航海の資金を調達するための宝石を連想するだろう。しかし、スペイン王国の急速な発展と衰退の物語の中の、こうした全ての構成要素を縫い繋ぐ目に見えない糸は金（かね）だった。どこからその金はやってきたのか。そして、それはどこへ行ったのかという問題だ。

スペインの歴史は急速かつ繰り返し起こるにわか景気と不景気の物語だ。一世紀以上の間に、好景気はどんどん拡大し、繰り返し起きたが、不景気も同様の変化を辿った。そして、全ては土地の強奪から始まったのだ。

一四八八年にスペインが統一されると、スペイン異端審問は最高潮に達した。「財産を置いて出ていけ」という宗教政策のおかげで、国家財政は潤った。何事も非常に順調に進んだ（少なくともフェルナンドとイザベラにとっては）。カトリック両王が結婚二十周年で手に入れたいものは何か。二人のウィッシュ・リストの一番上には南側に向いた小さな場所が載っていた。イベリア半島でたった一カ所だけ、スペイン支配を免れている場所、二人の視線が注がれていたのはグラナダである。

グラナダ。ここは学問、商業、美術、科学の多文化の要の地――浅黒い肌の人々と異端信仰の街だ。地中海全域の一大貿易拠点で、北アフリカへの入り口にあたっており、ムーア人やトルコ人、サラセン人、それにユダヤ人であふれかえっていた。何百年もの間アラブ民族の支配域で、スペイン王国にとっては靴の中の小石のような存在だったのだ。

そこでスペイン王国は最も理屈にかなった手段に出た。グラナダ侵略である。

一四九二年、フェルナンドとイザベラがグラナダ奪取の作戦に入って十年、次第に戦費がかさむようになってきていた。レコンキスタ（神が定めた土地の奪取）を開始した時は資金があったが、紛争が長引いたのだ。経済面から言って、王国にとって最適の時期ではなかった。カトリック両王は一四九二年に幾度も金のかかる決断をしたが、皮肉にもそのほとんどを借金によって賄った。

スペイン異端審問が始まってから十四年ののち、異端審問所長官トルケマダ[*12]はフェルナンドとイザベラにユダヤ教徒を全てまとめてスペインから追放するようにと進言。一六万人が自らの意思で、この世の富（特に金や宝石の形での金）を全て残して国を後にした。彼らの財産は王家に没収された。

カチャカチャ・チーン。

この大規模な国外追放とその結果の現金の流入はスペインがグラナダの奪取に成功したことと完全に同時に起こった。しかし、他人の帝国を破壊することは高くつくものだ。実に高く。特に、それが古代の場合、非常に安定した国家で、人々は教養にあふれており、侵略に憤慨しているような場合は。殺されたり、国外追放されたりした二、三〇万人ものユダヤ教徒やその他異教徒達から、不正手段で得た財産は、それでもスペインの「聖戦」とグラナダ併合の費用を賄うには十分ではなかった。

しかし、神は手形を切ってはくれなかった。――カトリック両王に対してさえも。

いちかばちか

イザベラ女王は、自分のいわくつきの宝石を担保に、東アジアを目指すコロンブスの最初の探検航海に経済的支援をした。この話は一部は真実だ。女王はコロンブスのために王家の宝石を担保にすることはできなかったと、長い間論じられてきた。その通りである。できなかっただろう。彼女にその権限がなかった[*13]という理由ではなく、王家の宝石はすでに借金の担保になっていたのだ。グラナダのムーア人との聖戦は金のかかる事業だったのである。

　王室の歴史研究家イレーネ・L・プランケットによれば、グラナダ奪取作戦の最中に「王室の宝石はバレンシアとバルセロナの商人達に担保として渡された[③]」ということだ。その段階で、スペイン王国はユダヤ教徒の大規模国外追放をまだ始めてはおらず、彼らの財産の没収も始まっていなかったというのだ。聖戦に金を払って、さらに現金の必要性が高まった時になって、ユダヤ教徒の追放と財産の没収に取り掛かったのだ。

スペインはもはや耐えられないほどの借金に、首が回らない状態だった。聖戦とは、ちょうどエメラルドのように、スペイン王国の成功要因でもあったし、同様に失敗の原因でもあったのだ。

　スペインの王室が自分達の聖戦のための資金を捻出する目的で財宝探しに出かけていくというのは歴史の皮肉というものだ。結局のところ、発見された財宝で戦争資金を賄っただけではなく、彼らの正義を証明し、聖戦を神が同意されたという証しだと、イザベラとフェルナンドは信じた。神は手形を切ってくれないと私が言ったことを覚えているだろうか。これに線を引いて消してほしい。十六世紀のスペインでは王室は明らかにその反対のことを考えていたのだ。

　富を発見し、それを集積していくことで、もちろん、さらなる聖戦へと繋がっていくことになる。つまり、スペインの版図はさらに遠くまで広がっていき、もっと多くの財宝を略奪して、更なる聖戦を賄う。これが繰り返されて、ついにはスペインは巨大に膨れ上がり、非効率な大帝国となって、維持できなくなってしまったのだ。

コロンブスがアジアへの近道の話を売り込みにやってきたのもそうした時代だった。彼が何年もヨーロッパ中の宮廷を巡って売り込みをかけていた同じ話だ。グラナダ攻防戦のレコンキスタで金詰まりの日々を送っていたスペイン王室は、コロンブスの話を最後までじっくりと聞くほど弱り切っていた。そこでコロンブスは、破産して絶望的なイザベラに、香辛料はもちろん（一四九一年には、香辛料は中毒性の強い薬物だった。ナツメグと島を交換した者達は、ナツメグの作用で頭がぼんやりしていたのではないかと読者は思われたのでは？）、その他に真珠と宝石を持ち帰ることを約束すると、他にどうすることもできなくなった女王は賭けに乗ることを決心したのだった。

イザベラは彼女個人の最後に残っていた宝石を担保にして（王室の宝石はずっと前からなくなっていた）、コロンブスの航海費用の四分の一を支払った。残りは個人的な支援者から得た[*14]というが、女王にこそその功績はあったのだ。コロンブスの尽力に彼女がまず信頼を表明したことで、支援者が他にも現れたと言ってよい[*15]。

一般に結婚二十周年の贈り物がグラナダでなく磁器だというのは、全く堅実なところだ。

手ぶらでは帰れない

そこで、偉大なる探検家コロンブスはニーニャ号、ピンタ号、それからサンタマリア号で大海原を越える航海に出発し、東方の香辛料と宝石の港に到着したというのが、学校で子ども達が学ぶストーリーだ。大体これで正しい。しかし、このストーリーでは最も興味深いところが欠けている。たとえば、この航海、すなわち生涯で四回のうちの最初の航海では、大陸にはたどり着かなかったものの、最も実りが多かったことだ。

彼はイスパニョーラ島に上陸した。彼がスペインに敬意を表して、イスパニョーラと呼んだ場所だ。彼はエメラルドを発見できなかった。見つかると思っていたわけではなかったが。結局彼は東インドの未踏の地にいると思っていたのだ[*16]。さらにがっかりしたことは、黄金も真珠も見つけることができなかった。この二つはイザベラ女王に約束した三つの品のうちの二つだった[*17]。先住民が持っていたほんのわずかの黄金は宝飾品の形に加工されていた。そしてその黄金はこの地の産ではなく、遠方の人々との物々交換で手に入れたのだという話だった。

これはコロンブスが聞きたかった話ではなかった。


彼の落胆ぶりを想像してみるといい。落胆という意味はこうだ。火にあぶられるような恐怖とでも言おうか、この勝ち目のない大穴航海に巨額の資金を出させておいて、東アジアとの直線ルートの開拓を約束したのに、価値のあるものが何もない巨大な陸に乗り上げてしまっただけ。スペイン異端審問の最中の、王室から出資をもらったが、それはばあちゃんからの借金みたいな、いかがわしい金だったのだ。

だから、残っている手持ちの宝石を質入れした尋問大好き女王にとっては全くの論外。国元で貸した金が戻るのを待っている債権者達を鎮めるためにコロンブスがやるべきことは何か。それははっきりしている。誘拐、そして奴隷だ。イスパニョーラ中から提供できるのは人間だけだった。コロンブスは小学校で聞かされてきたみたいな英雄ではなかったけれど、彼はそれで何の問題もなかった。


コロンブスは人生で最も意気揚々と帰還した。先住民を誘拐して船に詰め込み、彼らから盗み取った宝飾品少々を添えて、彼は宮廷に献上した。新世界の人々は奴隷にされたり、改宗させられたりするのがふさわしい人間だったのだろうか？　イザベラ女王が信じたように、彼らは今やスペインの国民になったのか？　あるいは、コロンブスが主張したように、彼らはスペイン帝国の所有にかかる天然資源なのか？　それはその後の数世紀間荒れ狂うことになる議論だった。奴隷の将来性を喜ぶスペイン人もいれば、新大陸の資源の可能性に心をそそられる向きもあった。

イザベラ女王は新世界について、全く別種の興味を持っていた。神の国へと続く何かだ。

天国への階段を買う

コンキスタドールは略奪のために新大陸へ渡ったとい

うのが通説だ。そして、敬虔だが、心得違いの宣教師達がその後を追い、強烈に現地人達を改宗させたというのも、また通説。読者諸賢、お気づきでないかもしれないが、宣教師達も、コンキスタドール達も、そうした明らかに矛盾する役目のために、全く同じ人物によって送り込まれていたのだ。イザベラ女王である。

　イザベラは実際的な能力を備えた女性で、彼女がコロンブスのために自分のコレクションの一部を抵当に入れたエピソードのおかげで、歴史上でも最も有名な宝石収集家の一人となった。また、ここまでに見たように、イザベラは猛烈なカトリック教徒でもあった。イザベラ女王はその個人的な願いが独力で世界を作り替え、彼女の生きた世紀とその後の五世紀の経済を変えた数少ない人物の一人である。特に、新世界の人々が全てキリスト教徒になったところを見てみたいと望み、必要なら武力行使もいとわないと考えていた。

　カトリック教徒の有名な指導者であったにもかかわらず、彼女は新しい国民についてはどちらとも決めかねているような感覚を持っていたらしい。コロンブスが最初の航海からほんのわずかな宝石類と大勢の人間を荷物として持ち帰ってきた時、スペイン国内では意見が大きく分裂した。結果的にはスペインをバラバラにしてしまうような分裂で、二つの対立する意見を巡って五日間にわたる公判の後、国王の退位へと発展して終わった。

　コロンブスはヨーロッパの人間のほうが本質的に優れていて、したがって、南北アメリカの現地人を含む、自分達よりも劣っている人種を支配して、奴隷とする「自然の権利」があるのだと信じていた。また、新世界から持ち帰る、黄金や銀、エメラルドなどと同じく、人間も没収物であり、スペインの所有物だと考えた。

　イザベラは土着の人間は彼女の国民であり、奴隷ではない、カトリックに改宗させなければならないと強く主張した。事実、この表現よりは、彼女の感じ方は少々深く、そしてずっと奇妙だった。先住民には親切心を持って接しなければならない、また仲間のヨーロッパ人を改宗させるのと同様、先住民も改宗させなければならないとイザベラは言う（仲間のヨーロッパ人を改宗させる親切な手法と思えば、少々矛盾した話だが）。新約聖書に書かれている審判がこれであると、全く大真面目にイザベラは力説した。イエスが復活する前にあるという「最後の」審判なのだと。もしもスペインが新世界の全ての人間をカトリック教徒に改宗できたら、キリストは地上に再び現れるだろうと、彼女は信じていた。

しかし、ここで事件が起きる。彼女が収支のバランスを調べてみると、再び破産していることが判明したのだ。[*18] 話のツボのところ、お気づきだろうか?

イザベラは非常に実用的な考えの持ち主であったと同時に、どこか偽善的な女王でもあった（両立は無理だという理由などない）。原則としてキリストの再来の話と、先住民の改宗問題では一歩も譲らなかった。しかし、彼女は後者について――先住民達を親切心を持って扱い、国民として同等の人間として改宗させる――放っておいて、暗黙の裡に現地の人間を奴隷化し、酷使し、実に目を見張るような規模で無差別の虐殺を承認したのである。そして、彼らの宝石や貴金属、その他の資源を大量に奪った。

では、イザベラはこれをどう正当化したのだろうか。非常に賢い論法だったと言いたいところだが、そうでもなかった。不器用で身勝手な経営ロジックだ。南アメリカの現地人を同等の人間として、スペイン国民としてカトリック教に改宗させることは、天国への階段を買うという試みの本質的な部分として、極めて重要だとイザベラは信じていた。ただ、そう、それは今ではないのだ。今はまず彼らを奴隷として、全ての黄金や銀、エメラルドを新大陸から掘り尽くして、スペインの聖戦の戦費を賄うことのほうが、もっと重要なのだ。

そして、スペインが帝国として西半球全体の支配を手に入れた暁には――奴隷達のおかげで、彼らの金を使って――インディアンもメスティーゾも、少なくともまだ生きている者達は同等の人間としてこの腕に抱きしめよう（もちろん彼らが嫌がるはずもない）、彼らは自分を女王として愛してくれる、彼らをカトリックに改宗させよう、そうすればイエスはスペイン帝国の勝利を祝いに戻ってきてくれるだろう……。

彼女を擁護するために言えば、明らかに精神異常だったのだ。

嘘から出たまこと

スペインの宮廷では、様々な業種の出資者達が、東アジアからコロンブスが宝石や絹、薬物、それから黄金で積み荷をいっぱいにして帰港するのを待ち構えていた。ところが、彼は帰国するや、大海の真ん中で新世界を発見したと主張したのだ。アジアへの別ルートとしては、不便だったが心躍らせる実に奇抜な見込み。しかし、彼らの期待はいくらか落胆に変わった。コロンブスが持ち帰った積み荷が人間と野菜だけだったからだった。

結果としては、新世界では黄金、銀、真珠やエメラルドといった昔からの財宝が想像を絶するような量と質、空前の豊富さで見つかることになるのだ。全く新しい、より上等な薬物や、香辛料、コーヒー、チョコレート、タバコ、コカイン、そして白い悪魔、砂糖は言うまでもなかった。しかし、スペインは初めのうちは、このことに気がついていなかった。

では、ある試みに手厚く投資をして、その後に間違った相手に入れ込んでいたことに気がついたら、どうするか？　簡単だ。デビアスのローズやオッペンハイマーがやったことは何だったか？　ダイヤモンド市場を独占して、その後に原石が大量に発見されて、ダイヤモンドの価値が全くなくなってしまった時に彼らがやったこと。

嘘をつく。嘘をついておいて、他の誰もがそれを本当だと信じるようにさせるのだ。

これをPRと呼ぶ。疑わしいダイヤモンドの希少性についての話であろうが、新世界の無限の宝であろうが、昔ながらの作戦だ。これが、南米のジャングルの中にある黄金の都として名高いエルドラードの物語の始まりだ。あるいは大探検家フアン・ポンセ・デ・レオンがフロリダにあると主張した「若返りの泉」。それがもし真実なら、これでフロリダ住民の年齢の中央値を説明できるだろうと思う。

あくまでも私見だが、エルドラードは実在した。――しかし、エルドラード、またの名を「金箔を貼ったもの」は、地名ではなく、人名だったのだ。ムイスカ族の王である。ウィリー・ドレーによると、「新しい族長が権力を得ると、グアタビタ湖で儀式を行って、彼の支配が始まる。儀式についての記録は様々だが、一貫しているのは新しい族長は黄金の粉をかぶっていて、金や貴重な宝石（エメラルド）は湖の中に投げ込まれたという④」。

しかし、繰り返し語られるうちに、人物は場所になった。そしてその場所は形を変えて神話となった。純金でできた全てがキラキラ輝く帝国だ。噂が噂を呼び、存在しない場所を求めて一発屋達が新大陸に群がった。ところがその代わりに彼らが見つけたものは、南ではジャングルに住む先住民達、北では泥で作られたプエブロ（集落）ばかりだった。しかし、彼らは全く懲りなかった。全てが黄金でできた巨大都市という気をもませるような物語は独り歩きして、もはや、たとえて言えば一度絞り出した歯磨きはチューブに戻せないといった具合になった。

実際には、エルドラードの存在を信じるように仕向けられた人々には、別段問題はない。新世界への入植者を集めたい女王であろうと、金を払って乗ってくれる乗客を求める船長達であろうと、あるいは売り込み先を探している販売会社であろうと、一攫千金を目論む者達を南アメリカや中央アメリカへとおびき寄せようと、そういう者達が、故意に、また組織的に黄金の都市の噂を広めたのだ。真の狙いは万が一にも存在するかもしれない財宝を見つけ出すことにあった。

これは非常に賢い、循環論法的な技で、地位財を前にした時、弱点に付け込む、今日でも使用されているものだ。現代版では誰も客のいないクラブの外に行列を作って待たせるやり方がそれだ。目標はクラブ会場を客でいっぱいにすること。行列で人々を待たせるやり方は、会場がいっぱいであることだけでなく、そこが望ましい場所であり、したがって、中には価値のあるものが待っているのだと信じて、さらに多くの人が行列に並ぶようになる。その結果、クラブ会場をいっぱいにするだけの人が集まり、嘘が表面上の真実性を獲得するということだ。

スペイン人はクラブ会場ではなく、大陸をいっぱいにしようとしていた。特に、必ずあるはずだという黄金の存在の可能性を見つけ出すために、一発屋を大陸へ送り込もうとしたのだ。

そして、それはうまくいった。——そう、現代と同じように。時に嘘は後で真実となることがあるのだ。結果としてそうなった。財宝の都を発見したのだった。ただ、財宝は金色ではなかった。

緑色だったのだ。

インカ帝国とエメラルドの都市

詩人ガルシラソ・デ・ラ・ベガはしばしば「エル・インカ」と呼ばれるが、生まれながらにしてエメラルドのような存在だった。インカ帝国の女王パヤ・チンプ・オクロ[*19]と、スペイン人コンキスタドール、ガルシラソ・デ・ラ・イ・バルガスの息子で、これぞ二大大陸の激しいぶつかり合いの最中に生まれ出た驚くべき子孫だったのだ。彼の両親は法律上の結婚はしていなかったが、別々に相当な住まいを持つことが認められ、彼は二人の間を自由に行き来しながら成長した。彼はスペイン語もケチュア語も話し、王家に繋がる血統にもスペイン文化にも誇りを持っていた。誰に聞いても、彼は幸福で尊厳のある子ども時代を過ごし、両親とも親密な関係を持っていたという。

ガルシラソ・デ・ラ・ベガは一五三九年四月十二日にペルーのクスコで生まれ、亡くなったのは一六一六年スペインのコルドバだった。洗礼名ゴメス・スワレス・デ・フィゲローアだったが、ペルーで育ったため（また、ヨーロッパに戻った時、スペイン人の遠縁の親戚筋から少々冷酷な仕打ちを受けたせいで）、母方の血縁に敬意を表して彼はエル・インカと呼ばれることを好んだ。

エル・インカは詩人であり、また兵士でもあった。驚くほどよい教育を受けた、多言語を使いこなす作家だった。後半の人生ではスペイン軍隊で殊勲を立てたが、作家として、また翻訳家としてスペイン文学へ素晴らしい貢献をしたことで最もよく知られている。なかでも彼の出身地ペルーの年代記編者としての業績は非常に大きかった。インカ社会とその宗教の他、インカの歴史と文化について偏見のない、完全で正確な記述で功績を認められた。彼の残した記録のほとんどは、彼自身が直接踏査して得た一次資料か、あるいは彼の両親から聞いた二次資料だった。

エル・インカの『インカ皇統記』は有名なコンキスタドール、ペドロ・デ・アルバラドに仕える船長だった自分の父の業績を年代記にまとめたものだ。エル・インカの父は他の多くのスペイン人兵士とともにアルバラドに随行しており、その時点ではまだ「想像上の地ペルー」と、失われた黄金の都市、伝説のエルドラードを探していた。

彼らは結局エルドラードを探し当てることはなかった。その代わりに、魔法の国オズを見つけた。彼らはまさにエメラルド・シティを発見したのだ。

エメラルドのオウム

『インカ皇統記』によると「この付近のいわば首都マンタの谷には巨大なエメラルドがあり、ダチョウの卵ほどもある大きさだと言われている」。エル・インカが「偶像崇拝者」と呼んでいる現地の住人は、「エメラルドを崇拝している[5]」という。この都市では、人々はこの巨大で素晴らしいエメラルドを偶像としてだけではなく、生きている女神として扱っているという。卵のように見えると説明するが、[*20]民間の伝承ではオウムとして描かれている。非常に大きな宝石に、細部にわたって彫刻がほどこされていた。エル・インカは次のように書いている。

「大きな祭りで像は飾られ、インディオ達ははるか遠くから小ぶりなエメラルドを持ってきては、祈りを捧げ、供物としてエメラルドを供える[5]」

このように生きている鳥の女神として崇拝されたエメラルドは神殿に安置されていたが、そこにはさらに多くの財宝が所蔵されていた。生きているエメラルドを賛美し、供物を捧げることは、「より小さいエメラルドを供物として持ってくるという形を取った。マンタの有力者カシークの神官達が、女神、巨大なエメラルドへ、その娘達である小さなエメラルドを供物として供えることは、捧げものとして非常にふさわしいと言ったからだ[5]」。

事実、人々がアルバラドとその部下達に語って言うには、全てのエメラルドは大エメラルドの娘達である、そして自分の子ども達が戻ってくる以上に母が深い喜びを感じる贈り物はないと、神官達は人々に教えていたという。またこの信仰が地理的にも広い地域にわたっていたために、「この地には大変な量のエメラルドが集められていた。ペルーを征服するためにやって来たドン・ペドロ・デ・アルバラドとその仲間達はこの地でエメラルドの山を発見した。この中の一人がガルシラソ・デ・ラ・ベガ（エル・インカの父）だったのだ[5]」。

それぞれが見聞きしたことを考え合わせて推論するのに、長い時間はかからなかった。スペイン人達は神殿の内部を見せてほしいと頼んだ。そこにあふれんばかりのエメラルドがあったことは驚くにはあたらない。彼らが旧世界で見たことのあるものよりも、はるかに素晴らしいものだったのである。

崇拝されるエメラルド

ここからの物語は、ほぼご想像のとおりに展開していく。スペイン人兵士達は大勢の現地人を拷問にかけ、殺害し、神殿からエメラルドを全て奪った。ここで一つ、興味深い話を加えておこう。現地でスペイン人の略奪の噂は彼らの行動よりも明らかに先に広がっていたため、「女神として崇拝されていた巨大なエメラルドは、スペイン人が入るとすぐにインディオによって神隠しのようにさらわれて……非常に注意深く隠されて、大捜索にも、脅しにもかかわらず再び姿を現していない[5]」というのだ。

面白いことに、インカ人達は黄金や銀はあっさりと手放した（銃をつきつけられて、ということだが）。しかし、何十年にもわたる異端審問で磨き上げられていた最強の尋問技術を駆使したのに、たった一カ所のエメラルド鉱山の場所を聞き出すのには、十年近くかかった。「女神」の隠し場所にいたっては誰一人として口を割らなかった。

彼らの持っていたエメラルドについてもインカ人との交渉は不可能だった。スペイン人がインカ人と貿易をすることに前向きだったとしても――貿易するつもりはなかったのだが――ガラスビーズなどの安物の外国の財宝やアルコールでエメラルドを買い取ることはできなかった。彼らは歴史上最も人々の羨望を浴びた宝石の主鉱脈南アメリカを発見したが、そこはエメラルドが金（かね）の役割を果たさない場所だったのだ。

ご存じかもしれないが、インカ人はスペイン人に渡した黄金や銀は太陽や月の汗だと信じていた。所有することは素敵だが、大切なかけがえのないものと思う人はいないし、概してそのために命を落とすような値打ちもない。それに対してエメラルドは真実生きているのだから、太陽の光を浴びて光を放つ。[*21] 科学的に説明すると、コロンビアのエメラルドは紫外線に反応して蛍光を発する。大量のクロムを含有していることから、石は緑色だ。それぞれの石が神の輝きを蔵しており、生きている神の肉の一切れなのだと、この無熱光がインカ人を信じさせたのだ。

だから、彼らがエメラルドにより深く愛着を持っていることは、よく理解できる。

妬みの感情

アルバラドとその部下達はその日にエメラルドを発見したとしても仲良く分けるつもりはなかった。ヨーロッパ人によるコロンビアのエメラルドの発見は他とは異な

っていた。コロンビアでもスペインでもなく、聖変化上のどこか、物質的か神的かの間のどこかで起きたことなのだ。

貪欲なドミニコ会修道士レヒナルド・ペドラサもまたペルーを見つけるために多くのコンキスタドールに随行した。ペルーではなく、あまりに上質すぎて本物に見えないエメラルドをたくさん発見した時、本物のエメラルドは叩いて二つに割ろうとしても割れないのだとペドラサは利口にも兵士達に教えた。コンキスタドール達のがっかりした姿を想像してみてほしい。自分達が盗んできたエメラルドを、試しに打ち砕いてみたら、エメラルドは美しいだけで何の価値もない緑の石になってしまったのだ。

この修道士は、少しものわかった人物で、原石のかけらでまだ大きなものを集めて、自分の修道服に縫い込んで隠した。彼はすぐに他の探検部隊と別れて、原石をパナマに密輸した。しかし、彼がたどり着けたのはここまでだった。彼はここで熱病にかかり、数カ月後死亡する。フランシスコ派修道士達が彼の遺体を埋葬するための準備をしていた時、密輸してきたエメラルドが新しい仲間に発見され、スペインへ送られた。そしてそこで、「王妃の関心を引き付けたのだった」[5]。

きっとそうに違いない。

修道士ペドラサの戦利品は偶然見つかったものだったが、イザベラが新世界に向けて送り出した聖職者軍が功労者に配当を支払うやり方としては、最初の(そして誰も予期しない)やり方だった。スペイン人はインカの人々を偶像主義者、異教徒と見なした。悪魔信仰者という場合もあった。宗教的なイデオロギーの違いはスペイン人による大規模な略奪に正当性を付与するものとなった。繰り返し使われてきた「我々は正しく、彼らは間違っている。我々の側には神がいる」という言い分だ。

参加自由の略奪行為に対してはこれよりも深い背景があった。ペドラサ修道士の窃盗についての弁明は、旧世界の専制君主と新世界の財宝のありえない出会いという以上のものだ。これは、外見上相容れない二つの宗教の間の重要な類似点を明らかにしている。結局はある特定の時点で、二つの完璧に異なる宗教(カトリックの修道士とムイスカの神官)が出会って衝突し、そしてそれでも最終的な分析では、彼らは同じ緑色の神を崇拝しているということが見えてきたのだ。

フェルナンデス・デ・オビエドは『ラス・インディアスの一般史と自然史』の第七巻で、わけてもエメラルドの発見と採掘について詳しい資料を付けて論じている。「我々の時代まで、そのような自然に発生する石についてキリスト教信者が発見したとか、そしてかの地には財宝があって莫大な値打ちがあるなど、誰も聞いたことがなかった話だ」[5]という。

ヨーロッパやアジアのエメラルドと比べて、驚くほど素晴らしい品質の原石だと気がついたスペイン人は、すぐさま新世界のどこにその鉱脈があるのか突き止めようとした。およそ次の十年を超える年月をかけて、スペイン人達はあちらこちらに小規模のエメラルド鉱脈と、作業不可能な鉱山、あるいはすでに何年も掘り尽くされているところを発見した。しかし、一五四三年、彼らは本物の鉱脈の近くまで来ていることを知った。一羽の雌鶏の腹を開けてみると、非常に細かいエメラルドが詰まっていたのだ(あまり有名でない事実だが、鶏のような鳥類は細かい石を食べることで消化を助けている。本当にお上品な鶏は宝石を食べるらしい）。

そこで彼らは現地の人間と戦った。ムゾーという見るからに恐ろしいグループで、男達は毒を塗った吹き矢で武装しており、（真実かどうかは疑問だが）人食いの好みがあるという。しかし、スペイン人はヨーロッパの疫病を味方につけて、一五六〇年までにはムソーとその近隣の住民達を鎮圧してしまい、ラ・トリニダードという町を作った。スペイン人はエメラルドを、先住民達と同じように、剝奪の対象と見なした。

デウス・エクス・マキナ
機械仕掛けの神

ラ・トリニダードは征服されたムソーの村々に囲まれた地で、住民達は強制的に奴隷にされ、重税を課せられた。かつては恐ろしい兵士だった者達が多かった。しかしながら、少なくともフライ・ペドロ・デ・アグワドによれば、この周辺の二〇〇から三〇〇人のスペイン人征服者達は、自分達のほうがよほど苦しい目に遭っていると感じていたという。彼らは全くエメラルド鉱山を見つけられないし、食糧はどんどん少なくなり、同胞達の多くは先住民達を征服しようとして死んでしまった。また、できると思っていたほどには裕福な暮らしもできなかった。ここの土地のもともとの所有者達で、奴隷の身に落とされた者達から嫌な目つきでにらまれることは言うまでもなかった。スペイン人達は一五六三年の冬を「偉大なる災難」と呼んだ。

最初の大きな鉱山を見つけるまでには、何十年も拷問、異端審問、奴隷化、探検そして、全面戦争が続けられてきた。しかし、奇跡は起きたのだ（物語がカトリックの聖職者に関係する時はいつもこれだ）。一五六四年の復活祭の週（これもまた驚く話ではない）の中ほど、一人のスペイン人入植者が町外れを歩いていると、素晴らしいエメラルドが道に落ちているのを発見した。興奮はまるで野火のように広がり、探し求めていたまさにその場所に自分達は町を建設したのだと気がついたのだった。

最寄りの軍事野営地から指揮官アロンソ・ラミレスが到着した。アグワドによると、彼は「イトコのインディオ達にどこにエメラルドの鉱山があるのか尋ねたが、誰ひとり明かさなかった。そこでホアンという名前の幼い少年に白羽の矢が立った。彼は村の先住民の子どもで、ラミレスの支配下で多くの時間を過ごし、キリスト教徒になっていた。この子が彼のご主人様からやさしくしてもらったお返しに、彼の両親やその他のインディオ達がエメラルドを採ってくる場所を教える約束をした」。「ラミレスが仕事上で不精な人間だったということは全くない。むしろ、時間を無駄にせず、人々を呼び集めて、行政官とともに鉱山を登録する自分の仕事を手伝わせた。この子どもが道案内をして（中略）この同じインディオの子どもの手でエメラルドが発見されたのだ⑤」ということだ。

　こうして、――少なくとも、実際にその場所にいたアグワドによれば――ムソーの大エメラルド鉱山が発見されたのだ。あるいは「覆いを取られた」という表現を選ぶかどうかは見る者次第だ。幼い男の子の手でとうとうコロンビア最大の聖なるエメラルド鉱山へと導かれたのだ――。ふたを開けてみれば、十年にわたる悪夢のような占領とストックホルム症候群（訳註：犯罪被害者が犯罪者と長期間接することで、犯罪者に親近感などを抱くこと）で全て解決という話だ。

　物語はありとあらゆるカトリックの奇跡の物語の特徴が盛り込まれている。時は復活祭で、スペイン人は破滅と無慈悲な異教徒達から、キリスト教徒になったばかりの一人の無邪気な少年によって救済される。何十年にもわたって、少年の仲間達が文字通り死を覚悟で守り抜いてきた鉱山を心から喜んでスペイン人に渡したのだ。これが事の顛末だというが、確証はない。しかし、これが彼らの物語で、彼らが固執している物語なのだ。

天与の幸い

　スペイン人達は神が新世界の空前の財宝をもたらしてくださったのだと信じた。なぜなら、自分達は道徳的に正しいから、財宝をもらうに相応しいから、また、神が自分達にそれを使ってほしがっているからだと考えた。まるで白地手形のように、神の恩寵はどんな大虐殺の大罪も覆い隠してくれると、固く信じた。「異教徒の女王」エリザベス一世とその海賊海軍が一五八八年にスペインの無敵艦隊を全滅させて、スペインの経済と自信を完膚なきまでに叩き潰すまで、彼らの性根はまっすぐにならなかったのだ。

不幸なことだが、スペイン王国は文字通りの意味で、自分達は正しく創造されたと信じていた。この物語全体を、また登場人物達を評価してみると、私達は、十六世紀の経済的、道徳的論理から思ったほど、進歩していないことがよくわかる。現代と同様に、富貴であることと道徳的に正しいこととが混同されていた。事実、私達の現代経済と銀行制度の起源は当時の混乱した坩堝の中にあったのである。私達の現代的金融制度は一五五一年のスペインはセビーリャの港で生まれた。そして、南アメリカから間欠泉のように湧いて出る宝物が生み出した問題のために、始まったのだった。

少し話を巻き戻して、小さいところから話を再開しよう。なぜ、大航海時代に、アメリカのような場所で貿易用のビーズが両替に使われたのだろうか。その理由はすでに述べたが、ヨーロッパ人にとってはほとんど価値がなく、しかしヨーロッパ人が探検し、侵略し、また植民地化していた場所では大きな価値があったからだ。だからこうした遠隔地のどこにでもある物と、貿易用ビーズはヨーロッパ人の有利なように交換できたのだ。たとえば北アメリカの土地、あるいは西アフリカの人間、スリランカのサファイアだ。二カ所または三カ所の市場の間の差額を利用して、それによって、ほとんど、あるいは全く初期投資なしに、交換上で実質的な収益を手に入れる、この種の決済を「アービトラージ、裁定取引」という。この言葉には聞き覚えがあるかもしれない。現代の銀行システムの中でごく普通に使用されている言葉だ。現代にこれがあるのはスペインと旧世界への急速な財宝の流入のおかげなのだ。

スペイン人による新大陸でのエメラルド[*22]採掘は史上初のことだった。大量の富の洪水が一カ所から別の場所へと大変な速度で流れていったのだ。あれだけの富を数える方法はまだなかった。収支を報告することもできなかった。

セビーリャはアメリカから渡航してくる船が入るスペインで唯一の港で、新世界からやってくる財宝を積んだ船でいっぱいだった。貨物の公的な目録である積荷目録は全く不正確なことが多かった。誤記入の他に積荷の盗難があったり、不正利得物や密輸品[*23]などが原因だが、これら全てが混然一体となっているのが通常だった。エメラルドの積荷目録は特別控えめになりがちだった。高品質で比較的軽量、かつ嵩も小さいことから、ペドラサ修道士がやってのけたように、秘密裡に輸送することが容易で、闇商売にもってこいの重要品目だったのだ。

積荷目録の虚偽記載の他にも、南アメリカとヨーロッパとの間の連絡が即時に取れないことも収支報告の妨げになった。各発送品の大きさや到着時期などを予想する明確な手段がなかったのだ。唯一確かだったことは、船が航行を続けてこちらへ向かっているということだけだった。エメラルドや黄金、銀を積み込んだ船団が続々と入ってきた。年々、積み荷は増加していった。逆説的になるが、実際に到着した財宝の量が問題となった。どこから来たものかをどう突き止めるのか。どのように価値を定めるのか。どのようにして交換するのか。

また同時進行で別の問題も発生していた。イザベラとフェルナンドの孫、カール五世（カルロス一世）だ。愚かなことで評判で、金持ちの子どもの例にもれず、金（かね）がどこからくるのか気にも留めていなかったのである。彼は（その息子、フェリペ二世になるとさらにその傾向が強い）、金の問題を考えるのが嫌いだった。常に入ってくる金を当然のことと考えていた。したがって、国庫が補充を受けるよりも早く、歴史上まれに見る驚異的な額の大金を、目を見張るようなやり方で使ってしまうことがあった。

何に使ったのかと思うだろう。パーティーにギャンブル、華やかで金遣いの荒い悪名高いベルサイユの宮廷のように？　違うのだ。宝石に宮殿、贅沢三昧のロマノフ王朝の皇帝達のように？　それも違う。経済基盤を作るため情け容赦のない植民地拡大政策をした、ビクトリア王朝の英国のように？　違うのだ。自分の祖父母達と同じく聖戦につぎ込んだのだ。

自分の心に嘘はつけない、ということだ。

財産家の甘やかされて育った子どもはいずこも同じで、切れ目のない資金供給は彼を自信過剰にしてしまった。

その結果、彼は史上、少なくともこの時代までで、最も多くの血が流れ、最も金のかかった、そして究極的に最も実りのない戦いの一つを遂行したのだ（その愚息、フェリペ二世はエリザベス一世との戦いでさらにこの父を出し抜く）。カール五世はオランダではプロテスタントと、地中海地方ではイスラム教徒と戦った。そしてついには同時に両面での戦いとなる。これらの紛争は空前の戦費を使って結果的にはステイルメイト、手詰まり状態となった。彼はスペイン帝国のために、繰り返し破産宣言をしなければならなかった。そして、その間ずっと、新大陸から新しい積み荷が届いて、この国のキャッシュフローを生き返らせてくれるのを待つ。この繰り返しだった。

思考を停止して未来に賭ける

さて、それでは現代の銀行システムとどこがどう関係するのだろうか。それは全てだ。スペイン帝国は天命を受けて、そのために疾駆していた。銀行に向かって、

……戦場に向かって。過去に繰り返しあったように、彼らは不正手段で思いがけず手に入った授かりものを異教徒との戦争につぎ込んだ（母のように、孫のように）。カール五世は、自分の前のイザベラ女王、自分の後ろのフェリペ二世の例と同様、金には切れ目がないと信じていたのだ。多くの金持ちが同じ過ちを繰り返している。しかし、さらに興味深く、そしてさらに恐ろしい錯覚はどこにあったのだろうか。自分達が財宝を求めるのは、スペインカトリックを信じない者どもを皆殺しにするためだ、だから神はスペインに無尽蔵の財宝を与えたもうたのだ。そう彼は信じたのだ。ただし、金は無限にはなかったし、常のごとく、スペインは財政破綻を繰り返すことになった。

たったの数週間待つだけでいいのだと誰もが思っていた。セビーリャの港から水平線を眺めていれば、貴重な金属や膨大な量のエメラルドの原石を積んだ船団が重荷でふらふらしながら近づいてくるのが見えてくるのだと……。

少なくとも最初はキャッシュの問題ではなかった。キ

ャッシュフローの問題だった。スペインが必要としていたのは、中南米から引き出される金を証拠金に他から資金の融資を受ける新しい方法、すなわち船が到着する前に金を手に入れる方法――なぜなら、彼らは財政赤字のパイオニアになったばかりだったのだ。彼らは国際規模での信用貸しが必要だった。そして、私達の現代経済の基盤がセビーリャの港で生まれたのだった。

　このスペインの問題の解決策が見つかった――厳密には彼らが発明したというべきか。利息（juro ジューロ）だ。ジューロは世界初の利子を払う政府証券で、ジャーナリストであるルベン・マルティネスとカール・バイカーによると、「財務省短期証券のさきがけ、アメリカ経済の原動力[6]」だという。当時のヨーロッパの銀行家達はリスクを覚悟で債券を購入したが、その理由は、彼らが安全だと信じたからだ。これはペラペラの紙切れでしかない債券に、新世界の富の無限の供給という具体的な後ろ盾があると保証されたからに他ならない。

　意図的な「不信の一時的停止」という言葉を聞いたことがあるだろうか。ある意味で、経済とは演劇の一つの形式だ。想像上の価値から未来の価値へと、経済は意図的な「不信の一時的停止」を必要としている。言い換えると、「ある特別な状況において現実を無視することを選択する行動」である。たとえば、我々が演劇を見ている時、俳優達は私達観客が存在しないという前提を了解している。もしそうしなければ、幻想は破られてしまい、芝居を続けることはできなくなる。チューリップ市場のバブル崩壊でも住宅市場のバブル崩壊でも、人々は次から次へと、攻撃的に現実を再導入する。初めは疑いという形で、その後パニックという形で（別の言い方では「消費者マインドの揺らぎ」として知られている）。そしてこれは数日のうちに経済全体を破壊しうる。こうして銀行の取り付けと株式市場の崩壊が起きるのだ。

　ジューロは公式の印章が押された一枚の紙切れで、前払いの融資を受けるのと引き換えに、利子付きの返還を約束する。スペインとスペインに資金を投入している投資家達は船を株式と見なしていた。実際、彼らはこれらの株式に賭けていたのだ。海賊の襲撃に遭わないことに賭けていた。悪天候で沈没しないことに賭けていた。船が離岸する以前に、携帯電話も、インスタグラムのアカウントもなかった昔、植民地がすっかり焼き払われたり、火山の噴火や現地住民の暴動によって破壊されたりすることがないことに賭けていた。彼らは船がいつも通りに財宝を山と積み込んでスペインの港に現れることに賭けていたのである。

彼らは未来に賭けていた。[*24]

この紙切れの証書は私達の現代経済全体の発射台だったのである。ジューロとそれによって生じた後続の公債は銀行システム、金を貸すことと投資を完全に変化させた。歴史家シャロン・M・ハノンによると、「こうして、新世界の人々の血と汗と労働がヨーロッパの資本主義の勃興に資金力を与えた[⑥]」という。

そして、そもそもの始まりは一つの巨大なエメラルドと、神を巡る考え方のぶつかりあいだったのだ。

スペインが担保とするものは光を放つ緑の石、美しくて希少、ゆえに価値のあるものから、一枚の紙切れへと動き始めた。そこには未来の価値が書き込まれているのだ。公債と未来を賭けることの本質は、想像上の価値だ。そして結局はこの紙切れが誰もが欲しがる想像上の通貨の単位として、宝石やビーズ、煌めく金属のかけらに代わるものになるのだ。

さて、これが意図的な「不信の一時的停止」である。

エメラルドバブルの崩壊

一五〇〇年代半ばにはスペイン人はチボル、ムゾー、ソモンドコなど規模の大きなエメラルド鉱山の他にも何カ所もの鉱山を開いた。質といい、色といい、量といい、南アメリカのエメラルドほどのものはその当時、誰も見たことがなかった。それは現代でも変わらない。インカ人が嘆いたように（ほとんどのインカ人達は天然痘で死亡した）、スペイン人達は得意げにインカ人達の生きている神、エメラルドのかけらを、一度に五〇万カラットも持ち去ってしまったのだ。

スペイン人の宝探し達、言いかえると、兵士、召使い、妻達、商人、売春婦、ありとあらゆる職種の入植者達は、エメラルドが流れ出すのと同じ速さでニュースペインへとなだれ込んだ。シャロン・M・ハノンによると、前代未聞の富のおかげで、スペイン帝国は十六世紀を通じて唯一の超大国となった。スペインがヨーロッパ全体の行動指針を決め、例によってそこには、広域にわたる血なまぐさい紛争の数々に連座することが含まれていた。オウムの娘達のおかげで、スペインは一世紀にもわたり、世界で最も大きく、最も裕福で、最も強力な国という地位を享受したのだった。

　人間の貪欲はきれいに終わるということがない。価値の幻想とは、デラウェア族インディアン達を棒立ちにさせたガラスビーズのように、文字通り美しいものであるかもしれない。しかし、全てのファンタジーのように、その魅力は説明不可能なのである。この説明のつかない大衆の幻想というものが、繊細な均衡の中に保たれているということだ。幻想は急に方向が変わることがある。そして、一世紀の間に、特別な価値があると思われていたエメラルドがしたことは、まさにこれだった。その結果、市場は供給過剰となり、有史始まって以来、その質も手に入りやすさも全てが最高の状態に達した時、エメラルドの価値は崩壊した。

　一時はスペイン王家の宝石の一二分の一を占めるほどだった一個の大きなエメラルドが、その発見から一世紀も経たないうちに、突如、その黄金の台座よりも値打ちが下がってしまったのだ。

『Jewels : A Secret History』の中でビクトリア・フィンレイは一次資料を取り上げている。それは一六五二年の英国人宝石細工人トーマス・ニコルズが、エメラルドの急激な価格下落について、数量が豊富になったためだと説明したものだ。ニコルズは報告の中で、ある宝石商に「素晴らしい光沢とフォルムという評価」のエメラルドを見せたスペイン人に注目している。フィンレイによると、「その宝石商はそれに一〇〇ダケットという値をつけた。それからそのスペイン人がさらに巨大な、さらに上質のエメラルドを見せると、宝石商は三〇〇ダケットと評価した。『スペイン人はこのやりとりですっかり舞い上がり、自分の宿へ彼を引っ張っていくと、今度は小箱にいっぱいになっているのを見せた。イタリア人宝石商はそれを見て、彼に言った。〝どれも一個につきクラウン銀貨一枚（およそ八分の一ダケット）だ〟』」[1]

　これぞ、急速な通貨収縮だ。

これは希少性効果の裏返し、市場の飽和状態だ。エメラルドでも石油でも、穀物でも、どんなものでも過剰にあると、価格は下がる。その対象物が通貨の形を取っている時にはひどいインフレになる。

プロテスタントの暴動鎮圧、オスマン帝国の侵略阻止、また、ユダヤ教徒の改宗や殺害という正気とは思えない試みに、王は国家資産を公に支出し続け、支出超過で出た巨額の負債で国は瀕死の状態となった。新世界の莫大な財宝の流入が引き起こしたインフレは経済危機を深刻化させた[6]。

スペイン帝国は拡大の時と同じ速さで崩壊した。十六世紀の終わりから十七世紀初めにかけての急激な衰退は（その他の経済政策の失敗の中でも）主に、カール五世とフェリペ二世による慢性化した超過支出によるものだった。二人の王は金がいつまでも入ってくるものと思い込んでおり、実際その通りだったが、ただその金の価値がなくなることを考えていなかったのだ。鉱山はからになるまで掘り尽くされたわけではなかったが、ついにはほとんどが閉鎖となった。一世紀以上もどこにあったかわからなくなった鉱山もあったが、探す者が誰もいなくなったというのが理由だろう。

スペインにとって、世界の覇者となったことは、ほとんど何の利益も生まなかった。その絶頂期でさえ、この国の物質的な豊かさが、平均的スペイン人の生活水準向上に寄与するところはほとんどなかった。事実、帝国の絶頂期もその後も平均的な生活水準はヨーロッパ域内で最低ランクにとどまっていたのだ。最高潮にあった時期はごく短く、数多くの敵を作って終わった。十六世紀の終わりまでに、スペインの経済は最低レベルに落ち込んでいた。

宗教と金、これは南アメリカのジャングルを切り開き、焼き払いながら進んだ血に飢えたコンキスタドール達よりも、また、毒を塗った投げ矢を巧みに使う、身体にペイントしたり羽根飾りを付けたりした先住民族達よりもはるかに危険な原理である。横暴な異端審問の時代の王権よりもはるかに強力な、フットボールの大きさの完璧な美しさのエメラルドと比べても一層値の張る原理なのだ。

宗教と金、そしてその両者の間の非常に複雑に絡んだ関係についての物語である。

天上界の通貨対地上の通貨、絶対的価値対相対的価値、これは幾重にも重なった信仰とイデオロギーの間のせめぎあいの物語である。正義と富の間のずれ動いていく関係の物語。また、宗教がどのようにして経済全体を特徴づけ、形作るのか、また逆に、経済が完全に新しい宗教の基礎にもなりうるという物語なのである。

結局、神の恩寵よりも実体がないとは、どんな通貨なのだろうか。

「服用量が毒を作る」

フィリプス・アウレオールス・テオフラトゥス・ボンバストゥス・フォン・ホーエンハイムは十六世紀の神秘学者で、占星術師、学際的な科学者だった。彼の主な業績は一五三〇年代に完成している。またの名をパラケルスス。

鉛を金に変える「科学」である錬金術の父として知られるパラケルススだが、さらに重要なのは、毒物に関する科学、毒物学（toxicology）の現代的分野のパイオニアだったことだ（剝製術［taxidermy］と混同しないように。こちらは自動車にはねられた動物に芸術的に防腐処理を施す科学である）。

彼はまた、植物学者、化学者、そして内科医でもあった。「亜鉛」元素にその名称を考え出したのもパラケルススである。[7] 彼は「気体」と「化学」という単語を発明したことでも功績が認められている。

また、精神病は真に身体の病気であると主張した最初の人物も彼で、どこから見ても時代の先を行く人物だったことは間違いない。占星術と錬金術には愛着を持っていたものの、彼は知的な曖昧さを嫌っていた。鉱山病が復讐心に燃えた山の精霊の魔力によって引き起こされるという説は一五三〇年の時点で科学者の間でも広く信じられていたが、パラケルススは有毒なガスが原因だと主張してかなりの混乱を招いた。

パラケルススの最も有名な言葉の一つに――おそらく毒薬学に関係する言葉だと思われる――金に関するものとしても通用する格言がある。「服用量が毒を作る」[*25]である。ごく少量なら、たとえば鉛やヒ素でも全く何の害もないかもしれないが、大量に摂取すれば、たとえば酸素や水でも脳に損傷を与えたり、十分に大量なら死に至る場合もあるということだ。

私にはパラケルススが経済学者でもあったように思われる。中毒は、人体の中だろうと国家の中であろうと、非常に繊細な現象だ。薬物が毒となり、神への奉仕が狂気に変わる転換点に到達するためには注意深い滴定法が必要なのだ。

もう一人の偉大な哲学者、グルーチョ・マルクスは「私を入れたがるクラブには入りたくない」と言っている。宝石の話となると、私達は皆同様に感じる。ある物質が本質的に（あるいは人為的に）数量が少ない時、その価値は最も高くなり、他方、最後に手に入りやすくなった時、最も低くなる。人間にとって、希少性は価値を生み出す。価値は富を生み出す。希少性も富もどちらも良いものであるし、悪いものでもある。毒と薬だ。お金がありすぎることは、無さすぎるのと同じくらい危険であり、経済を成り立たせることも、崩壊させることもできる。

市場が飽和状態となって、エメラルドが無価値となるに至って、スペインは決定的な転換点に到達した。歴史的な量で流れ込んだ財宝によりスペイン経済は供給過多となり、財宝自体が無価値となる事態に及んだ。一六三七年のオランダのチューリップ・バブルの崩壊のように、希少性効果が誘発した幻想は破られた。綺麗だけれど、どこにでもある石を自分達が取引していることに気がついた時、エメラルドの価値は霧消したのである。

薬と毒との間の境界線は曖昧になり、大望は貪欲となり、信仰は原理主義に姿を変え、富は正義を名乗る。どの地点で、原動力は貪欲となり、貪欲が正当化の根拠となるのだろうか。現代、身近なところでこうしたことが起きているのを私達は日々、目にしている。

これは単に、スペインやエメラルドの話というにとどまらない。血を見る戦いや征服だけでもない。「進め」と言っているあの緑色の信号の話——何も見ないままアクセルを踏み込む時に何が起きるのか、という話なのだ。おそらく投資家や狂信者——あるいはその他の誰でもいい、緑の信号を見て崖をまっすぐに越えていく者達——を責め立てても意味がないのである。

*1 王冠は北アフリカに存在している。ごつごつとした暗い色のエメラルドが、骨や松脂(まつやに)とともに王冠に取り付けられている。

*2 たとえば、紫色のトーガの着用が許されたのはシーザーのみである。

*3 おそらく皇帝ネロが何かを読んだり、競技会を観たりする時にエジプト産エメラルドの薄い板で作った眼鏡をかけていたと言われるのも、同じ理由だろう。それでも不十分だったことは明らかだが。この人物は正気ではなかった。

*4 「今すぐ買う」のボタンが緑色なのはどうしてなのか、不思議に思ったことはないだろうか。ネットショッピング会社はあなたを操作しているのだ。落ち着いて、さあ、ボタンを押して、お金を使いましょうというわけだ。

*5 有名なのはコロンビア、ブラジル、エジプト、そしてジンバブエだ。

*6 beryl(緑柱石)という語はbrilliance(輝き)という語と同一の語源を持つ。

*7 二十世紀初頭の実業家J・P・モルガンに敬意を表している。短期間であったが宝石蒐集へのその熱烈な情熱はアメリカ自然史博物館のモルガン宝石記念館に結実している。鉱物蒐集に飽き、次の趣味に移ると、自分のコレクションを寄付した。

*8 これは全面的に正しいとは言えない。赤い緑柱石は時に赤いエメラルドと呼ばれて、さらに稀少で、貴重なものである。しかし、ほとんど存在しない。驚くほど美しいが、まずもって一生の間に出会うことはないだろう。ごく小さなかけらがほんのわずか、最近発見された。世界中を探しても小さな鉱脈がほんの少しあるだけだ。これを書きながら、偶然にも私は赤いエメラルドを追跡中なのだ。

*9 エメラルドが光を発することについては議論がある。ある専門家は独特の光を原石の物理的構造に由来する

と主張している。著書『Emeralds: A Passionate Guide』の中でロナルド・リングスルッドはエメラルドの構造の中の「不規則な成長は光を屈折させ、弱め」、それによって光をさらに広く分散させて光沢のある光を放つのだという。

*10 我が家族内での話ではない。まるでずれたタイミングで、明白なことを指摘してその場所から追い出されるという、長い歴史のある言葉だ（少なくともスペインのこの時代までは遡る）。

*11 グラナダにおけるムーア人に遅れること十年。

*12 トルケマダは冷酷な異端審問所長官でイザベラの個人的な懺悔聴聞司祭だった。皮肉にも、彼自身が改宗者の孫（あるいはスペイン人改宗者）だった。こう書くと、拷問や集団殺戮についてトルケマダは自己嫌悪になるだろうか？

*13 ヴィクトリア・アンド・アルバート博物館学術員ヒューバート・バリによれば不可能だったはずだという。なぜなら王家の宝石は女王ではなく国家に属するものだからだ。女王が王家の宝石を売ったり、担保に入れたりする行為は、大統領がホワイトハウスの家具を売り払うのと同じことだ。借金の目的が国家のための戦争資金だったので、あるいは彼女は特別許可を持っていたのかもしれない。

*14 私の苗字は、本当はレイデンではない。メラメッドという。メイヤ・メラメッドはコロンブスの最初の航海の時の支援者の一人だった。彼はのちに、財宝を積んだ船が帰港した時、自分と友人との投資分がまだ貸したままだと記している。イザベラとフェルナンドが強制的に改宗させることをあきらめて「とっとと失せやがれ」と文字通り叫んで、全てのユダヤ教徒をスペイン国内から追放したのは、ちょうどその頃だ。おそらく私の祖先にとっては最良の時とは言えなかっただろう。

*15 私の職歴がまだ浅かった頃、金属製のやすりで経済詐欺を働くという提案を引っ込めた後、私はハウス・オ

ブ・カーンで宝石の、特にアンティーク物の鑑定部のトップを任された。私の職場のデスクに偶然やってきた最も驚くべきものは、おそらくスペインのイザベラ女王の持ち物だったと思われる宝飾品だった。その出所を証明するのが私の仕事だった。金のブレスレットで、大きなダイヤモンドの周りをルビーがぐるぐると渦を巻いて取り付けられているものだった。このブレスレットの何に特別わくわくさせられたといって、南米のエメラルドが含まれていなかったことだ。アンティーク物の鑑定士としての見方では、それはコロンビア以前のものだと思われた。王室の宝石という証明はできないものの、イザベラ女王個人の宝石として、航海の経済支援のため担保とされてもおかしくない品だった。私は一週間これを身につけてみた。

＊16 実際にイスパニョーラは日本にごく近い場所だと、彼は死ぬまで信じていた。

＊17 三つ目の品はスパイス諸島の薬物。

＊18 高利貸し業がローマ教会によって非合法化されたので、十五世紀のスペインでは銀行家は非カトリック教徒で、国外追放されていた。銀行家を全て国外に放り出してしまうと、初めのうちは確かに金融問題が終わったかのように見えるが、普通、これはほんの始まりにすぎない。短期利益としては、負債と、未払いの借入金は貸し手と一緒に消える。だが、長期的な結果は、借りる先がもうないということだ。借りることは、経済がどう機能するかの重要な部分なのだ。おやおや。

＊19 ガルシラソ・デ・ラ・ベガの母親はインカ帝国の王家の一員だった。最後のインカ帝国皇帝アタウアルパの従妹で、皇帝トゥパック・インカ・ユパンキの孫にあたる。

＊20 翻訳に混乱があるように思う。原語による説明では「大きさが」ダチョウの卵と同じくらいということだったからだ。

＊21 最も定評のあるインカの救世主物語は十七世紀フランシスコ修道会の歴史家ペドロ・シモンによって記録さ

れている。彼の説明によると、インカの偉大な指導者の一人、ゴランチャチャは純潔な妊娠で生まれたという。彼の母は土地の英雄的な長の未婚の娘で、町の占い師達の指示に従って、朝日の差す丘の上で足を広げて横たわっていると、占い師達がゴランチャチャの誕生を予言したということだ。太陽の光線によって妊娠して九カ月、彼女はワカタを産み落とした。チブチャ語で大きな、光を放つエメラルドという意味の言葉だ。彼女は赤ちゃんにするように布でくるみ、家に連れて帰った。すると数日で人間の幼児になったという。スペイン人達はゴランチャチャのことを「悪魔の卵」と呼んで、この偉大な独裁者が死んだ時、彼は悪臭のする雲の中へと消えていったと主張した。

つまりは、誰しも何かしらの粉飾をするものなのだ……。

＊22 黄金も銀も同様である。

＊23 現代のトレジャーハンター、メル・フィッシャーと彼のチームが、沈没したスペインの財宝運搬船アトーチャの残骸を発見した際、密輸の事実が判明した。この船の公式の積荷目録の記載は、フィッシャーのチームが海底から発見した財宝と比較してみても、実際の積荷よりもはるかに少ないものだった。

＊24 文字通りとまではいかないが、彼らは最初から未来に賭けていた。天命を確信し、常に聖戦を遂行し、金を湯水のように使うことで、本質的に彼らは未来の救済のためにギャンブルをし、投資していたのだ。

＊25 実際には、次のような発言だ。“Alle Ding sind Gift und nichts ohn' Gift; allein die Dosis macht, das ein Ding kein Gift ist.” およその意味は「すべてのものは毒であり、毒でないものは存在しない。その服用量こそが毒であるか、そうでないかを決める」。

TAKE

第Ⅱ部

獲得

歴史を動かすもの

私達の行動を形作る宝石の意味

現在までのところ、最も古いジュエリーは一繋がりの一三個の小さな貝で、紐を通すための同じ大きさの穴が開けてあり、黄土で色付けされている。モロッコ東部のピジョン洞窟とも呼ばれるタフォラルト洞窟で発見された。貝を繋いでいた紐は数千年前に消滅してしまっているが、美しい小さな貝のビーズは完全な形で発見されている。八万二千年前のものだ。紐に通したらしい同様のものが、同時代の南アフリカ最南端のブロンボス洞窟でも見つかっている。ノルウェーのベルゲン大学のチームリーダー、クリストファー・ヘンシルウッドによると、これらは我々の遠い祖先の抽象化思考の最初の確たる例だということだ。「ビーズは象徴的なメッセージを伝えている」と彼は言う。「そのあとに続く洞窟の絵画や装身具、その他の洗練された動作など、全ての基本にあるのは、象徴性である」[*1]

同様の貝はイスラエルでも発見されており、目下、最終的な年代決定を待っているところだが、十万年から十三万五千年前の間のようだ。したがって人間が両足で立つようになって以来、装飾品を身にまとうというのは初めから本能的な人間行動だったばかりか、宝石を身につけることも、いつの時代も変わらぬ人間の欲求だった。しかしそれだけではなく、宝石に込めた人間の思いは、現代人の思考や行動の始まりを特徴づけるものだったように思われる。

装飾品とはそれ自体が崇拝の一形式だ。人間は宝石に深く魅惑されて、あるいは捧げものとして、あるいは飾る目的で、さらには偶像として、様々な文化の中で信仰に使うものを作るために、その地で入手可能な宝石を使用してきた。これは有史以前から続いてきたことだ。あらゆる宗教がどんな時代にも共通に持っている傾向で、全ての人間を一つに繋ぐ共通の要素だといえる。

第Ⅰ部「欲望」では、「欲望」がどのように私達の価値観を形作り、また、その価値観が文字通りどのように国の財政上の価値をも形作っているのかに目を向けた。そこでの疑問はこうだ。宝石の価値とは何か。第Ⅱ部ではさらにこの問題を深め、「宝石の意味は何か」と問いかけたい。一片の宝石が一個人に、集団に、歴史上のより大きなステージで、何を意味するのか。

文学で、ハリウッド映画で、よく知られた伝承の中で、宝石にはありとあらゆる宗教的な特徴が吹き込まれている。呪いの言葉、悪霊、あるいは独特の邪悪な性向などを含んでいたりする。逆の一面では、治療のための強力な武器であったり、徳を表したりすることもある。癒やしたり、予言を行ったり、人間の生活に影響を与えるための宝石や石を中心に、多くの宗教分派がその周りに発生してきた。第Ⅱ部では、単に金銭上の、あるいは本来的な値打ちを宝石がどうやって獲得するか、どのようにして、モラルと感情の本質的な価値を象徴するものとなるのか、そしてこのモラルと感情がなぜ逆説的に宝石に相対的価値を吹き込むことになるのかについても考えていく。

続く三つの物語では、多くのことが語られることになるが、とりわけ、宝石の持つこの道徳的側面について見ていく。社会的、またさらに言えば倫理的な意味を探ることになる。結果として、欲望の暗いほうの一面を語ることになるだろう。嫉妬や、その破滅的な結果という経験はおなじみだ。結局、嫉妬とは何なのか？　自分の持ち物ではないもの、しかし自分だって同じくらいそれを持つ値打ちのある人間だと判断できるものに対する欲望なのか？

美は私達に対してどんな力を及ぼしているか。欲しいものが手に入らない時、私達には何が起こるのか。これよりさらに厳しいのが、私達が本当に欲しいと思うものが視界には入っているが、手が届かないという時だ。何かに対する深い愛情がいつから妄念へと変わるのか。欲望を強い悪意に変えるものは何だろうか？欲しいという気持ちが獲得への強い衝動へと変わる時、何が起こるのか？　駆り立てられるような気持ちで努力し、それを奪い、また、誰もが欲しがるそれを誰一人得られないようにして、競争者全員の条件を公平にするのはいつか？

第Ⅱ部「獲得」は目的物に対する認識を明らかにするだけでなく、妄念をも浮き彫りにする。そして、それが私達の行動をどう形作るかもはっきりと見せてくれる。初めは、欲望が史上最も暴力的に現れて、人の命を奪うほどのものとなった物語だ。ほのめかしや嘘、ひそひそ話、続いて非常に大きなダイヤモンドの首飾りが一人の王妃の、また彼女とともにフランス全土の政治的死を招く引き金となった話。次は、一粒の素晴らしい真珠が、姉妹同士の仲を実際には国々の関係を裂いて反目しあわせ、世界地図を描き直す話だ。そして最後は、氷のような時代と場所で、過度に集中した富が大きな暴力によって権力者から民衆へと再分配されていく時、国際的なインチキ賭博が史上最も美しい卵を使って行われるという物語だ。

「欲望」（第Ⅰ部）では、経済や民族、帝国がどのようにして作り上げられるのか、宝石がそういったものを形作るに際して、また、再編するに際してどんな役割を果たしたのかを論じてきた。それに対して、「獲得」（第Ⅱ部）では、そうした国家や社会が人間の歴史の中で変質し、目を見張るような（時に流血の）紛争の中で、宝石がその中心的な働きをしているところを見る。

「獲得」の物語は人間が何を求め、なぜそれを求めるのか、さらにはどこまでそれを求めていくのかを巡る物語になる。

*1 http://news.bbc.co.uk/2/hi/science/nature/3629559.stm.

第4章

フランス革命を起こした首飾り

ゴシップとはあなたの嫌いな人について、あなたが好きな話を聞く時だ。

――アール・ウィルソン

王妃というものがいなかったならば、革命は起こらなかっただろうと、私は信じてきた。

――トーマス・ジェファーソン

マリー・アントワネットは今日でも絶頂期のベルサイユの象徴である。彼女は贅沢で軽薄な生き方を好み、民衆の苦しみには無関心だった。虚栄心の強い貪欲な女性として人々の記憶に残っている。そのほとんどが真実ではなかったとしても、それはどうでもいいことだ。魅力的な、そしてまた軽蔑もされた王妃に対して、フランスの人々は憎しみを旗印に革命に集結したのだった。

フランス革命を引き起こしたのは何だったか。原因は数多くあった。荒れ模様の政情の中、フランス政府の対応はお粗末なものだった。民衆が飢えに苦しんでいる一方で、貴族達の行動はますます現実離れしていき、人々が必死で求めているまさにその小麦粉を、髪を白く見せるためにカツラに振りかけていたのだ。金持ちはますます狂気に走り、貧乏人は群れをなして死んでいった。事態は革命へと徐々に進み始めていた。

しかし、爆発に触媒が必要なように、革命にも点火させる火種がなくてはならない。フランス革命の場合、その火種は王妃の首飾り事件という形をとって現れた。巧みに仕組まれた世界最大のダイヤモンドの首飾り窃盗事件をめぐるスキャンダルだ。マリー・アントワネットは国家（それとおそらく教会）の金を横領し、国王の信用を失墜させた罪と、枢機卿をそそのかし、陰謀を企てた罪に問われた。全ては値のつけようのない素晴らしいネックレスを手に入れるためだったのだ。実際には王妃はこれらの犯罪には全く関わっていなかった。マリー・アントワネットはこのネックレスについて知ってはいたものの、「王室の宝石箱だけで十分だ[1]」と述べて、スキャンダルが発覚するまでの数年間、これを買い取ることも、自分のために誰かに買わせることも、断り続けていた。

結局は、窃盗事件の首謀者達が明らかになり、王妃の無罪が判明する。しかし、その時点ですでに王妃の人気にも、王室にも影響が及んでいた。マリー・アントワネットはベルサイユの象徴となり、ダイヤモンドは彼女の不正な行為の象徴となったのである。王妃と首飾りはフランス全土の苦しみや怒りの象徴と化した。王妃は「赤字夫人」と呼ばれて、世論という名の法廷で有罪判決を下されたのだった。世論とは流言が真実に変わる場所だ。結末は歴史上よく知られているとおりである。

ゴシップは真実に変わり、ジュエリーはアイコン化する。人は人間性を失い、象徴となる。まさにそうした象徴のまわりに、本質的な価値とか「それをするだけの価値があるか」といった私達の思考が形成されていくのだ。王妃の首飾りの物語は国家の長たる者達が対応を誤ったという物語だ。まるで十代の若者達のような振る舞いをしたのだ。流言や手紙の回し読み、気取り屋と派閥の物語。外見に対する貴族達の、そして庶民の妄念の物語だ。しかし、さらに重要なのはこれが象徴の持つ力とステータスシンボルの影響力についての物語であることだ。

女王の駒となって

マリー・アントワネット、前革命的フランスの退廃と遊興の時代を体現するこの人が、フランス人でなかったとは逆説的だ。彼女は一七五五年十一月二日、ウィーンの、強大だが簡素なハプスブルク家の宮廷に誕生した。輿入れ後、彼女は排他的なフランス王宮の中で、オーストリア人だったためにひどいあだ名で呼ばれることになる。

オーストリア帝国は、この当時、まとまりのないまま拡大しつつあり、マリー・アントワネットの母、冷酷な女帝マリア・テレジアによって、賢明かつ冷酷に支配されていた。彼女は同時代では最も強力で、頑固な支配者のひとりだった。一六人の子どもがあり、ひっきりなしに妊娠していなければ、自身が兵士となって戦場に乗り込んだだろうとまで言われた話は有名だ。自分の子ども達はヨーロッパというチェス盤の上の持ち駒「ポーン（歩兵）」だと、彼女は躊躇なく言ってのけたという。子ども達は母のことを愛する以上に恐れていた。夫の神聖ローマ帝国皇帝フランシス一世は妻からも子ども達からも慕われていたが、ほとんどお飾り的な存在であった。ハプスブルク家の王座に座り、オーストリア・ハンガリー帝国を支配していたのは女帝マリア・テレジアだった。これを疑う者はいなかった。

マリー・アントワネットの母が悪かったというのではない。ロシアのエカチェリーナ二世同様に「啓蒙専制君主」で、自由主義的な改革を行って、国民皆教育制の実

施や中世の伝統が残る農奴制を廃止したりしている。はっきり言って、彼女が王座についたのは国民から慕われた女王だったからというわけではなかった。彼女は不幸な娘とは異なり、単に有能な支配者だったのだ。彼女は時流を読むのに長けていた。しかし王政は必要かつ絶対だという自分の信念に揺らぎはなかったのだ。その信念はマリー・アントワネットにも継承されていた。

マリー・アントワネットはマリア・テレジアの最も美しいが、他方で最も印象の薄い娘だった。彼女が母から一国を統治する力も支配する力も受け継いでいなかったことは、いずれ証明される。また母が持っていたような洞察力も、率直だが、周りが恐れをなすような実直さも彼女には備わっていなかった。ほとんど忘れられていた一五番目の子どもは、音楽と舞踏以外には――これも眉唾物だが――秀でた才能もなく、高等教育も受けてはいなかった。美しいマリー・アントワネットについては、「彼女は正しいテンポで踊れない。踊れると言うなら、それはテンポのほうが狂っている」[2]と言われている。

彼女は楽天的で魅力的、しかし誰も彼女のことをまともに相手にしなかった。特に母から認められていなかっ

た。母から褒められることをアントワネットは生涯求めていた。他にたくさんの年上の兄弟姉妹、おそらくは彼女よりも賢い子ども達がいて、アントワネットは、姉の一人が天然痘で急死して、母のチェス盤の上に空白ができる時まで、たいていいつも無視されていた。

長い間フランスとオーストリアは敵同士だった。一七〇〇年代半ばには七年戦争が起こり、同時期に他国との間により強い敵対関係が発生したため、この二国間には友好関係が生まれていた。しかし戦争が次第に収束してくると、当座の間の協調関係が再び弱まってきたため、オーストリアはフランスとの間に新たな強いきずなを結ぶために、より恒常的な方策を探る必要に迫られた。たとえば姻戚関係である。マリア・テレジアは婚姻外交に期待していたし、そうでなくても益多いはずの婚姻関係を無駄にするつもりなど決してなかった。たとえ花嫁がまだ教育の十分でないほんの子どもでしかなくとも。自分の娘達の好みや能力の限界にもかかわらず、王女達は「生まれながらにして自分に服従するもの」[1]だった。こうして、非常に若くて可愛らしい、経験値の少ない王女がくつろげるとは到底思えない場所（少なくともヨーロッパで）へと送られることとなった。

ベルサイユである。

ベルサイユを牛耳る者

一七七〇年四月、十四歳のアントワネットはすっかり旅支度を整えてフランスへと送り出された。彼女と同じくらい乗り気でない未成年のルイ十六世と結婚するためだ。彼は好色な当時の老王ルイ十五世の役立たずの孫で、王位継承者だった。アントワネットの母は厳しい教訓を与えた。王を、その孫を、またフランス宮廷を何としても喜ばせること。

両国の国境ではちょっとした儀式が行われた。フランスからの使者はマリー・アントワネットに短い挨拶を述べると、彼女の全ての持ち物、衣類から、ペット、従者達、思い出の品々に至るまでの全てをただちに取り上げた。そして、全てはフランス仕立ての同じ物に取り替えられたのだ。これによって、象徴的に彼女はオーストリア人ではなくフランス人にされたのだった。[1]不幸なことに、この劇的な切り替えは実際にはうまくいかなかったのである。

マリー・アントワネットが軽薄さと虚飾、誇張された女性性の象徴となってしまったことは皮肉な話だった。ウィーンを出発した時にはお転婆娘という形容が最も適切だった。マリア・テレジアはベルサイユにいる娘に宛てて度々手紙を書いては、フランス風にきちんと外見を整えるようにと注意していたが、母のお気に入りのポートレートはといえば、アントワネットが狩りに出かける直前に狩猟用にめかしこんでポーズを取ったものだった。ひかえめな衣服とお転婆な振る舞いはウィーンでは大目に見てもらえたし、マリア・テレジアに言わせれば「簡素な装いは地位の高い者にこそ相応しい[3]」というのだ。ウィーンでは権力と威厳を態度に表すことこそが豪華な衣装よりも重要だったのである。

ベルサイユは正反対だった。人々はその値打ちを服装で表した。髪の毛の高さを見れば女性でも男性でもその人物がどれほど重要な人物なのかを正確に知ることができた。もちろん身につけている宝石の大きさもそうだ。これは別段新しい話でもなんでもない。宝石はいつの世も富を表すもので、富はクレオパトラの時代から力と権威を見せつけるものとして使用されてきた。歴史上に行われた倹約令はどれも――紫の衣を着ることができるのは誰で、宝石の入った婚約指輪を持つためにはどの階級に属していなければならないとか――経済的階級を視覚的に見せるために作られているものばかりだ。

しかし、他のことでも同様だったが、ベルサイユの人々は常軌を逸していた。かなりの程度、彼らはこうした倹約令の伝統を裏表反対にしていたのだ。つまり富裕な家柄であることで貴重な品を持つことが許されるというのではなく、財産と華やかな見せかけが社会的地位を左右するというわけだ。

宮廷全体が派手な金遣いとゴシップ、それから「悪意のある策謀」の文化に凝り固まっていた。実際の陰謀がないところに、陰謀が仕組まれた。ご存じのとおり、王族や貴族達はほとんどが恐ろしく退屈しており、暇つぶしに、他に何をしたらいいのだろうかと考えていた。政治を行うどころか、働いてもいなかったのだ。

ある意味では、今で言うリアリティ番組がベルサイユでは繰り広げられていたのだ。もちろんテレビが発明される前だ。マリー・アントワネットは大勢の見ず知らずの人々や少々面識のある人々の前で、毎朝着替えをすることになっていた。幾人かの幸運な者達が彼女のためにその日着用する衣服を選ぶことができた。また入城を許された大勢の観客のほうに顔を向けながら、ルイや同席の者達と食事をすることになっていた。実家に宛てて書いた手紙で彼女は一人きりになれる時間が一瞬もないことを嘆いた。口紅を塗ることさえ、一日中、誰かが彼女に代わってしていたのである。


いまだオーストリア人のままの王女は、ベルサイユでの自己顕示欲の強い社会的しきたりに馴染めず、それを馬鹿げていると考えて、実際にそう発言した。彼女が苦情を伝えた相手が良くなかったせいか、彼女の行動のせいか、宮廷に親しい友を得ることもできず、わずかだったがそれまで受けていた支持や厚意も失ってしまった。オーストリアの「友人」メルシー伯爵はウィーンから送

られていた相談役だったが、実は彼女の母親のスパイで、娘の様々な過ちの詳細をウィーンに報告していた。

アントワネットの母は次々に手紙を寄越しては、もっと良い服を着て、うまく溶け込むように、まわりのフランス人達のようにしなさいと指示した。フランスの習慣は、それがどんなに馬鹿馬鹿しくても、従うべきで、また、しきたりを決めてきた年上の王家の女性に愛想よく接するべきだと念を押した。最も重要な助言は、国王の愛人、デュ・バリー夫人に対して嫌悪感を持っても、あからさまに軽蔑しないようにというものだった。

事実、これが初期の最も大きな失敗だったのだ。愛人に夢中になっているルイ十五世以外、誰ひとり「かつての女優」デュ・バリーには我慢がならなかったが、彼女は王と非常に親密だったため（金づるでもあったのだろう）、王宮の他の人々には王の愛人に対して礼儀正しく振る舞うだけの分別があった。しかし、マリー・アントワネットはデュ・バリーを特別醜いものと考えて、国王の意地悪な姉妹達に簡単に操られてしまい、彼女に対する嫌悪を露わにするようになった。マリア・テレジアが娘のそうした戦略的なミスを伝え聞くと、和解するよう

に指示した。マリー・アントワネットは自分の最も大きな仕事は「喜ばせること」だと教えられた。主に、寝所での語らいを通して、国外での母国の利益を増加させるために、情報を母国オーストリアに中継するのだ。

マリー・アントワネットは惨めだった。母国が恋しかった。どこにいても彼女は嫌われ者だった。もともと彼女はベルサイユで「オーストリア女」と呼ばれていたが、後には「オーストリアの／ダチョウ女」と呼ばれるようになった。これはフランス語の「オーストリア」と「ダチョウ（autruche）」の発音が似通っていることから、彼女が、フランス人に気に入られるために服装をフランス風に変えるようになってから、その度を越した努力を嗤った呼び名だった。

そして、次は彼女の夫の話だ。

ルイ十六世は誰に聞いても、非常に愛らしい男性ではあるが、それ以上の何者でもなかった。同時代の宮廷人の一人がこんな説明をしている。「横柄なところは全くないし、物腰は堂々としている。彼は鋤の後ろからよたよたと歩いていく農夫の風貌だ」[3]。一国を治めることなどには興味もなければその能力もなかった。控えめな言い方をすると、彼の社会的な技能は限られたもので、何よりも奇妙だったのは（その家系が好色で有名だったのに比して）、女性には全く興味がなかったようなのだ。なかでも結婚したばかりの特別に美しい、可愛らしい女性に興味が持てなかった。彼の関心の中心にあったのは、お決まりの狩猟パーティーを除けば、鍵と錠前を作ることだったのである。本当の話だ。

ルイは祖父に自分は新しい妻に恋しているが、「自分の臆病さを克服できるまでにはまだ時間が必要だ」[4]と打ち明けた。初めのうち、結婚生活がまだうまくいかない時は、この問題に関してそっとしておくべきだと祖父は（彼自身は有名な好き者だった）主張した。しかし、夫婦の契りは、ルイ十五世の死とルイ十六世の戴冠後もずっと、七年以上にわたってないままだった。話の本当の出所がどこかはともかくも、性的な関係がない状態が七年もの間続いたことは謎である。著名な伝記作家アントニア・フレイザーによれば、ルイ十六世は実際に「特別大きな性的問題」を抱えており、ベルサイユでもパリでも悪意のあるゴシップの種にされていたという。ルイ十六世はゲイだったのか。それともアントワネットの方が？　彼はインポテンツだったのか。彼女のほうの責任だった？　オーストリア人が不感症だって、誰でも知っているわ……憶測や流言、ゴシップ。それらはみな今世紀のセレブ達も我慢している、でしゃばりなのぞき見趣味の話、まさにそれだった。

輿入れして四年後、ルイ十五世が一七七四年に急死した時、マリー・アントワネットは、社交性のない夫とともに、処女のまま十代で王妃の地位についた。不吉にもルイ十六世はこう述べたという。「神よ、守りたまえ。王国を統治するには私達はあまりにも若いのですから①」。

この祈りは当然である。

状況は坂道を下るように悪くなっていった。数カ月後にはまず有名な小麦粉戦争がパリで起きることになる。この年もさらにひどい不作で、飢えに苦しむ農民達が助けを求めて集まったのだ。服従を装いながら嫌悪されている異国の宮廷で、身動きがとれなくなり、自分を蔑む見物人と、セックスレスでうまくいかない結婚とに足をすくわれ、さらには彼女の一挙一動を手紙を通じて見守

るママがいるという状況で、十八歳のひとりぼっちの女の子に何ができるだろう。

ロックな王妃

マリー・アントワネットは実際には何の政治的権限も持っていなかった。事実として、実際何一つ役目もなく、ただ可愛いだけだった。とはいえ、彼女が実際に何をしたかに関係なく、周囲から激しく嫌われ、不妊と性的不感症を宣告され、同時に不倫の可能性があるとまで絶えず非難され続けていた。いたるところでオーストリアのスパイだと疑われた。実際にそれに近い存在ではあったが、結局、全く無能なスパイだったことは明らかだ。彼女はマタ・ハリと同じではなかった。夫は女の誘惑に全くなびかない男だったし、いわゆる色仕掛けの仕事はほとんど効かなかった。したがって、オーストリア側も彼女について期待もしなかった。彼女はどこに行っても、失敗作だと思われた——彼女の母親が常に娘に言い続けた事実だ。

そこで、マリー・アントワネットはアンハッピーで監督の行き届かない十五、十六歳の女の子がアメックスのブラックカードを持ったとしたらやりそうなことを、全部やったまでだ。歴史家サイモン・シャーマの言葉を借りれば、「高校生のヴァレー・ガール（訳註：日本で言うと成城あたりのお嬢様か？）みたいな」、自分を嫌う人を無視して、次から次へとパーティーに行く子だったのだ。実際彼女は五年も六年もパーティーの世界から帰らなかった。愛されていない、馬鹿にされている十代の子どもとして、反乱を起こしたのだった。シャーマによれば、「ベルサイユでのしきたりを決めるおばさま達の言うことを聞きたくなかった」[③]。新しくできた親友達、ランバル公妃とポリニャック侯爵夫人に応援されて、宮廷の年長者達からの叱責や非難をほとんど笑い飛ばし、自分が気に入ったことだけをしたのだ。サイモン・シャーマはアントワネットの振る舞いを未成熟性に起因するとしているが、伝記著者アントニア・フレイザーは、彼女は「埋め合わせ」をしていたのだと主張する。どちらにしても、ベルサイユ流のルールの中で逆に宮廷の人々を出し抜いてやろうと心に決めて、パーティーと買い物三昧に慰めを見出していたと言える。そして、誰が、どのように、その勘定を支払うのか彼女は問うことをしなかったのだ。

金銭感覚がないとか、無類のお祭り騒ぎ好きだとか、フランスファッションを素早く取り入れて、その新解釈をするとか、マリー・アントワネットに関する話の多くは真実だ。しかし、彼女のこうした姿勢は十六歳から二十二歳までという、およそ誰が見ても短いと思える、人生のほんのわずかな一部分を語っているにすぎない。

彼女はのちに献身的な母親となり、夫との間にも、特別熱烈というのではなかったが、心温まる関係を築いた。大人となって、家族と一緒に過ごしていない時間には、慈善活動に勤しみ、芸術にも支援の手を差し伸べた。彼女の人生のほとんどの時間、政治的、経済的方面には無関心だったが、母マリア・テレジアとは全く違って、良き母であり、人柄も良かった。王妃として仕事ができたわけではなかったが、害のない王妃だったのだ。

しかし、ひとたび常軌を逸すると、非常に恐ろしい人物となった。十代の反乱は大きな犠牲を伴うものだった。

最終的には王権を失い、彼女の首が飛ぶことになった。パーティーは何日も続き、何世紀にもわたって人々の記憶に残った。当世風の一フィート（約三〇センチ）の高さのポンパドゥール型（前髪をねじってふわっと上にあげる）の髪型にダチョウの羽と宝石を飾って、三フィートにしたり、ある時などは、戦艦の縮小模型をつけた髪型を念入りに仕上げたりした。宮廷の人々は皆目をむいて驚きつつ、必死で彼女の真似をしようとした。

女帝マリア・テレジアは、娘がフランスの人々の中に溶け込み、彼らを喜ばせるようになることを一度は強く望んだが、軽薄に見えないように、また、経済的問題について無能だと思われないようにしなさいと、忠告するようになった。次々に手紙を送っては、「フランスの人々が私達オーストリアに好感を持つようになったのは、あなたの努力の賜物です。それを失ってはなりません③……」と注意を促した。さらに、友人達と浮かれ騒いだり、ベルサイユの宮廷の人々を無視したり、賭け事にふけり、買い物で浪費したり、有り金をはたいて、出会った芸術家達を誰彼構わず支援したりといった馬鹿げた振る舞いは、年若い娘のしたことであれば許されるかもしれないが、ゆくゆくはそのつけを自分で払うことにもなろうとアントワネットに警告した。まさに縁起でもないことだったのだ。

繰り返しになるが、マリア・テレジアは、娘に欠けていたそつのなさと政治的なセンスに恵まれていた。マリー・アントワネットは「滅びへの道を歩いている③」と母は書いた。それに、退屈な世話の焼ける娘、美しいこと、愛嬌があること以外にこれといってとりえのない我が娘が、十代の若い夫をベッドに誘い込めないことに母はかなり怒っていた。どれほど難しかったのか、そうでなかったのか。結局のところ、アントワネットが送られたのはこの一点を実現するためだったのだ。

それから、結婚生活も七年以上が過ぎて、ようやく彼女の夫もその気になり、マリー・アントワネットは女児を産んだ（自分の母の名前を取って、マリア・テレジアと名付けた）。突如として、マリー・アントワネットは甘やかされて育った、世事に疎く、金遣いの荒い、パーティー好きの女の子として振る舞うことをやめた。

彼女には新たな願望ができた。質素な生活だ。

「パンがないなら、お菓子を食べさせなさい」

一休みして、あまり質素とは言えないベルサイユの文化について見てみよう。シンボルとかアイコンの類は前後関係を外して抽出されたものだ。マリー・アントワネットは彼女の王国と贅沢のシンボル（首飾り事件はそのまたシンボル）となったのだ。そのシンボルを真に解析するには、その時代の背景、フランス人の怒りをより広い文脈から理解する必要がある。

既に述べたように、ベルサイユはウィーンとは全く違っていた。マリー・アントワネットは、母親が女帝だとしたら、こうなるというくらいの、ごく普通の子ども時代を送った。オーストリアでは王族も宮廷人達も比較的控えめな生活をしていた。王女としては、マリー・アントワネットはほどよく地味で打ち解けた雰囲気の中で育った。宮廷でのやりとりはほとんど政治的問題で、王族

達の私生活が公にされることもなかった。実用主義者マリア・テレジアが軽蔑していた古くからのしきたりは、ごくまれな場面でしか顧みられなかった。宮殿には二つの翼棟（本館から突き出た建物）があり、ちょうどホワイトハウスのようになっていた。一方の翼棟で公的な業務が行われ、もう片方には王族が暮らしていた。マリー・アントワネットが誕生したホーフブルク宮殿は今日オーストリア連邦大統領の住まいとなっている。

他方、ベルサイユ宮殿は鏡張りのホール[*1]があり、そこにはカットガラスが並べられ、あらゆるものに金箔が施されていた。グレースランド（エルビス・プレスリーの邸宅のこと）の十八世紀版のようなものだった。それよりはもっとずっと贅沢で人目を引くものだったが。一人の人間の思い付きで出来上がったものではなく、莫大な費用をかけた国家事業だったのだ[*2]。なかでも重要な点は、当時のフランス文化では富と権力を表すのに、外見が重視されていたことだ。最後には、見かけを中身と同一視するという、さらに大きな問題が発生することになる。

オーストリアの宮廷はフランスの宮廷よりも豪華ではなかったかもしれないが、ハプスブルク家がうっとりす

るような魅力に欠ける分、権威と影響力の大きさで埋め合わせていたと言える。ウィーンがワシントンとすると、ベルサイユは華麗な虚飾の町、ハリウッドだ。

言うまでもなく、オーストリアは十八世紀の王国で、王国とはその性質からして、階層があって、不公平な社会だ。しかし、フランスと違って、オーストリアは労働者階級と統治能力を有した政府があった。対照的に、社会的、経済的不公平はフランス社会から切り離せない部分となっていた。そしてこの身分制はマリー・アントワネットや彼女の嫁いだ先の人々が発明したものではなかった。それどころではない。何世紀にもわたり、フランスは三部会という制度で運営されていたのである。第一身分は僧侶、第二身分は貴族、第三身分は、そう、もうおわかりだろう、フランス国内の一〇人に九人がこれだ。

歴史家サイモン・シャーマによれば、「フランスの真の問題とは、国家が恐ろしく古い統治制度を引きずっていたことだ」[3]という。三つの身分の代表制は完全に不公平にできていた。代表制は確かにあったのだが、三部会とその不公平な代表者達は何世紀にもわたって審議に「招集」されていなかった。決定は特権階級が行って、それ以外の階級は議論をすることさえ認められていなかった。莫大な富も権威も少数の手に集中していた。この仕組みはフランスでは広く受け入れられ、社会に深く根を張っていた。第三身分にはどんなガラクタが残っていたのだろうか。特権階級の食べ残しだ。オーストリアと違って、フランスには労働者階級というものがなかった。あったのは飢餓階級だ。そして、第三身分の人々はどうにか苦労して何百年にもわたって生き延びてきていた。

しかし、状況に変化が見られた。すなわち、状況がさらにひどくなったのだ。「太陽王」ルイ十四世に始まり、運に見放されたルイ十六世とマリー・アントワネットの時代で終わりを迎えるフランスの貴族文化は、機能障害を起こし、完全に制御不能に陥った。あらゆるものが甘美に見栄えよく、金メッキを施されていた。有名な話がある。[*3] マリー・アントワネットがパーティーのために、法外な代金（ベルサイユの基準で言っても）を払って宝石をちりばめたサテンの靴を作らせたが、翌日にはその靴はすっかり壊れてしまっており、王妃は激怒した。彼女は震えあがっている靴屋を呼んで、一軒の家を建てるよりも高い金を払ったのに、どうして一度履いただけで壊れてしまったのか問いただした。すると靴屋は王妃を見て、言葉に詰まりながら「ああ、王妃様、あなた様が履いて歩かれたからでございます」と答えたという。菓子は少々かじっただけで捨てられ、毎夜毎夜の豪華な食事もほとんど同様だった。農民の幼児達は小さな穴が床にあけてある天井の小部屋に押し込まれていた。お腹をすかせた子ども達は天井裏をどしどしと歩いて、細かい小麦粉を穴から下へ落とすのが仕事で、部屋から部屋へと移動する美しく着飾った人々のカツラに髪粉として粉がかかる仕組みになっていた。

最後の王と妃が王座に在った時、長くて厳しい冬と雨の多い短い夏が何年も続いた。収穫はごくわずかで、採れたものはかび臭く、ほとんど廃棄せざるを得なかった。家畜は凍え死んでしまい、人々は飢えた。伝染病が村々を襲った。第三身分はまさに今日の第三世界のような有様だった。

そしてちょうど同じ頃、新しい生業が急速に発展し始めていた。タブロイド・メディアとのちに呼ばれるようになる産業だ。ロンドンとオランダで始まり、あからさまな政治的風刺漫画が出回り、他人の秘密を暴き、スキャンダルを食い物にし、しばしば捏造もした。オーストリアから来た憎まれ者の王妃、無能なことは間違いない国王、アメリカ支援のためにフランスから出ていく巨額の金、フランスが愛してやまない、憎き英国に対抗するアメリカ独立戦争。そうした全てが、実にショッキングで、心を浮き立たせる、扇情的な読み物へと合成されていった。

フランスではほとんどの時代、三部会と厳格な階層制は秩序として容認されていた。しかし、一七八〇年代になると、国王三代にわたった経済的不平等、派手な暮らしぶり、目を疑うような消費は習慣化してしまい、それによって社会の混乱と機能障害はその極みに達していた。常軌を逸した行動様式は新しいメディアによって、暴露され、誇張され、庶民の不満はふつふつと高まり続け、ついに公然とした不同意へと爆発する日も間近に迫っていた。

簡素な生活

マリー・アントワネットは一生、浪費を繰り返し、芸術支援に情熱を注ぎ続けるかに思われた。数々の慈善活動を積極的に創設したり支援したりしたが、それ以外には、政治への関与はほとんどないかに見えた。ところが、花火や珍しい外国の動物や、シャンパンタワーに浮かれ酔っぱらってお祭り騒ぎに興じたかつてのマリー・アントワネットの姿は、最初の子どもが誕生すると、すっかり過去のものとなった。

ルイ十六世は彼女に専用の宮殿を贈った。小トリアノン宮殿である。トリアノンは彼の祖父が自分の愛妾の一人のために建てたものだったが、ここがマリー・アントワネットの最も重要な住まいとなる。彼女は郊外ののどかな村の住まいとなるように多くの費用をかけて改築した。子ども達や、女友達、お気に入りの客達とほとんどの時間をここで過ごした。花を摘んだり、ピクニックを楽しんだり、羊と戯れたり、非常に上品な、ルソーに刺激を受けた「簡素な生活」に夢中になって日々を過ごした。

彼女は相変わらずパーティーを開いていたが、ごく近しい、本当に親しい人々だけの小規模のものだった。興味深いかどうかは読者次第だが、彼女の夫は時々しか招かれなかったという。彼女が人工的に作り出した簡素な生活も、かつてベルサイユで熱を上げていたのと同じくらいに費用のかかる、好き勝手なものではなかったかと論じる向きもあるだろう。しかし、トリアノンに来てからのマリー・アントワネットは、多くの人が想像するのとはかなり違った王妃だったという点は、指摘しておく価値があると思う。

五年ほどにわたったマリー・アントワネットの度を越した乱痴気騒ぎは、ベルサイユ宮廷の人々を驚かせたものだが、トリアノン宮殿での彼女の隠遁生活は人々を一層イライラさせた。おおよその理由は、彼らがパーティーに招かれなかったからだ。結局、たとえ主催者が鼻持ちならない人物でも、誰も彼もお気に入りリストに自分の名前を載せてほしかったのだ。マリー・アントワネットの、しきたりを軽視する態度は変わらなかった。宮廷で長い時間を過ごすことを拒絶していたことや、宮廷の「重要」人物達を自分のトリアノン宮殿に招かなかったことなどから見て、それは明らかだ。たとえば、人々が見ている前で食事をすることや、衣服を着用するにも、人々の同意を得ながら、人の見ているところで着替えること、夫と私的な会話をする際に、それを見たい人達の前でするなど、初めてフランスに到着した時、ぞっとしたベルサイユでのやり方を拒んだので、それによって結果的にそういったしきたりを非公式に廃止することになった。

ファッションでは常にパイオニア的存在で、彼女の華美な装飾品をつけた盛装は人々の目に永久に焼きついて残ることになるのだが、それもやめてしまった。そのかわり、大きなつばのついた帽子をかぶり、ゆったりとしたモスリンのドレスを着て、腰に絹のリボンを結ぶようになった。彼女の宝石は（かなり）少なくなった。以前と同じで、目をむく人や苦情を言う人はどこにでもいたが、そのような人にしても、彼女を模倣する人々をやめさせることはできなかった。ちょうどそれは今日でも嫌い嫌いと言いながらセレブ達を真似する人がいるのと同じだ。

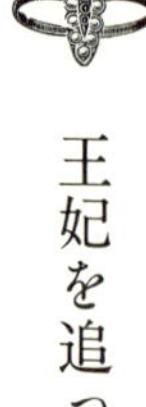

王妃を追って

どうして私達は人の真似をするのか。真似をしたい――そして競争したい――という衝動はどこからくるのだろうか。

妬みとはいわば地位財の双子の兄弟の邪悪なほうだ。[*4]地位財という考え方が、ダイヤモンドの婚約指輪がどのようにして自分の指にはまるようになったのかを説明するのに使えることはすでに論証した。しかし、自分の車、衣服、住んでいる家、買い物をする場所については、どうだろうか。もしも自分の経済的、社会的な地位そのものが地位財の目的となるとしたらどうだろうか。

コーネル大学の経済学者ロバート・H・フランクは、二〇一一年に出版された著作『The Darwin Economy（ダーウィンの経済学）』の中でまさにその問題を扱っている。彼の結論には「支出のカスケード化」というモデルが含まれている。「我々は並みの家庭のレベルに単に付いていこうとしているわけではない、我々は追い越そうとしているのだ⑤」から、支出のカスケード化とはちょうど、軍拡競争のようなものだと言う。あらゆる行動（購買）はさらに大きな反作用を受ける。ちょうどピンポンのボールを打ったり打ち返されたりする時、その力がどんどん大きくなるようなものだ。我々は策を弄して、終わりのないレースに遅れないように付いていって、高い地位を得ようとしている。結局、「最も適した者」が生き残るのであって、そこそこ適している者が生き残るのではない。競争することが文字通り我々の本能に組み込まれているのだ。一人の女性がダイヤモンドの首飾りをしている。そのライバルはさらに大きなダイヤモンドの首飾りが必要だ。これに対抗して、初めの女性はイヤリングを追加する。二番目の女性には今度はより大きなイヤリングが必要だ。こうしてダイヤモンドが買えない三番目の女性は、競争に加わるために別の宝石を買わなければならないような気持ちにさせられる。こうした行動――あるいは強迫観念――は誰も彼も崖を転げ落ちるまで、まるで野火のように広がっていく、チューリップの話を思い出していただきたい。

ダン・アリエリーとアリーネ・グリューンアイゼンが支出のカスケード（階段状連鎖）化モデルについて所見を述べている。「この一連の出来事は自分の能力以上の支出をしている全ての階級で最高潮に達することが可能で、増大した借金から破産の可能性はどんどん高まっていく⑤」という。二〇〇八年の合衆国の金融危機には複数の要因が絡んでいたが、消費者の支出のカスケード化と、彼らに出資している機構の間にあった同様の強迫観念が、システムの崩壊のまさにその中心にあったのだ。支出のカスケード化はベルサイユを、またある程度までパリを、社会的経済的に突き動かしていたのだ。[*5] そして、それが国家を経済破綻へと走らせたのである。

貴族制のピラミッドの頂上に少しでも近づこうという熱狂は、マリー・アントワネットが宮廷での終わりのないパーティーから抜け出した時にも、留まるところを知らなかった。ある点では、ベルサイユの宮廷社会を彼女が放棄したことは、そうした欲望をさらに悪化させた。トリアノン宮殿へ移る前、ベルサイユでの行動様式は単純なものではなかったにしても、少なくともよく理解されていた。ところが、王妃がゲームを変えてしまったのだ。それ以前には、何を着れば流行の最先端で、権力があるように見え、尊敬を受けられるか（これらの三要素は当時同義だった）、誰もがよく知っていた。金を使う。金持ちに見える。遊んで暮らしているように見える。宝石をたくさん身につけてパーティーに現れる。しかし、ピラミッドの頂上にいた女性が突如として、そこから飛び降りて、歩き去っていったのだ。

盛装用のドレスを脱ぎ捨て、カツラも宝石も外した。麦わら帽子をかぶり、モスリンのドレスを着て、地味で使い古された感じがかえって垢抜けしているのだと宣言した。ルソーが当時大人気で、そのトレンドに乗っていたのか。自分の子どもの頃の気軽な雰囲気に憧れていた？　誰にもわからない。彼女はまだ十分に行動しつくしていなかったのかもしれないし、宮廷暮らしがとことん嫌いだっただけなのかもしれない。あるいはまた羊達が大好きだっただけなのか。

貴族社会のメンバー達の多くはそもそもマリー・アントワネットのことが気に入らなかったのだが、問題は、

自分達がどのようにブルボン王家のルールに従っていくべきなのか、次第に混乱し、不満を募らせ、怒りを感じ始めたということだったのだ。——農民達のほうも競争それ自体の馬鹿馬鹿しさに、だんだんと混乱し、怒り、イライラし始めていた。

汚れきったフランスを洗濯

マリー・アントワネットの最も有名な伝記作家、アントニア・フレイザーは非常に重要な指摘をしている。「なぜ王妃を殺すのか」。フランス国外では、恐怖政治の時代でさえ、フランスの人民が王妃を殺すだろうとは誰も思っていなかったと、フレイザーは主張する。もちろん追放、王妃は用済み、しかし、殺すのか。革命に加わった民衆が皆彼女の処刑に集まるだと？

なぜ？

彼女は何に対しても責任を有していなかった。フランスでの二十年近い時間の中で、政治的決定は何もしていない。彼女の責務といえば、世継ぎを産むことだった。

そして、それについては、変わり者の夫をついにものにして、仕事を成し遂げた。フランスに経済危機をもたらしたと言って、十代の頃のパーティー騒ぎや、その支出を責めても意味がない。時代の嵐はすでに半世紀にもわたって吹き荒れていた。彼女の夫がアメリカの独立戦争の支援をしたせいで、[*6]税金の負担が増え続け、人々は土地を失い、気候の変動で収穫は激減した。それらをひっくるめて、ほとんどあらゆる方面から王妃は非難を受けたのだ。民衆が政府を憎むようになったことは理解できる。しかし、どのようにして王妃はスケープゴートになってしまったのか。

　タブロイド判の新聞は王妃の味方にはならなかった。「オランダやロンドン、スイスから半合法的、あるいは完全に非合法なパンフレット（訳註：大衆向けの読み物）の読み物を密輸する産業があった」とサイモン・シャーマは言う。[3]スキャンダルの切れ端を作り出しては、利益のために配信するという、明らかな意図を持った新会社が次々に開業した。彼らは鼻持ちならない有名人達、主として王族達にダメージを与える情報を嗅ぎ出したり、しばしばそれ以上に話をでっち上げたりして商売にした。

ベルサイユのブルボン王家には特別に狙いをつけていたに違いない、彼らは妥当な事実と同様に噂話や風評を受け入れて、市民の意見を安易に取り上げ、それを広く世間に拡散させた。ちょうどビックリハウスの歪んだ鏡を通したように、話はさらに捻じ曲げられたり、誇張されたりした。無益で、放縦で、好色も度を越しているという王政のイメージを喧伝しただけでなく、そもそも広く市民の話題として認めて当然だという立場を示すことによって、一層過激に、王政に対する批判は適切で、その内容も正当だと証明してみせた。

　パンフレットと言えば丁寧な言い方だが、パリじゅう、フランス全土、ヨーロッパ全域に流通した。これらのいわゆるパンフレットは元来漫画で、説明文が入っているものもあれば入っていないものもあった。王政に対する粗野で卑猥で、攻撃的な描写が呼びものだった。ほとんどが悪意のある中傷記事だったが、「どのような手を使ってもよいから、こんな悪意のあるものをやめさせるように」[3]と国王が特別に要望しても、王家の検閲は無力だった。しかし問題の根は深く、パンフレットによる猛攻撃は古風な王家の検閲制度には手に負えないほど大きく、国境を越えてはびこっていった。印刷技術の進歩のおかげで、安手の新聞の発行が止まることはなく、それを待ち望む人々の要求も限りがなかった。

国王はフランスの食料を食べつくす頭の鈍い太ったロバとして描かれた。彼は不能で妻に不倫をされた者として馬鹿にされ、子ども達は私生児とからかわれた。しかし王妃のほうが第一番のターゲットだった。彼女の人生の最後の十年か二十年のあいだ、タブロイド新聞では「色気女」と書かれ続けた。パンフレットは彼女のことを、不自然にゆがんだ筋書きで、背信から冒瀆、近親相姦、倒錯まで全ての罪を犯していると詳細な描写で書き連ねた。彼女は神をも恐れない低俗な金の亡者の怪物で、役に立たない国王の耳に何事かをささやきながら、フランスを内側から滅ぼしているとして戯画化された。評判の悪い、「飢えている百姓はケーキを食べよ」と言ったという話は彼女のものとされているが、これは誤りで、実際はルイ十四世の妻、マリー・テレーズによる発言だった。アントニア・フレイザーによると、「人情味のない無知な発言であったとし、マリー・アントワネットはそういう人物ではなかった」という。

王家はとっくに破綻しているのだから、ナパーム弾を火の中に投げ込むのはいつだっていい考えだというわけで、農民達の怒りに火をつけることは承知の上で、タブロイド新聞は王妃の似非田舎暮らしを暴いて馬鹿にし始めた。

神と同じではなかったとしても、つい先頃まで不可侵だった王政を貶める態度はここから始まった。新しいメディアは王子達をどぶの中に突き落として、彼らを俗物とし、存在価値のないものとした。これが、シンボルの裏の面だ。シンボルとはその物の本質的な価値には繋がっておらず、下手をすると無価値に繋がるのだ。専制君主達を馬鹿げた欠点のある登場人物として描くことで、タブロイド新聞は王達の存在意義を消し去って、王政がそれまで寄って立っていた、議論の余地もない権力を、無力化しつつあった。

歴史家シャンタル・トーマスによると、「マリー・アントワネットはスケープゴートになった。すべては悪いほうへと転がって行って、彼女を断罪し、彼女の責任を問うた……。世論という新しい勢力が誕生して、まさに新しい世界を開こうとしていた[3]」という。もちろん、人類は長い間絵を使って物語を語ったり、世界を説明したりしてきた。しかしながら、支配階級の人々の生活に鋭い目を向け、狂気のリポートを書き、そして捏造する、詮索好きで、ほとんどわいせつとも言えそうな興味は、これまでの時代には見られないものだった。そして時を同じくして、新聞がメディアとして発展し、人々が怒りと侮蔑を爆発させる行動が世界各地で発生し、共鳴しあった。

悲劇の王国

マリー・アントワネットはトリアノンに楽園を見つけたのだと信じていた。多額の費用をかけて完全に人工的に造成された楽園だが、それでも楽園に違いはない。人工的に作られた村があり、川が流れ、池もある。小さな小屋があり、鳥達も飛んでいる。草原には花々が咲き乱れ、羊達が点々といる風景は趣味がいいし、羊のふんわりとした首には絹のリボンが巻いてある。ディズニーランドのフランス田園地帯バージョンだ。マリー・アントワネットは「トリアノンにいる時、私は本当の私。もう王妃じゃない私だ[3]」と言ったと、歴史家エヴァリン・レーヴァーは言う。なんとも魅力的な感傷ではないか。しかしこれは真実ではない。不幸にも彼女は依然として王妃だったのだ。ベルサイユの宮廷という劇場の舞台から完全に降りて、トリアノンの温室に自分の生活を取り戻した時でさえ、彼女は前よりもさらにひどくののしられたのだった。

　フランスの農村の本物の農民達が、漫画によるトリアノンの描写を見て腹を立てたのは確かに頷ける。そして彼らばかりではなかった。皮肉にもごく最近になってマリー・アントワネットの三フィートの高さのヘアスタイルとダイヤモンドで覆われた靴を軽蔑するようになった貴族達までも強い反感を示した。彼らは陰で彼女を馬鹿にしながら、他方ではトリアノンへの招待を強く望んでいた。しかし、声がかかることはなかった。

　流言や怒りがふつふつとたぎり始めた。そして、馬鹿げた話がまことしやかに民衆の間へと伝わっていき、人々は貴族達に対する以上に強い憎しみを王妃に対して抱くようになった。自分達がＶＩＰルームから締め出されているという話ではなかった。彼らは決してクラブへの通行証が欲しいと思ったことなどなかった。自分達の置かれている厳しい生活を王妃が嘲笑っているという話に我慢がならなかった。

折しも首飾り事件が勃発する。

関係の悪化

フランス人宝石商、ベーマーとバッサンジュはルイの祖父、ルイ十五世から注文を受けて、非常に豪勢な、そしてこの世に二つとないダイヤモンドの首飾りを制作した。ルイ十五世はそれを自分の愛人で、周囲からは疎まれていたデュ・バリー夫人に贈るつもりだった。彼女は宝石が大好きで、石は大きければ大きいほどよかった。宝石商がデザインに合わせて合計で二八〇〇カラットのダイヤモンドを集めるのに数年かかった。ルイ十五世は

前払いする必要はなかった。なぜなら、彼は国王だったからだ。不幸にして、彼は首飾りが完成する、すなわち対価が支払われるほんのわずか前に逝去した。ベーマーとバッサンジュは、突如買い取り手のない、おそらく何億[*7]という巨額の制作費をかけた首飾りを手に、窮地に陥った。そこで二人はその当時十九歳だった誕生したばかりの王妃、マリー・アントワネットにそれを買い取ってもらおうと企てた。この途方もない首飾りはその当時でさえ彼女の趣味に合わなかったが、彼女はすでに美しいものの愛好者としての評判を確立していたし、率直に言って、他には誰もこれほど莫大な金を持っていなかったのだ。宝石商達にしてみれば運がなかったのだが、アントワネットはその首飾りが自分の仇敵、デュ・バリー夫人のためにデザインされ、彼女に贈られることになっていたことを知っており、彼女はそんなものと何の関係も持ちたくなかったのだ。

皮肉にも、首飾りはマリー・アントワネットにとっては嫌悪感を引き起こすだけのものだった。そしてこの首飾りはのちになって、王妃をひどく憎むようになった民衆にも、嫌悪感を持たせることになるのだ。どちらの場

合も、宝石はそれを所持することになる（と信じられている）女性と、彼女の行った一つ一つの悪事に対する、感情を体現するようになる。首飾りはその本質を宝石から象徴へと変形させ始めていたのだった。

ここでジャンヌ・ド・サン・レミことド・ラ・モット伯爵夫人が登場する。彼女はかなりの貧困の中で育ったが、非常に遠い親戚筋の、父方の家系をたどって、高貴な生まれであることを主張した。事実、彼女はアンリ二世の庶子の子孫だった。かなり極端なこじつけだったが、彼女はこの事実をてこに、生まれながらの魅力も生かし、階級の低い貴族、ニコラ・ド・ラ・モットと結婚し、ベルサイユへの足掛かりを築いた。

ジャンヌの最も熱烈な望みは王妃の近づきとなることだった。自分の魅力とアンリ二世とのかすかな繋がりがあれば、王妃の親しいグループの中に自分の居場所を確保するには十分だと考えた。そうすればお金も引立てもついてくる。彼女が王妃に会ったかどうかは明らかでない。もし会ったとしても、王妃は気がつかなかった。首飾りの噂が宮廷の周りで広まり始めると、ますます絶望

的になっていたベーマーは機会があるごとに、王妃に買い取ってもらえないかと交渉した。ジャンヌはこれを別の角度から好機と見たのだった。

ド・ラ・モット伯爵夫人はもともと口の上手な女だった。口先のうまい人の例に漏れず、彼女にはカモが必要だった。ルイ・ルネ・エドゥアール、ロアン枢機卿である。ロアンはフランスのかなり古くからある富裕な貴族の家系に生まれた王子だった。カトリック教会から枢機卿に任じられる前は、フランス政府の要職を数多く歴任していた。おそらくは彼の高貴な出自によって得た地位であって、知性があってのことではなかったのだろう。虚栄心が強く、低能で、非礼を承知で言わせていただくと、彼は名声のためならなりふり構わぬような男だった。

彼は要人達に近づいて、ベルサイユ宮廷内の常連の仲間に入るためには何でもする気でいた。ルイ十六世とマリー・アントワネットが結婚する以前、彼はすでに大使として派遣されたウィーンで派手な振る舞いをしていた。運がなかったのか、彼は間違ったほうに賭けて、二人の婚姻に反対の意見を表明した。それにもかかわらず婚姻は成立した。それはマリア・テレジアが望んだことだっ

たからであり、加えて、ド・ロアン枢機卿が聡明でなく、また重要人物と目されていなかったということだ。この失言によって、ウィーンで生きていくために不可欠な女帝との友好関係を失ったのだと、ロアンはそう確信したし、おそらくその通りだったのだ。

ルイ十五世が折悪しく逝去して、マリー・アントワネットがフランスの王妃となった時、戦うべき敵は恐れるに足らないが、すぐ目の前にいることに、ド・ロアン枢機卿は気づいた。一八九〇年、歴史家ゴダード・オーペンは首飾り事件について次のように解説している。ド・ロアン枢機卿は「大使として送られたウィーンで、マリー・アントワネットの母、マリア・テレジアを、後にはベルサイユ宮廷の廷臣のひとりを嘲笑した。またベルサイユでは王太子妃マリー・アントワネットその人を批判している[6]」。

ド・ロアンがマリー・アントワネットのルイとの結婚に異議を唱えたことに加え、新王妃のことを悪く言い、その母親のことをいたぶったのだ。しかも、大勢の前で、それぞれの縄張りに入り込んで。オーペンによれば、

「こうした行為によって彼は、若者の例に漏れず、好き嫌いが極端で、感情表現が強烈な王妃から腹の底から嫌われた[6]」のだという。

言葉を換えると、マリー・アントワネットは少々底意地の悪い少女で、デュ・バリーのように虫が好かないというだけの理由で、社会的処罰をすることで知られていた。死刑にしたも同然だった。ベルサイユでは社会的ステータスが、生きているということそのものだったのだ。

マリー・アントワネットが王妃の座に上ると、ロアンはマリア・テレジアについてのみ頭を悩ませるのはやめた。王妃からあからさまな敵意を向けられ、このままでは自分は宮廷で二度と受け入れられることはないし、政治的にも社会的にもより高い地位に上る可能性は絶たれていると確信するに至った。彼はもう一度この社会で命を吹き返すことに必死だった。一方、ラ・モットは宮廷の近くに潜んでいたが、ダイヤモンドの首飾りについては、マリー・アントワネットが正式に購入を断ったことや、宝石商達が必死で売り込もうとしていることなどを聞き及んでいた。しかし、ロアンのほうはトップの情報通達と敵対していて、宮廷にも入れず、首飾りのことに

ついては何も知らなかったのである。

ラ・モットはロアンを見ていいカモだと考えた。彼女が最初にロアンに近づいた時（おそらくは誘惑したのだろう）、彼のコネクションを利用して、いくらかの金を巻き上げた。自分の「縁者」のアントワネットの慈善活動のためにというような話をしたのだろう。しかしその間じゅう、彼女の視線は自分の素晴らしい獲物に釘付けだったのだ。じきに彼女は、自分が王妃の親しい友人グループの一員で、ロアンが必死で探ってきた王妃との和解も、たぶん仲介できるだろうと、ロアンに信じ込ませることに成功する。もちろん、彼女にも何らかの見返りはあり、何かと口実を作っては金や引立てを受けた。少なくとも枢機卿はそのように信じたのだ。しかし、彼女の嘘はまだまだ長大だった。枢機卿はラ・モットの魅力でさらに無防備になり、王妃との和解に希望を膨らませた。その間もラ・モットは巨大な首飾りを盗んで、枢機卿に罪を着せて見殺しにしようと、あれこれと綿密な計画を練っていた。

首飾り事件

ラ・モットは一度枢機卿の信用を手に入れると、枢機卿に王妃と手紙のやり取りをするように勧めた。これは大胆な行動だったが、彼女はこれで下準備ができるのだと枢機卿に保証した。彼女には好都合なことで、彼女自身は何一つ下準備をしたわけではなかった。彼女は枢機卿の手紙を破り捨てていただけだったのだから。ラ・モットが自分で書いた返事を彼女の若い愛人レトー・ド・ヴィレットという別のペテン師に王妃の筆跡を偽造させたのだ。彼らは王妃の署名までも偽造した。いや、正確にはそうではなかった。ラ・モットは「フランス王妃マリー・アントワネット」と誤って署名をしていた。宮殿常連のセレブ達の場合と同様、王や王妃は姓を使用しない。姓を使用するのは一般人だった。

結果としては、裁判ではこの間違いがラ・モットの有罪を決定することになる。しかし、頭の鈍い枢機卿はすっかり騙されてしまった。人は自分が信じたいことを信じるものだ。実際に自分は王妃とやり取りをしているのだと信じて、狂喜した。中の表現がより親密さを帯びてくると、その手紙の信憑性を疑いもしなかった。筋書きは驚くべき展開を見せた。ラ・モットとヴィレットによる策略で、自分に対してマリー・アントワネットは熱烈な愛情を抱くようになり、彼女のほうに溢れんばかりの惹かれる気持ちがあったがゆえに、それまで自分を遠ざけてきたのであると、そう彼は信じてしまったのだ。――歴史家サイモン・シャーマが言うように、彼は「うぬぼれが強すぎ、愚かすぎたのだ。……ノミほどの脳みそしかないのに」[3]。ありそうな話だ。

枢機卿は彼女に対してお互いの一致した気持ちは確かだと伝え、ペテン師相手だとは知らずにやり取りしている手紙はますます熱烈になっていった。ラ・モットとヴィレットは、枢機卿とマリー・アントワネットを実際に対面させるというところまで、とうとう駒を進めてきた。彼らはマリー・アントワネットの生き写しであった娼婦ニコル・ドリヴィアと枢機卿との対面のお膳立てをしたのだ。[*8]

ロアンとなりすまし王妃は、ある夜、ベルサイユ宮殿

の人目につかない、しかも都合のいいことに実際には明かりもない「ヴィーナスの茂み」という庭園で面会した。偽の王妃は枢機卿に一輪のバラを贈った。彼は跪き、王妃のドレスの裾にキスしたが、もちろん、彼女が声を出す前に邪魔が入るように仕組まれていて、密会は突然終わった。筋書き通りの物音に驚いた偽のアントワネットは人に見られることを恐れるふりをして走り去った。しかし、何も知らない枢機卿は夢見心地だったのである。

彼は実際に王妃に恋をしていたのだろうか。それは誰にもわからない。確かに彼はそのように振る舞っていた。手紙でもその点をひどく誇張していた。だが、それは重要ではあるまい。彼は最も大きな地位財の一つから誘惑を受け、その犠牲となったのだ。権力である。いかなる種類でもいいから、フランス王妃との繋がりを得たいという思いに取りつかれてしまった。彼はすっかり舞い上がってしまい、細かいことに注意を払うことをやめてしまった。状況が現実的なのか、超現実的なのか、疑うことをやめてしまった。ラ・モットの魔の手に完璧に落ちてしまったのだ。

自分のカモをいいように扱って、ラ・モットは枢機卿に王妃がある特別な宝石を死ぬほど欲しがっているのだと信じ込ませた。それは巨大なダイヤモンドの首飾りでちょうど今売りに出ているものだという。マリー・アントワネットはすでに何度も公の場で首飾りの購入を断っていたにもかかわらず、枢機卿は簡単にこの話を信じた。ラ・モットの話はこうだ。王妃は密かに首飾りを望んでいるが、パーティーの花形から田舎暮らしを気取った暮らしに転向したばかりなので、それを購入したことを誰にも知られたくないという。これまでの数々の嘘に劣らず馬鹿げた話だった。もちろん薄暗い庭園での物言わぬ娼婦とのデートよりは、はるかに信用できそうな話だった。

手練手管を弄して、彼らは枢機卿を巧妙に騙し続け、宝石商には後日王妃から支払いをするからと言って王妃に代わって首飾りを購入させた。実際に必要なのは王家の信用を得ている誰かの借用証書だけだった。この時点で宝石商達はまさに破産の危機にあって、何年も苦労していただけに、この話に興奮した。とうとう強情な王妃に首飾りを売ることに成功したのだ。誰も彼も何がしかの根拠にすがって信用したのだった。

関係者達の誰もがラ・モットの誘導したとおりに行動した。宝石商達は首飾りをロアンに引き渡し、ロアンは借用書を書いて彼らに渡し、首飾りは王妃付きの従者の手に委ねられた。しかし、言うまでもなく、「従者」とは署名偽造のペテン師でラ・モットの愛人ヴィレットに他ならなかった。彼は首飾りを持って姿を隠し、ラ・モットと共に首飾りから宝石を取り外して、外国で売りさばき、ひと財産を稼いだ。

それ以降、この首飾りは再び人目に触れることはなかった。

世論という名の裁判所

詐欺はついに発覚した。宝石商達が首飾りの支払いを請求したのだ。まずはマリー・アントワネットに極めて丁寧な手紙を送り、王妃が件の首飾りを購入してくれたことがいかに嬉しいことであったかを述べた。この手紙が届けられると、王妃はろくろく見もしないで、暖炉の火にくべようとした。しかし、ふと考え直して、そばに控えた主席侍女のカンパン夫人にこの「正気をなくしたベーマーという男の要求[6]」が何なのか調べるように命令したのだ。

カンパン夫人は命じられたように宝石商達に会いに行った。彼らは王妃が首飾りを所持しているものと信じていたので、もしも王妃がすぐに支払うことができないなら、自分達は支払いを待ってもよいと申し出た。王妃は首飾りを所持もしていないし、購入したいとも思っていなかったことをカンパンは強く主張して、急ぎ王妃のもとに取って返し、王妃の知らないところで何か問題が発生しているのではないかと伝えた。「何らかのスキャンダルが自分の名前で引き起こされていることを王妃は非常に恐れた[6]」が、彼女の不安は的中した。ロアンのことから、彼の借用書のこと、この売買を仲介した王妃の親友、ラ・モット伯爵夫人のことまで、宝石商達は知っていることを全てぶちまけた。不幸にして、首飾りははるか以前に行方不明となっていた。宝石商達は詐欺の罪で、不運な枢機卿よりもはるかに早く逮捕されたが、すでに手遅れだった。

全ての筋書きが明らかになると、王妃は激怒した。その理由は首飾りを盗まれたことではなかった――首飾りは所有もしていなかったし、欲しいとも思っていなかった。騙されて、さらに悪いことに、利用されたことに激怒した。彼女は枢機卿との浮気を疑われたことに特別腹を立てた。繰り返しになるが、誰かが自分の名誉を傷つけているのだ。率直に言って、もともと彼女の評判はそれほど良かったわけではなかったのだが、それにもかかわらず、王妃は愛する夫に泣きついて、訴訟を望んだ。関係者の全てを逮捕して罪を追及するのでなく、国王は公の裁判で決着をつけることを決定した。そうすれば自分の妻が無実であり、ひどい目に遭ったのは王妃のほうであること、そして自分の妃がいかに素晴らしい女性であるかをフランス全土に知らしめることができると考えたのだ。

想定内ではあったが、マリー・アントワネットにとって不幸だったのは、こんなやり方で事は収まらないということだった。

国王と王妃は、枢機卿が群衆の前で聖母マリア昇天の祝祭日のミサの準備を執り行うまで待った。大群衆が集まった時、国王は護衛者達を説教壇に勢いよく差し向けて、大衆の面前で枢機卿を逮捕させた。彼は鎖につながれて、反逆と盗みの罪で引き立てられていった（マリー・アントワネットは自分が気に入らない人物を、社会的に処罰することで知られていると言ったのを思い出していただきたい）。

救いようがないほどに鈍感な枢機卿ですら、とうとう事の次第を理解した。彼は即座にラ・モットとその共犯者達を裏切った。彼は国王と王妃に涙ながらに、「自分は騙された[*9]」のだと思うと訴えた。彼はなくなった宝石の支払いを自分でするとまで申し出た。また、枢機卿はこっそりと自分の召使いにメモを渡して、まだ処分していなかった偽のマリー・アントワネットとの間で交わした手紙を、本物の王妃が読んでさらに激怒する前に破棄させた。

枢機卿、伯爵夫人、彼女の仲間のペテン師達――その中には幾人かの召使いとマリー・アントワネットのふりをした娼婦もいた――は投獄されて裁判を待った。裁判は三十年に一度のサーカスのようなものだった。薄汚れた枢機卿、犯罪者の王妃、セックススキャンダル、たくさんの宝石、ペテン師達、娼婦。足りないものと言えば、宇宙人の隠蔽くらいのものだった。

民衆は暴徒化した。

王妃自身が裁判にかけられていたわけではなかったが、誰もそんなことは知ったことではなかった。窃盗事件を巡って起こった一連の出来事は、王妃には非がなく無実だったけれど、マリー・アントワネットはロアン枢機卿と寝ており、国庫の金を着服し、宝石商達から首飾りを盗もうとしたのだと、これが事実であるとフランスの人々の大多数は信じたのだった。別の筋は、王妃は自分の敵である枢機卿を破滅させるための筋書きの一部として、首飾りを盗むように命令していたのだと言いたてた。陰謀の企てや、窃盗、王権を侵害する不正行為の他、ねつ造された手紙は、実際に王妃が書いたもので、彼女の金銭的、男女関係の悪行の証拠だと信じられた。民衆がそう信じたのであって、裁判所ではなかったのだが。しまいには、裁判は行方不明になった首飾りを巡る事件というより、王妃の性格や評判を糾弾するものとなっていった。

二つの裁判

タブロイド新聞は首飾り事件に夢中になった。理由の一端は、宝石という意味のフランス語 bijoux が、女性のプライベートゾーンいう意味の婉曲語 le bijoux indis-crets（外性器というような意味）という表現を連想させるからだった。③裁判の期間中、非常に細密に描かれたポルノ漫画が出回った。王妃が両足を大きく開いて、トリアノンを訪れた男性客達に誉めそやされ、その上からは王妃の親友が巨大なダイヤモンドの首飾りをぶら下げているというものだった。①

スキャンダルを載せた新聞は、ますますわいせつなものに、ますます常軌を逸したものになっていった。流言は意見と呼ばれ、真実となった。王妃は不倫をして、枢機卿を破滅させた。彼女が裏で糸を引いて、国王にも嘘をついた。全フランス国民の食糧の半分が買えるだけの金を着服した。全て、売春婦のために作られた憎らしい宝石のために……。ああ、それにしてもかわいそうなのは、あの可愛らしいフランス人の女性、ジャンヌ・ド・ラ・モット、普通のヒロインが王妃の腐敗と悪徳の罠にかかって……。

どれをとっても、いく分かの真実もなかったことは言うまでもない。興味深いのは、彼女の広くいきわたったイメージにもかかわらず、大人に成長したマリー・アントワネットはいくらか財政保守主義的だったことだ。世間の荒波を知らなかったのだろうか。確かにそうだ。フランス経済の排水口、末端の人々の極めて質素な現実には無知だったのではないか？　全くそのとおり。このうえなくおめでたい無知を満喫していたのだ。疑いもなく。にもかかわらず、彼女の慈善事業が少々行き詰まり、人々はこれ以上ないほど飢えていると聞けば、宮廷の宝石細工人にダイヤモンドを送ってくるのをやめるように、そのお金はもっとよい使い道に充てるべきだと王妃は答えるのだった。

宝石は様々な役割を果たしている。装飾にもなるし、通貨にもなる。また血族の印となることも多い。時には、宝石は象徴的意味を超える能力を有しており、その所有者の実際の代替物となることもあるのだ。だから、国王や王妃を「王冠（クラウン）」と呼ぶのだ。マリー・アントワネットは財政上保守的であると同時に、性的生活でもかなり保守的だった。思い出してほしいのは、彼女が件の巨大なダイヤモンドの首飾りがもともと気に入らなかった理由は、娼婦とみなしていたデュ・バリー夫人との関連によるものだったことだ。デュ・バリー夫人の宝石は、王妃にとって夫人その人と同じくらいに不愉快な存在だったのだ。

しかし、これは新聞を売る側にしてみれば大した話ではない。歴史家シャンタル・トーマスによれば、「首飾り事件が存在しえたのは、マリー・アントワネットが軽薄な女として見られたからだ。ダイヤモンドの首飾り事件はマリー・アントワネットの人生において決定的な事件となった。彼女はこの時点ですでに有罪を宣告されたのだ――彼女は永遠に有罪［3］」。マリー・アントワネットがギロチンに掛けられる数年前のことだったが、ダイヤモンドの首飾り事件の裁判の結果は、彼女を取り返しのつかない運命へと押しやることになった。裁判の間に事件の真実が明らかになったにもかかわらず、真犯人が見つかったことなど、誰もそんなことに関心を示さなかった。その時点ではすでに、騒然となった民衆のほとんどが、宝石で飾り立てている王妃を頭に描いていて、彼女が王室付きの宝石商から月々受け取るものを、低迷していた慈善活動を支援するために使うよう提案していたことなど、民衆はつゆも思わなかった。また、もともと首飾りはいらないと王妃から断っており、ベーマーとバッサンジュが、何も知らない夫に対して、妻へのギフトとして買い上げてくれるようにと、さかんに働きかけ、どうにか売り抜けようとしていたということも。あるいは、王妃がそのことを知って、再び断り、王を叱責し、その金はアメリカでの膨らみつつあった戦債に使うのがよいだろうと王妃自身から提案したということも。そうしたことは一つも、民衆は思いもよらなかったのだ。

のちに、革命が猛り狂っている時ですら、首飾り事件はマリー・アントワネットに関する最も醜悪な「事実」だった。処刑前の日々、彼女自身の裁判はほとんど道理の通らない形式のもので、正義というよりもスキャンダルのほうにはるかに注目した見世物として関心を持たれていた。流言や民衆が支持する意見のほうが事実に基づく証拠として採用されていたのである。

目を見張るかもしれないが、しかし、おそらく驚くような話ではないのかもしれない。当時の彼女の訴追人は、もう一つ別の宝石の窃盗の罪で彼女を訴追した。この事件は彼女の拘留中に発生したもので、しかも犯人はすでに捕まっていたのだ。その他の訴追事項のほとんどが古いタブロイド新聞の記事から直接出たもので、記事それ自身が証拠として使用されていた。

「作られた真実」という言葉がこれほどまでに文字通りであったことが今までにあっただろうか。

一七八六年六月、世紀の裁判は結審した。首飾り事件の関係者全員に対して評決が読み上げられた。そのわずか数週間後の八月、財務大臣はルイ十六世にフランス王国が完全に支払い不能に陥っており、この状況をこのまま継続することはできないと伝えた。この年の終わり、十二月二十九日、名士会が招集されたが、この危機に何の解決策も出せず、結局解散された。

新聞各紙が「首飾り事件」と題したこの事件は、「赤字夫人」と人々が呼び始めた女性に対し、フランス民衆の我慢の限界がきたというにとどまらなかった。王政の終わりの始まりでもあったのだ。

幻の首飾り

フランス王政の没落を早めることになった首飾りはほんの短い間しかこの世に存在しなかった。ベーマーとバッサンジュがこの傑作（見方によっては巨大な怪物）の買い手を見つけられなかったということも一因だが、窃盗犯達がすぐさまこれを解体して、ダイヤモンドをバラバラに売却してしまったからでもあった。しかしながら、細密に描かれたデザイン画や彫刻された図案は残っているし、見事な複製品も作られている（本物のダイヤモンドではないが）。ゴダード・オーペンは、一世紀のちの一八九〇年に書いた著作『Stories About Famous Precious Stones』で、「首飾り」を次のように描写している。

ハシバミの実ほどもある大きな粒の、一七個の荘厳なダイヤモンドの一列は窮屈すぎないように首の周りを一周する。これが一連目。その周りにそれよりも緩く、優美に三カ所固定され、三つの輪を吊り下げる。下げ飾り（単純な洋ナシ形や複数の星形、あるいは無定形のダイヤモンドが密集したもの）もついて、一周する。これが二連目。さらに緩く、後ろから柔らかく流れるように回って、素晴らしい懸垂線を作りながら、三重になった太い列が二本下がる。胸の上で（ダイヤモンドの中の最も素晴らしい粒の周りに）お互いに結ばれて、胸の中央で再び分かれて、たっぷりとした長さの先にそれぞれ豪華な房がくる。それから最後に、二本の、表現しようがない素晴らしい三重の列、その先も房がついていて、（ネックレスをつけている時、また飾っておく時）お互いに後ろで結びつけられる。二連の、言葉にならない美しさの列が六重になって下がる。流れるように（一緒になったり、分かれたりしながら）首の後ろに下がるのだ――ゆらめく黄道光、あるいは北極のオーロラの光を見る者に想像させるかもしれない。⑥

誤解のないように言うと、いわゆる首飾りは何列にもなっていて、宝石で覆われた、何はともあれ装飾品である。重さにして二八〇〇カラット、六四七個のダイヤモンドだ。①一番上の列は緩いチョーカーで一七個のダイヤモンドでできていた。それぞれは巨大な石だった。それから下がっているのが、花綱のような三本の大きなドレープ状になったダイヤモンドの列だ。要所に五個の大きな洋ナシ形の石がぶら下がっていた。そして前後に、ダイヤモンドだけで作られた幅広いリボンが首から腰まで緩やかにドレープ状に下がり、体の真ん中で十文字状に渡され、アクセントとして、複数の巨大な宝石のかたまりや、リボンや、堂々とした大きさのしずく形の石が先端まで飾られた、数本の大きなダイヤモンドのタッセルは腰と肘のところまで届いていた。

それは伝統的な意味で首飾りとは言えなかった。ウェアラブル・シャンデリアといったところか。ダイヤモンドだけでほとんど一・五ポンド（訳註：五〇〇ミリリットルのペットボトル一本半くらい）あった。当時最も高価な宝石だった。実際に、これまで制作された首飾りのうち最も高価なものだった。

そうではなかったか？

この世で最も価値あるもの

今日、「世界中で最も価値のあるダイヤモンドの首飾り⑦」といえば、スイスの宝石商モワード社が制作したものだ。わずか六三七カラットで、サイズにしても輝きにしても、ベーマーとバッサンジュの作った不幸な運命をたどった件の首飾りには足元にも及ばないが、ジュエリーとしてははるかに身につけやすいものだ。

この現代の品は「インコンパラブル・ダイヤモンド・ネックレス[*10]」と呼ばれている。全く創造性のかけらもない名前が付けられているのは、「比較できないダイヤモンド」として陳列されているからだ。世界で最も大きなインターナリー・フローレスという等級のダイヤモンドで、呆然とするような四〇七・四八カラット⑧。二〇一三年一月九日、モワード社のインコンパラブル・ダイヤモンド・ネックレスは、正式に世界で最も高額なネックレスであるとしてその地位を得た。推定価格は五五〇〇〇万ドル（訳註：約六〇億円）だ⑦。

インコンパラブル・ダイヤモンドは世界中で三番目に大きなカット・ダイヤモンドで、一度はスミソニアンに展示された。石はほとんど子どもの握りこぶし大である。角ばった鮮やかな金色で独特なカットが施されている。この珍しい宝石は二本の長い、輝く枝飾りに吊るされている。葉やつぼみの代わりに九〇のいろいろな形の、合計で二二九・五二カラットのフローレス・ホワイト・ダイヤモンドで飾られている。

美しいネックレスだが、実際の価格のほとんどの部分はインコンパラブル・ダイヤモンドに付随するものだ[*11]。見る人によっては、ペーパーウェイトとして使用した場合と同じ本質的価値の石ということにもなろうか。美とは見る者の目の中にあるものかもしれない。しかし代価は人が値札につけることができるものだし、そうしなければならないものだ。そうなると、これまで制作されたうちで本当に最も高価なネックレスはどれか？

この質問に答えることは、悪魔的に難しいということがわかってくる。

一個の石の価値を決めるもの

表面では、これら二つ、一つは一七六八年のフランス、もう一方は二〇一二年のスイスで制作されたネックレスを比較することは、為替とインフレ率の計算をするだけの極単純な話になるはずだ。したがって、この両者の比較は、一つ目のものがその時代にどれほどの値打ちがあり、それが今日のいくらに当たるかを計算することになる。単純な数学の問題だ。そうではないか？　ところがそれは間違いなのだ。ビジネス・ライターのジョン・スティール・ゴードンは歴史上の価値を現代の数字に変換することを「歴史家が直面している最も扱いにくい問題の一つ[9]」と呼んでいる。コンピュータによる高速処理ほど簡単なことではないのである。

価値とは非常に流動性の高い概念である。新大陸のエメラルドの物語で見てきたように、一個の宝石はある日には全てを意味する値打ちであっても、翌日にはゼロになることがある。問題をシンプルにするために、仮想の石が一七七二年に一ドルの価値があるとしておこう。ただの石だ（目がくらむようなダイヤでできた鎧などではない）[*12]。その石が金目にしてどれほどの値打ちがあろうと、それ以外の全ての物がその当時どんな値打ちがあるのかという問題と、密接に絡み合っていて、切り離すことはできない。卵一個がいくらで、家一軒がいくらで、一人の男が一日働いていくらか。ついでに言えば、その男の寿命は？　労働時間は？　卵をいくつ食べるか、持ち家に住んでいるか。一軒家が買えるようになるには何日働かなければならないか。

一例として、一七七二年フランスの一頭の馬の値段と、肉体的条件がほぼ同じ現代の馬の値段をドルで比較してみることにしよう。為替レートがまず根本にある。問題は、実際の値段は認められている価値の反映だということだ——しかし、そこに背景があってのことだ。背景から分離されてしまうと、そのような値段にはほとんど何の意味もない。馬の例の問題は、必需品としては言うまでもなく、馬自体が概念として、一七七二年にそうであったのと同じ値打ちではないということだ。二百四十三年前、馬は車と同じだったのだ。そのうえ、ほとんどが贅沢な車。小説家L・P・ハートレイの表現で言うと、「過去は外国なのだ[10]」。

ヴァージニア大学の経済学准教授ロナルド・W・ミッチェナーは世紀を超えた価値評価の問題を次のように表現している。「通訳者はこの問題に答えることができない」とあるインタビューで彼は述べた。「今日と、過去のある時の違いは大きすぎて比較できない。二十一世紀から見ると、植民地時代のアメリカの生活は別の惑星で暮らしているようなものだ[11]」というのである。彼は植民地時代のヴァージニアでの工業製品について語っていたのだが、革命前夜のフランスの宝石についても同じことが言えるだろう――この問題はマンハッタンを買ったビーズの価値は？　という問題と不気味なくらい似てくる。六〇ギルダーにかかる数百年分の利息を計算しても意味はない。金の値打ちが変化しただけではなく、マンハッタンの価値同様、ガラスの価値が変化したのだ。こうした様々なものの価値は有機的に絡み合っていて、言うまでもなく、一つ一つが独立して直線的に上がったり下がったりすることはないのだ。

今や、私達は経済学の領域に入ってきた。心理学の話

や社会学の話とは対照的に、一個の石に何の価値があるかを突きとめる。当時のガラスビーズが今日どんな価値があるかを問うても意味がない。同様に、首飾り事件のダイヤモンドの首飾りがバーゲン価格でおよそ二〇〇万ルーブル[6]、小さな宮殿を一つ建てて内装一式備えさせるか、戦艦を一隻建造して武装させるのに使われたくらいの合計金額で「売れた」と知っても、そのことはほとんど何も意味をなさない。背景があっての価値というものだからである。

もう一つ、もっといい例を挙げよう。首飾り事件における真の問題点は、ヨーロッパにはそれを買い上げるのに十分な金を持っている者が誰もいなかったということだ。マリー・アントワネットでさえ、それを買い取ることを何度も断った後、宝石商達に首飾りをバラバラにして、一粒ずつ売ったらよかろうと提案したほどだ。それはこれまで制作された中で最も高価なネックレスで――非常に高額でそれを購入する力がある者も、そうする人物も世界に誰一人いないだろう。それならば、その真の価値はどれほどなのか。私がかつて働いていた質屋の年

配の上司の哲学によると、ある物の価値は、人がその物に対して支払うことに同意する値段と常に、そして完全に、等しいのだということだ。買い手がいないなら、それは全く何の価値もないということになる。

しかし、また一方、妄念の価値を計算することは不可能だ。そして、一七八〇年のフランス人に対して、首飾りは革命を起こすだけの価値があったということになる。

悪意ある妬み

妬みという言葉の確立した定義はジョージタウン大学のW・ジェロッド・パロットとケンタッキー大学のリチャード・スミスの著書にある。「ある人に別の誰かの優れた質、成果、所有が欠けている時に妬みは起こる。そして、どちらも相手にそれが欠けることを望んだり願ったりする」[12]。しかし、わかってきたのは、妬みには二種類あるということだ。最初の種類は、「有益な妬み」で、これは誰か他の人の持ち物を褒めたり、自分も持ちたいと願ったりする時だ。二つ目は「悪意がある」もの。この「悪意ある妬み」は、誰かほかの人の持ち物を褒めるが、自分も持ちたいと願うのではなく、相手がそれを失うことを願うという心理的現象だ。その対象物（車、家、仕事、妻）を自分も欲しいというわけではない。それをこっそり取り上げたいのだ。破壊したり、煙のように消し去ったりしたいのだ。

確かにこれは褒められたものではない。有益な妬みは本能的、心理的に理解できる現象だ。何かを見る。するとそれが欲しくなる。その行為がいかに悪意のあるものだったとしても、ジャンヌ・ド・ラ・モットは有益な妬みに苛まれていた。彼女は王妃の親しい友人グループの中に自分の地位を築きたいと思っていたが、それに失敗。金が欲しかった。その金でより上の社会的階級を買いたかった。自分の犠牲者達から力を奪おうとか、罰しようとか、そんなことを目標にしてはいなかった。他方、悪意のある妬みは、もう少々複雑だ——そして、これがフランス革命の最中に姿を現したことは間違いない。このことは、恐怖時代に革命に加わった人々が、強奪したティアラを身につけていなかったという事実から説明できる。[*13] 革命へと繋がっていった小麦粉戦争やその他の暴力行使の間、人々はパンを求めて声を上げた。正義を求めて叫んだ。政府の中に平等な代表を求めていただけの人々もいた。しかし、どの時点をとっても、怒れる暴徒達はもっとよい宝石を求めて叫んでいたのではなかった。[*14] 人々は懲罰的意味を込めて、国王や王妃、貴族達から貴重品を取り上げることを望んだというのが、大半の理由だ。

　自分が持つのではない。人から取り上げるのだ。

　では有益な妬みを悪意ある妬みに変えるのは何か。私達は自分が競争に勝てると思った時には、勝ちに行くのだ。宮廷の人々がマリー・アントワネットのすることを真似していたように。王妃の侍女としてカンパン夫人は「王妃は悪かったのだけれど、よく考えもせず皆がそれを真似していました」[⑬]と述べた。しかし、あまり自信がない時、あるいは相手に勝てないとわかっている時は、競争の条件を平等にする、さらに汚いやり方が私達の中には組み込まれている。それが悪意ある妬みである。誰か他の人が持っているアドバンテージを取り上げようとする衝動だ。自分でそれを手に入れるというほどにはよいやり方とは言えないが、最終的にはこれで平等というわけなのだ。

　物の数が限られているというのは強烈な要因だ。それによって、価値の幻想が生じる。それどころか、その幻想が真実となる。しかし、その対象物が必需品で（たとえば食糧）、制限が真実で（たとえば飢饉の時）であると、全く新しい経済原理が発生し、その結果は社会的と言うにとどまらず、政治的なものとなる。

第三身分の台頭

　では、王妃の首飾り事件を巡る白熱は、どのようにして激しい革命を扇動することになったのか。一七八六年から一七八九年までの三年間、様々な事件があった。フランス王室は債務不履行に陥り、実質上の破産を宣告された。国王は「プレッシャーの中でうまく危機対応ができなかったのではないか」と伝記作家アントニア・フレイザーは推測している。これは同世紀、あるいはのちの時代の控えめな表現なのかもしれないが、さらに「一七八七年、国王は本当に、今の時代ならノイローゼと呼ぶような状況だったのだ[3]」ともフレイザーは述べている。

一七八八年の時点で、財政危機を乗り越えるための解決策は何も見つかっていない。はっきりしてきたのは、三部会を招集して、病みきっている国家が必要とする徹底的な改革について評決しないことには、実質的な前進は全くないということだった。三部会と名士会の間でその年の間中、議論が続いた。名士会は、三部会は伝統に従って、それぞれの身分が一票ずつ投票するよう要求した。人口の九九パーセントからなる第三身分は議論のテーブルについてさえいなかった。最終的に、一七八九年の春、国王は会議を閉会とした。

国王はこの年の初夏、様々な改革の提案を続けたが、彼が三部会に投票をさせることを拒んでいる限り、全て無駄に終わった。ついに、第三身分は自分達の名称を国民議会とした。全く新しい要求を掲げた革命派の分離だ。

そして、その後は、予想にたがわず、雲行きは怪しくなるばかりだった。

王妃の誤算

一七八八年の秋は天候が悪く、さらに翌年もひどい不作が重なった。一七八九年の四月には、食糧不足と低賃金が原因で、パリでは流血の暴動が起きた。極度の緊張、ひどい冬、そして壊滅的な不作と、ルイ十六世は「今にも壊れそう」とでも表現するしかない状況に陥った。では、誰が国家を動かしていたのか。フランスで最も憎まれた女だ！　フレイザーは次のように叙述している。

「マリー・アントワネットは自分の息子の将来のために、子ども達のために、彼女が信じていた王国——彼女はそれを信じるように育てられてきたのだ——のために、強くならなければならないのだと、はっきりと理解した[3]」。

マリー・アントワネットは好ましい女性で、おそらく歴史的には誤って伝えられた女性、しかし、深く分断され、経済的にも不安定になった国を率いていくよりは、パーティーを催したり、遊びで羊飼いになったりするほうがずっと上手だったのだ。王妃は夫の手綱を取ろうとしたが、経験もなく、教育程度は二流、権限も最低限しか彼女には許されていなかった。

彼女の努力はむしろ状況を悪化させた。パンフレットは数を重ねるごとに、王妃の性的倒錯と、全体がダイヤモンドで飾られた食べ物を描くのをやめて、彼女の顔を付けた怪物がフランスを食べている様子や、よく肥えたロバの夫を鞭で打つ様子を特に描写するようになった。

これはフランスの歴史を決定的に分けた瞬間だった。だが、もしも別の王政で、別の指導者であったなら、うまくやりおおせたかもしれなかった。国民議会はまださらし首を求めていたわけではなかった。彼らが求めていたのは憲法と、貴族達の特権を廃止することだったのだ。立憲王政への道筋を求めていたのだ。

マリー・アントワネットはきっぱりとこれを否定。彼女の夫は日和見的だった。彼は何に対しても日和見主義だったということも一因だが、なんと、彼のほうが王妃よりも学があったということも原因だ。しかし、最終的には、国王は心理的に今にも壊れそうな状況にあって、王妃のほうに決定権があった。秩序とカオスの間に立っているただ一つのものは王政なのだと、自分の母と同じように、マリー・アントワネットは素直にそう考えた。


パリに集結している群衆が国家の安定を脅かしていると信じて、王妃は軍隊を動員してパリ市内とベルサイユに至る道を封鎖するように命じた。

歴史家シャンタル・トーマスはマリー・アントワネットのことを「フランス国内の変化がまるで見えていない」[3]と指摘している。彼女はパニックになり、軍隊に出動命令を出したが、この時、彼女は紛争を始めようとはしていなかった。紛争を避けようとしていたのだ。しかし、その行動は全くの裏目に出てしまった。武力を見せつけることで人々を委縮させたり、王国の究極的な権威を思い出させたりすることにはならなかった。それどころか、軍隊が展開したことで、国民議会はこれを人民に対する戦闘も厭わないクーデターであると見なしたのである。

増幅する憎しみ

一七八九年七月十四日、民衆はパリの街頭に押し寄せ、バスチーユ牢獄を「解放」した。ブルボン朝フランスで民衆は皆囚人なのだという、巨大で、みじめで、そして人々を圧倒する象徴だ。それは実際に彼らがしたこと、しようとしたことの範囲に収まるものではなく、バスチーユを破壊したことは、政府の絶対的で疑問の余地もなかった権威に対する象徴的な勝利だったのである。午前二時、一〇マイル（訳註：約一六キロメートル）離れたベルサイユの、衣装管理係の長官の声でルイ十六世は目覚めた。バスチーユがやられたと。看守が殺されたことをルイ十六世は知らされる。怒り狂った民衆は彼の頭部を棒の先に付けて、通りから通りへと練り歩いているという。

ルイが「反乱か？」と問うと、「いいえ、革命でございます」という返事だったと伝えられる。

一週間のうちに、新聞は自由を宣言した。効果がごく限定的だった王制による検閲はもはやなくなり、悪意を持って書かれた新聞が波のように広く行きわたり始めた。ほとんどの話題が王妃と彼女の堕落した生き方だったことは驚くまでもない。ますます攻撃的でポルノ的になり、話はどんどん現実から乖離していった。シャンタル・トーマスはこれを「憎しみに満ち満ちたダークなファンタジーの世界③」と表現している。およそ二週間の後、七〇〇〇人の女性達がベルサイユへと行進し、王宮への侵入に成功した。全く前例のない事件だった。宮殿を破壊しながら、王妃を探して彼女達は進んだ。守衛や貴族達を殺しながら、女性達の周りに山と積まれていた数々の宝物には目もくれず、標的はたった一人、王妃だ。女達は王妃の部屋にたどり着いた。中には血糊を浴びている者もいた。すんでのところで王妃は逃げ出していたが、彼女達は槍やナイフなどの武器を手に、マットレスの中に王妃が隠れているかもしれないと、王妃のベッドを何度も何度も突き刺した。

その間に、ジャンヌ・ド・ラ・モットは牢を抜け出し、囚人服を脱ぎ捨てて、少年の姿で、ロンドンへと逃亡した。没落したセレブがいかにもやりそうな行動だが、この同じ年、彼女は『回想録』という本を出版した。彼女は回想の中で、もう一度王妃を叩き、彼女が法廷以上に、一層入念に仕上げた（捏造した）首飾り事件の顛末を語った。そのうえ、偽の投書まで挿入したのだった。

この本は大人気を博し、彼女はヒロインと見なされ、フランスの新政府からは正式な謝罪声明が出された。

フランス革命に対してヨーロッパ諸国は反革命を標榜して同盟を組むと、それに対抗して、フランス全土は王妃に対して結束を固めた。マリー・アントワネットは「フランスを血まみれの絆で一つにまとめるために巧みに標的にされた」[3]のだ。アントニア・フレイザーが指摘するように、何の権威もない王妃を殺す理由はなかった。法廷でも実際に彼女が犯した犯罪は何も見つけられなかった。[3]

シャンタル・トーマスはマリー・アントワネットをスケープゴートと呼んでいる。しかし、彼女の裁判では、古いタブロイド新聞から取られた、いいかげんな告発がほとんどで、王妃はむしろ犠牲の子羊だったと言える。

呪いの言葉

首飾りはその当時、ありとあらゆる流言をまき散らし

たが、どこへ行ってしまったのだろうか。一体誰の手に？　首飾りについては、歴史の骨董品キャビネットの中に納まる時、さらなる華麗な神話が誕生した。数多くの宝飾品と同様に、マリー・アントワネットのダイヤモンドには呪いがかけられている。そう人々は喧伝してきた。その当時もその後も、彼女の宝石は本当にすべて呪われていたのだと、人々はすぐに信じ込んでしまった。彼らのせいではない。確かに血なまぐさい結末が彼女を待ち構えていた。しかし、他に多くの人も同じような結末を迎えている。

神秘的な力が本当にマリー・アントワネットの宝石にはあるのかもしれないと、なぜ人々はそんなにも簡単に信じてしまうのか。彼女の夫の宝石や、友人の、さらに厄介な彼女の前任者デュ・バリー夫人の宝飾品に対してはそうはならない。「お菓子を食べさせればいい」と、実際に言った氷のように冷たい王女のことは誰も思い出す気配もないのだ。それなのに、行方不明になっているアントワネットのイヤリングの片方に、どこかで出くわしてしまうことを考えただけで、ガタガタ震えるとは。

それらのダイヤモンド（と彼女の他のたくさんのダイヤモンドも）が何かしら魔術的に染まっているとどうしていともたやすく信じてしまうのか。

簡単な話だ。マリー・アントワネットは人間ではないのだ。彼女は象徴なのだ。実際に、彼女は今でも（巨大なダイヤモンドのすぐ後ろにいて）「多く持ちすぎていること」の究極の象徴なのだ。人間はこの世界の自然な均衡を理解できる。一方で、物事がバランスを失っていると落ち着かない。誰かがたくさん持っている、たくさん持ちすぎていると考えると、それは間違っている、道徳的に間違いだと感じるのだ。宝石は道徳的特質を王妃よりも素早く纏うのだ。不正手段で手に入れた宝はそれ自体がその所有者に破滅をもたらすという考えは、道徳的報復を求める私達の非常に人間らしい欲求を満たすのだ――たとえそれが全て想像だったとしても。

では、呪いがかけられていると思われるダイヤモンドはラ・モットとその恋人が手放した後、どこへ行ったのか。相当な数のダイヤモンドがロンドンとパリの宝石商達に売却された。そこからどこへ行ったかは想像に任せるしかない。自分達が盗品の不正取引に関わったとわかると、素早く記録を抹消してしまうからだ。アントニア・フレイザーによれば、「ダイヤモンドに何があったのか、確実なことは知りようがない。そのうちのいくつかはドーセット公爵家が入手したようで、口碑の伝えるところによれば、その家族に代々継承されている」という。しかし、実際に所在の確認できたダイヤモンドは「最も素晴らしいブリリアンカットのダイヤモンド」二二個だけで、サザーランド公爵夫人によって「シンプルな鎖（チョーカー）に仕上げられた。これは一九五五年のベルサイユ展に出品された」[①]。このサザーランドのダイヤモンドのネックレスが、一時代の終わりを告げた件の豪華な首飾りの現存する石の全てなのだ。[*15]

しかし、マリー・アントワネットが所持していた素晴らしい宝飾品で、おそらく呪いのかかったものは、ベーマーとバッサンジュが作ったダイヤモンドの首飾りだけではなかった。もっとずっとたくさんあったのだ。

マリー・アントワネットの夫に対しては、この後に処刑される彼の妻や子ども達よりもはるかに尊厳と人間性を持って刑の執行が行われた。後日、王家の宝石を含むベルサイユの宝物のほとんどは、真偽のほどはともかく、安全な保管場所とされるパリの保管庫に移された。しかし、ここも十分に安全ではなかったことがのちに判明する。

一七九二年九月のある夜、マリー・アントワネットが牢で刑の執行を待っていた頃、酒に酔った強盗団が王家の宝物庫を荒らしに入り、「三晩にわたって盗みを発見されなかったことで自信をつけて、四日目の晩には五〇人が食べ物とワインを手に現れた」という。大変にフランス風……。「翌朝、国民衛兵が泥棒どもを発見した時には、犯人の幾人かはまだ酒に酔って人事不省のまま床に寝転がっていた⑭」ということだ。

ほとんどの宝石は発見されたが、値段のつけようのないダイヤモンド「フレンチ・ブルー」はとうとう見つからなかった。

フレンチ・ブルー・ダイヤモンド

王家の宝物庫の中で最も価値の高いものの一つが、フレンチ・ブルー・ダイヤモンドだった。巨大なサファイア・ブルーのダイヤモンドで、太陽光を受けると、かすかに怪しい赤色を帯びた光を放つと言われる。マリー・アントワネットのダイヤモンドのほとんどがそうだったように、これも呪われていたと言われる。十七世紀中頃[*16]、一人のフランス人冒険家で宝石商人、ジャン・バティスト・タヴェルニエが、インディ・ジョーンズ張りに、ヒンドゥー教寺院に侵入したことが伝えられている。インドのジャングルの中である。彼は巨大な青いダイヤモンドをインドの大偶像神、おそらく破壊神シヴァの額の真ん中の第三の目からもぎ取ったのだろう。この神はくるくる旋回する踊りによってこの世界を創造もするし、破壊もする[*17]。ポケットにこっそり隠されて、宝石はいったんタヴェルニエとともにフランスに帰り、そこでカットされ、研磨され、フランスの太陽王、ルイ十四世に売却される。ルイ十四世はそれを精巧に作られた宝飾品のセンターピースにした。そしてこれは相続人に継承された。その最後がルイ十六世とマリー・アントワネットだったのである。

マリー・アントワネットはこのダイヤモンドをしばしば身につけたと言われている。フレンチ・ブルー・ダイヤモンドの呪いを信じる人のほとんどは、それが彼女の恐ろしい死に起因すると信じている。と思いきや、太陽王の時代、話はフランスから南へと向かい始める。その呪いはインドから持ち込まれたのかもしれないというのだ。宗教的な偶像神を盗んだり破壊したりする行為に対して、人間が考えることだと思う。呪われた五人のうちの最初の犠牲者、タヴェルニエは太陽王に数々の飛び切り上質の宝石を売り込んだ。しかし、ナントの勅令後に、彼はユグノーとしてフランスから追放され、貧困の果てに死んだ。(物語の脚色次第の話だが) 彼は野犬に食いちぎられて死んだとも、そうでなかったとも語られている。

一七九二年にパリの宝物庫から盗まれてからは、フレンチ・ブルーは、少なくとも完全な姿では、二度と目撃されていない。それは非常に希少で顕著な特徴を持った石だった。六九カラットというサイズよりも、その普通には見られないサファイア色と不思議な赤いフローレッセンス(蛍光性)がより特殊だった。およそ二十年後の一八一二年、四五・五二カラットしかないが、特徴の同じ石がロンドンのダイヤモンドディーラー、ダニエル・エリアソンの手元にあることが明るみに出た時、これこそが行方のわからなかったフレンチ・ブルー・ダイヤモンドであり、いかがわしい素性を隠すために、小さくカットされて、形も変えられていることが判明した。

そのダイヤモンドは何人もの所有者を経て、裕福なオランダの銀行家、ヘンリー・フィリップ・ホープのコレクションに入った。一八二三年、小さくなったフレンチ・ブルー・ダイヤモンドはホープダイヤモンドという名前で、初めて人の目に触れることになる。ホープはこの石を子孫に譲り渡したが、結果としては破産を回避するために処分せざるを得なくなる。窮地に陥ったホープの子孫から、一九一〇年、ピエール・カルティエに売却され、宝石はパリに戻ってきた。ベーマーとバッサンジュと同様、カルティエもまた、ヨーロッパや東洋のエリート達の間に、この素晴らしい宝の買い手を見つけることはできなかった。

投資をあきらめて、カルティエはとうとうこのダイヤモンドを、華やかなアメリカ人大富豪エヴェリン・ウォルシュ・マクリーンに売却した。パーティー好きの女の子がするように、エヴェリンは若い頃のマリー・アントワネットを誇りとした。ジャズ・エイジの真っただなか、彼女はノンストップでパーティーを催し、金を湯水のごとく使い、シャンパン風呂につかる直前まで行ったという。年越しのパーティーでは、階段の一番上から階下に集まった客をじろじろ見降ろしているところが目撃されたエヴェリンだが、ホープ・ダイヤモンド以外には何も身につけていなかったとか。ペットの犬の首輪にまでこの石をつけたともいわれる⑭。

ホープ・ダイヤモンドは呪われていると彼女は警告を受けたが、笑い飛ばした。自分は呪いを集めていて、他の人々には不幸の印でも、自分にとっては幸運の印なのだと主張したのだった。不幸にも、彼女がこのダイヤモンドを購入して数年も経たないうちに、二人の子どものうちの一人はケンタッキー・ダービーで彼女がこの輝くダイヤモンドを身につけている間に、熱病で亡くなった。残った娘は自殺、夫はやがてアルコール中毒に陥り、ギャンブルに溺れ、その後待っていたのは借金地獄だった。彼はほとんど全ての財産を失って、最後は精神病院で死亡。家族に対する彼女の悲しみも、豪勢な暮らしぶりが失われてしまった悲しみも、尽きることはなかった。薬物乱用者でもあったエヴェリンは「コカイン使用と肺炎の併発により」六十歳で孤独死。ダークブルーのダイヤモンドに縋り付いていたという。

ハリー・ウィンストンがエヴェリン・マクリーンの遺産の中からこの石を買い上げた時には、彼女の悲劇的な死により、ホープ・ダイヤモンドは世界で最も有名なダイヤモンドになっていた。しかし、彼もまたその前の持ち主達と同様にこれほど高価な品物を売却する相手を見つけることはできなかった。ここからが、ホープの呪いの物語が面白くなるところなのだ。ハリー・ウィンストンに悲劇的な運命が襲いかかったからではない。彼はうまくやったのだ。呪いの物語がこの時からハリー・ウィンストン自身によって世間に広められたからなのである。

誰もこのダイヤモンドを欲しがらなかった時、ウィンストンはこれを特別な品にしたのだ。デビアスが、小さくて無色のダイヤモンドを特別なものにするために、ダイヤモンドの婚約指輪にまつわる神話を後から発明したように。自分が持っているダイヤモンドが心理的に必要なものであろうと、隠れた霊的力のために禁じられているものであろうと、誰しも物語の登場人物の一人になりたいと願うものだからである。

彼はタヴェルニエの、ホープ家の、気の毒なエヴェリン・マクリーンの、そして最も特別なマリー・アントワネットの物語を語った。彼はこの石をツアーに送り出した。まるでダイヤモンドそれ自身がセレブであるかのように。裕福で有名な人々が集まって、手に入れることのできない――危険でさえある――この宝物を目にして、驚き、畏敬の念を抱き、少々恐怖も感じた。これが成功したのだ。石は単に売ることができないものから、本当に値段のつけられないものへと変化した。

ついに、ウィンストンができることは、スミソニアンに寄贈することだけになってしまった。そして、この石は今もケースの中で輝き続けているのである。「物惜しみしない行為」と彼は自分のしたことを呼んで、他の人にもそれぞれの最も優れた宝石を国家に寄贈することを奨励した。[14] これにより、彼は有名な博物館の中に自分のギャラリーを手に入れ、この石の価値を国税庁ＩＲＳに値段がつけられないほど高価であると申告し、それによって、ハリー・ウィンストンは歴史上桁外れの税金控除を受けることができたのである。

ただ一つの呪い

呪いの物語に関して興味深い点は、それが真実ではない（それは誰にもわからない）ということではない。それがオリジナルの物語でないということなのだ。ハリー・ウィンストンは、もちろんこの話を自分で考え出したわけではない。[*18] それは人々が語るよく知られた物語だ。長く語り継がれてきた、いくつもの並外れた大きさの、したがって悪名高い宝石を巡る物語なのである。

ブラック・オルロフはもともと一九五カラットのブラックダイヤモンド[*19]でこれもまた偶像神――こちらの場合

は梵天、ブラフマー――の目から幾人かの畏れを知らぬ窃盗犯に盗まれたと推定されている。広く知られた神話によれば、ダイヤモンドには呪いがかかっているという。一九三二年、このダイヤモンドの最初のディーラー、J・W・パリスは、伝えられているところでは、このダイヤモンドを彼が所有している時に、ニューヨークの超高層ビルから飛び降りたということだ。その後まだ日が浅い頃、二人のロシア人王女[*20]がこの石を所有している間に別々に、窓から身を投げている。

また別のダイヤモンドにも全く違う石なのに、非常によく似た物語がある[6]。一九四カラットの柑橘類のような白いオルロフ・ダイヤモンドだ。ユグノーの神父、ルイ・デュタンによって、その起源は一七八三年と記録されている。インドのフランス駐屯軍の脱走兵の一人により、おそらく「シェリンガムの寺院のブラフマー像からもぎ取られた」という。兵士はヒンドゥー教に改宗したふりをして、寺院の聖域にうまく入り込んで、偶像神の目を一つ盗んだ[14]。この不吉な石がプリンス・オルロフと呼ばれたのは、彼がロシアの女帝エカチェリーナ二世に

この石を献上したからだ。彼女の帝位継承者は、ロシアの帝国とその堂々たる宝石の数々をボルシェヴィキ革命で失った。

しかし、私のお気に入りはコーイヌールという非常に大きなサイズで目を見張るばかりの美しさのダイヤモンドの物語で、所有した者の一人、皇帝バーブルはその価値を評価して、「世界中の人間の一日分の食料と同じ値打ち」と言ったという。ひどい話だ。不幸なことに、その長く、血塗られた悲劇的な歴史によって、このダイヤモンドは「所有するものは世界を所有する。しかし、世界の全ての不幸をも知ることになる」と言われている[*21]。

読者諸賢はあるテーマにもうお気づきだろうか。

明らかに、巨大なダイヤモンドは全て呪われている。そして、そのほとんどがヒンドゥー教の偶像神の目から盗まれていた。ヒンドゥー教については、説明は簡単だ。歴史的に見て、最も大きく、最も高品質のダイヤモンドはインドのゴルコンダから発見されている。いわゆる「水」をたたえているものだ。しかし、なぜ物語は偶像神に関わるのだろうか。こうした窃盗はこの一地点で本

当に起きたのか。全てのこうした恐ろしい伝説は一つの事実から始まっているのだろうか。あるいはまた、それは異国の土地の、恐ろしい未開の宗教にまつわる奇妙な話というだけなのか。それでも西洋人の心をくすぐって、値段の高すぎる宝石を買う気にさせるのに十分だったのだろう。確かなことは言えないが、いずれにしても幾ばくかの真実はあるだろう。

「盗まれた」という部分が、物語の中で最も刺激的な要素ではないかと私は思うのだ。ダイヤモンドを盗んだと認める者はいないだろう（事実、ジャンヌ・ド・ラ・モットは決してそれを認めなかったし、恥ずかしいとも思ってていなかった）。しかし、盗み、所有したい欲望、最後には呪い……、というこれらの物語の、どれにも共通しているものがある。凝縮した富が目の前で息を飲むような姿で現れている時に、誰もが感じてしまうものがここに映し出されているということだ。これこそが、宝石の意味の一つなのだ。人が実際に手に持つことができる光り輝く富。呪われたダイヤモンドにまつわる物語はどれも同じだ。理由は、そのどれもがモラルを語る物語だ

ということだ。たぶん人間は、そんなにも美しく、そんなにも高価な物をたった一人で所有しているということが想像できないのだ。しかし、何か宇宙的な、さらに隠された霊的な欠陥があるのだと思い込むことならできる。そこで人間は、呪われたダイヤモンドの物語をでっちあげて、富の不平等さに納得できる理由をつけるのだ。ホープ・ダイヤモンドのようなダイヤモンドの場合には、呪いや死、不幸の物語がまことしやかに立ち現れる。首飾り事件の場合、ダイヤモンドは暴力的な革命と一時代の終わりの始まりを焚きつけたのだった。

ではマリー・アントワネットのダイヤモンドは呪われていたのか。おそらくは真に大きなダイヤモンドというのは全てそうなのかもしれない。それを所有しているか、隠しているか、あるいはそれを求める者に、不幸が起きることは避けられないようである。フランス革命を引き起こした首飾りについて言えば、ヴィレットは追放、ラ・モットは脱獄して、本も書いたようだが、間もなく、ロンドンで窓から自分で飛び降りたか、誰かに突き落とされたか。マリー・アントワネットとデュ・バリー夫人

は両者ともギロチンの露と消え、宝石商達は破産。虐待された者は虐待する側になり、革命は軽率にもナポレオンを誕生させたのだった。

おそらく、結局のところ、真の呪いはただ一つ、貪欲さだ。

*1 十七世紀、鏡の製造には完璧なガラスと貴重な裏箔による裏張りが必要とされた。壁紙ではなく、大きな鏡は富を示す贅沢品だった。ベルサイユ宮殿に住んでいるのでさえなければ、素晴らしい話。

*2 オーストリア大統領がホーフブルク宮殿に住んでいるのに対して、最近の話で、ベルサイユ宮殿を観光客目当てでない何かに使用しようとしたのはキム・カーダシアン（モデル・女優）だったことは指摘しておいてもいいだろう。

*3 でっち上げられた話だとの説もあるが、そうでもないのではないか。

*4 地位財とは、ある人が所有している物は絶対的な価値はないという経済理論である。覚えているだろうか。つまり、その物の価値はもう一人の仲間が所有している同様のものとの比較においてのみ、そして直接的に計られるということだ。言い方を換えれば自分の一カラットのダイヤモンドはその友人の二カラットのダイヤモンドを見るまでは、かなりいいものに見えるということ。友人のダイヤモンドを見た時点で、自分のダイヤモンドの価値は急落する。また、地位財には他にもおかしな副作用があり、友人や自分よりも優れている人の持っている物が自分にも必要なのだと感じさせるのだ。

*5 食べ物も満足に買えない人々にとっては、この傾向はあてはまらなかった。

*6 ルイ十六世は銃と火薬のほとんどをアメリカ革命に供給していた。自分の国の状況が悪化していた時ですら、それをやめようとはしなかった。彼の主目的はイギリスの国力を弱めることにあった。第二の目的は弱い支配者という評判から逃れることだった。

*7 ここで正確な数字についてなぜ言えないかについて、後ほどまた。

*8 美しく着飾って、暗い明りのもとでは、少なくとも生き写しと言えたという。

*9 おやおや、何もしないよりは遅くなっても言っておいたほうがましというわけか。

＊10 非常に大きなダイヤモンドは公式に名称を付けられる。名称が説明的であることもあれば、賛辞であることもある。多くの場合、滑稽であったり、不快であったりするものだ。しかしいずれにしても、名称が与えられるということは、人がそれをダイヤモンドと見なしたということなのだ。

＊11 インコンパラブル・ダイヤモンドはアメリカ宝石学会により、世界で最も大きなインターナリー・フローレスというランクの石に分類されている。

＊12 また、私が繰り返し冗談に言うように――私がそういうものをどれくらい欲しいと思うかは明らかなはずだ。

＊13 彼らは国王の首をはねて、他の者達を投獄するや否や、安全に保管するために、全ての宝石を取り上げた。

＊14 彼らはそれをしてもよかったのではないか。もしその特別な要求を果たすための時間と場所があったならば、という意味だが。

＊15 これらが肝心の宝石なのかどうかについては、少々マイナーな議論がある。首飾りのスケッチではもっと完全な円形に見えるが、こちらのカットはやや不定形だからである。しかしながら、非常に大きな石で、ヴィレットが盗品のダイヤモンドを売った相手の数名の宝石商の当時の説明には、ダイヤモンドをプロング（爪）から乱暴に引きはがしたために小さな傷跡があったという。まともな宝石商なら、そうした傷を磨いて取り除いて、ほんの少しカットし直して、この大きさを維持しようとしただろう。宝石のいびつさについて、私はこの説明を信じる。

＊16 タヴェルニエがこの宝石を手に入れたのが、アジアへ向かったどの航海の時だったのかははっきりしない。彼は一六三一年から一六六八年の間に、この地域を六回訪れていた。

＊17 ヒンドゥー教のどの偶像神だったのかについては議論がある。しかし、フィンレーによると、シヴァの踊りは物質的欲望の死を表すもので、最も有望な候補と言える。

＊18 それ以前の考案者タヴェルニエもカルティエも同じ。

＊19 現在は六七・五〇カラットまで小さくなっている。

＊20 レオニラ・ヴィクトロヴナ・バリアティンスキーと、ナディア・ヴィギン・オルロフ。ダイヤモンドはこの名前にちなんでいる。

＊21 さらにこう続く。「神のみが、あるいは女のみが、前歴のないその身につけることができる」。それで、ビクトリア女王がインドの女王になった時、この石が彼女に捧げられたというのは、最もふさわしいことだろう。

第5章 姉妹喧嘩と真珠

敵の敵は友

——ことわざ

海軍に入るよりも海賊でいるほうが面白い

——スティーヴ・ジョブズ

ラ・ペレグリーナは今日に至るまで世界で最も有名な真珠の一つである。その非の打ち所のない洋梨形の自然な白色の真珠は巨大だ。およそ二〇〇グレーン、[1]約一〇グラムで、手のひらをたっぷりいっぱいにしそうだ。おそらく当時の西洋世界でこれほどの品質のものでは最大の真珠だっただろう。今日までに発見された真珠の中で、直径で最も大きな洋梨形の真珠の一つだ。養殖真珠の時代以前では、争ってでも手に入れる値打ちのある、素晴らしい真珠だったことは間違いない。

その名前は「巡礼者」とか「放浪者」という意味だ。この名前が付けられたのは、この真珠が人の手から手に、国から国へと渡り歩いた長い歴史を持っているからだ。ラ・ペレグリーナは十六世紀中頃にパナマ湾のサンタ・マルガリータ島で、伝えられているところによれば一人の奴隷が発見したのだという。この男をただちに自由の身にするのと引き換えに、この真珠はドン・ペドロ・デ・テメスに引き渡された。[2]

真珠は新世界を後にして、忠誠の印としてスペインの国王に捧げられた。スペインでは3章で登場したエル・

インカことガルシラソ・デ・ラ・ベガは宝物の港セビーリャでこの真珠を自分の目で見たと主張している。彼は次のように記している。「一粒の真珠がフェリペ二世に献上されるためにパナマから廷臣ディエゴ・デ・テメスによって持ち込まれてきた。この真珠は形といい、大きさといい、良質のマスカダイン[*1]のようだった」。この真珠の上部は洋梨と同じように長く伸びた形をしていた。この真底の部分にはちょうど洋梨のような小さなへこみがあった。全体は鳩の卵のように大きく、きれいな球形だった。

スペインに到着するや、この「放浪者」はまたも持ち主を変える。同盟国を探していたスペインのフェリペ二世は、イングランドのメアリ一世に婚約の贈り物としてこの真珠を届けたのだ。彼のプロポーズも贈り物も、四十歳近い処女女王メアリから熱烈に歓迎された。フェリペは、非常に大きくて「ラ・グランデ」と呼ばれたダイヤモンドを四角にカットし、丁寧に固定して、そこに真珠をぶら下げさせた。フェリペにすっかり夢中になった女王メアリは、この宝石を受け取ってからというもの、描かせる肖像画のほとんどすべてで、ブローチやペンダントとしてこの真珠を身につけていた。この真珠の素晴らしさは誰からも讃えられたが、分けても、真珠好きの小さな妹エリザベスからは絶賛された。

現代ではこの「放浪者」の評判は、別のエリザベスに起因するところが大きい。最も新しい所有者、エリザベス・テイラーだ。バレンタイン・デーの贈り物として彼女の当時の夫、リチャード・バートンが一九六九年に妻のために購入した。しかし、世界地図を塗り替えたのは前者のエリザベスの、この美しい真珠に対する深い傾倒だったのである。[*2]

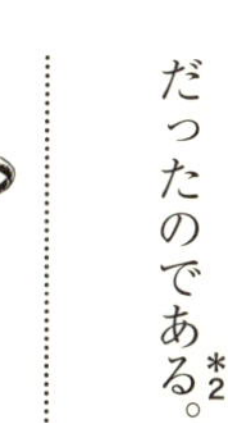

異教徒と海賊のパトロン

一五六〇年前後の頃、エリザベス一世はラ・ペレグリーナを手に入れたいと強く思うようになった。メアリは結婚後数年して亡くなったが、彼女は王室の他の宝石類と一緒にこの真珠を憎い異母妹に相続させるのが許せなくて、それよりはフェリペに返したいとの遺言をはっきりと伝えていた。フェリペはどちらの姉妹も同じくらいに自分にふさわしいと判断したようで、ほとんど時間を置かずにエリザベスに求婚した。彼女は彼との結婚を拒否したためフェリペはラ・ペレグリーナを渡すことなく、スペインに持ち帰って、新しい妻に贈った。

その後、新女王エリザベス一世は、イングランド海軍が新世界の宝物を求めてスペイン船を襲撃するのを見て見ぬ振りをする政策を始めた。彼女はさらに次なる行動に出た。「私掠船」は海賊で、女王から暫定的に赦免されていたが、スパニッシュ・メイン（カリブ海周辺のスペイン帝国地域）や西アフリカ海岸、アメリカ東海岸で、財宝を積載した船を襲撃して沈没させるために、改めて雇われたのである。彼らは全ての真珠を奪えとの特別任務を受けた。ラ・ペレグリーナのような真珠を見つけるためだった。

何十年にもわたって、「有益な妬み」の険悪なケースとして始まったものが、貴重な宝石を巡る、常軌を逸した争奪戦へと姿を変えたのだ。それ以前には暗黙の裡に容認されていた海賊行為が経済的軍事的戦略となった。イングランド海軍自体が次第にエリザベスの私掠船団として、生まれ変わり、成果が認められるようになると、最も危険な海賊達の中には国家的英雄となった者もいた。

スペインは情け容赦のないイングランドの海賊に疲弊しきって、軽蔑と侮辱と、宗教的な緊張も決して少なくない何十年かを苦しみ続けた。そしてとうとうフェリペ二世は世界がそれまで見たこともないような大型艦隊を立ち上げた。これは単なる戦艦の船団ではなく、水上の戦争を意図したもので、何万人もの兵と水夫達が乗り込んで、大砲と騎兵隊も船団に加わった。そしてスペインは、イングランド侵略と「異教徒と海賊のパトロン」と呼ばれたエリザベス女王の退位を目指したのである。

「無敵」と呼ばれたスペイン艦隊だったが、イングランド上陸は果たせなかった。改良された船と予測不能な攻撃技術を備えた新鋭海軍を使って、イングランドはわずかの間に完全にスペイン艦隊を滅ぼした。無敵艦隊の敗北はスペインの海上支配の終焉と、西欧列強の新しい勢力図、さらには英国の商業帝国としての幕開けを記念するものとなる。

しかし、その萌芽はもっとありふれた家族内の争い事の中にあったのだ。姉妹間のライバル関係だ。

ファザコンの娘達

　ヘンリ八世はひどい男だった。彼にはメアリとエリザベスという二人の娘があった。長女メアリは最初の妻、スペインの敬虔なカトリックの王妃、キャサリン・オブ・アラゴンとの間の娘だった。エリザベスの母は、ヘンリの二人目の妻、プロテスタントの魅惑的な女性、アン・ブーリンだった。キャサリンを捨てて、アンに乗り換えるという過激な決断をした時、メアリをも一緒に見捨てたのだった。そして、おわかりのように、離婚とは子ども達に最も重い決断を下すことだ。

　間抜けもいいところ、ヘンリ八世は「悲嘆にくれた」母と娘がお互いに会うことを死ぬまで禁じた。実際、キャサリンは数年後、娘に二度と会うことなく亡くなったため、彼の言葉は現実となった。エリザベスとその母アンは、数年間はヘンリ王の愛情を受けたが、最終的には最初の妻とその子ども以上の扱いを受けたわけではなく、アンの場合は一層悲惨なものだった。

　ヘンリはさらに四人の妻を娶り、それによってほとんどの国庫資金を使い尽くして死んだ。彼の離婚騒動、浪費、ローマ教会との革命的な決裂は、イングランドを破滅の危機に追いやり、子ども達を（国民も同様に）血で血を洗う争いに向かわせ、王国は大陸の為すがままの混乱に陥った。その影響力も軍事力も絶頂期のスペインからは、特に攻撃されやすい位置にあったのである。

　結果的に、ヘンリ八世の最初の二人の娘の間のライバル関係は長引き、二人の対照的な統治は、新旧世界の相反するエトス縮図（訳註：メアリ一世がローマ教会支配下でカトリックの伝統に帰る道を選んだのに対し、エリザベス一世は国王による聖俗一元的支配を確立し、主権国家として新時代の商業帝国への道を突き進んだことを指す）を表しており、それがのちの世に紛争の種をまくことにもなった。この紛争は根深く、永久に時代を画した。一方は薄暗い過去の時代へと漂流し、もう一方は近代の重商主義を築き、大英帝国の黄金時代へと突入していった。

　一粒の真珠を巡る争いから全てが始まったことを考えると、なかなか興味深い話ではないかと思う。

えこひいき

宝石にはテューダー朝イングランドにおいて装飾品という以上の意味があった。公然として行うコミュニケーションの手段だったのだ。確かに、宝石は視覚的に自分の富と社会的なステータスを読み取らせてしまう。しかし、それだけでなく、身分や、社会的な繫がり、家系、友人関係や政治的な忠誠などを伝えた。宝石が外交のツールとして交換され、契約が調印されたり、協定が締結されたりすることもよくあったし、時には政治的、個人的な好意を表に表したり、言外の意図を表現したりもした。個人的なコミュニケーションとしては過酷な手段となることもあった。時によっては半拘束的な契約の場合もあった。こうした伝統のうち、現代社会に残っているものもいくつかある。花の冠や結婚指輪には、実際的な価値とははっきりと異なる、象徴的な価値が今日まで色濃く維持されている。

ヘンリ八世は好悪の表現が巧みな王ではなかった。アン・ブーリンの「ご機嫌を取る」ために彼は自分の正妻である王妃にも匹敵するほどの宝石を惜しみなく与えたが、はじめ彼女はそのほとんどを受け取ろうとしなかった。彼女は「キャサリンの宝石」、すなわち王家の宝石以外は何もいらないというわけだ。そののち、ジェーン・シーモアがやっとヘンリの一人息子エドワードを出産し、ヘンリは息子に対する愛情をただ一つの方法で表した。宝石の重量である。エドワードが父に宛てた手紙には次のようにある。「非常にたくさんの、そして高価な宝石を私に贈ってくださって、お礼を申し上げます。鎖、指輪、宝石の嵌ったボタン、首飾りの鎖、胸章のピン、ネックレス、装飾品、その他のたくさんの品物。こうした品々には父上の私に対する愛情がはっきりと表れております。なぜなら、父上が私を愛してくださらなかったら、こんなに素晴らしい宝石の贈り物をくださることはないでしょうから[3]」

エドワードの理屈はめちゃくちゃだが、少なくとも彼が二人の腹違いの姉達よりもいい位置につけていたということは言える。二人の娘達が敵対するように、ヘンリはどちらをひいきするか態度をコロコロ変えて面白がっていたが、彼女達は大体は、父親の愛情からも寛容さからも断絶されていた。

長女メアリは敬虔で独善的、ひとりよがり、陰気な性格だった。徹頭徹尾お母さんっ子で、圧倒的にスペイン好みだった。父同様に、頑固で気分屋であったため、事態は一層悪かった。両親の苦い離婚ののち、これらの気質のどれをとっても彼女の父親には愛しいと思えなかったことは明らかだ。

黒い目の魅惑的な女、アン・ブーリンの娘、エリザベスは統治者として、派手で尊大な父に多くの点でよく似ていた。しかし、若いうちは母親から受け継いだ邪悪な賢さと、可愛らしく相手を巧みに操る傾向が現れていた。また、彼女は頭がよく、美しく、カリスマ性があって、十四歳の時にはすでに何カ国語も外国語を操って男性を弄ぶことができたという。メアリとは異なり、彼女は完全にイングランド好みだったが、大陸風の直観力も教育で身につけており、ある種の道徳的な柔軟性も有していた。彼女もまた母親似で、母と同じ長い首と催眠術に掛かっているような黒い目の持ち主だった。*3

死んだ妻達のコピーのような娘達から批判の視線を浴びながら生きることは、ヘンリにとって非常に居心地が悪かったことは疑いない。彼女達に対する父親の気まぐれで、ほとんどの場面で非難に値する仕打ちだった幾分かについては、これでおそらく説明がつくだろう。王にとって、子育てが最優先課題でなかったことは幸運なことだった。それは新しい妻達に任せておけばよかった。

継母と怪物達

ヘンリがキャサリンを振り捨てて、アンに乗り換えた時、王妃キャサリンは道徳的にも法的、精神的にも一歩も譲らず、婚姻の取り消しに合意しようとはしなかった。メアリも同様で、母を否認しようとはしなかったので、ヘンリは彼女の相続権を全て、のちにその一部を取り上げた。彼はメアリから称号と宝石類も含む所有物を召し上げて、その一切を新しい王女エリザベスに与えた。メアリにとってとりわけ屈辱的だったのは、幼児だった妹の世話をする召使いとして働かされたことだった。

アンは長い間メアリを脅威と見なしていた。アンが男子の王位継承者を産むことに失敗した時は格別そうだった。ひと頃、「彼女は私の死、さもなければ私は彼女の死[4]」と言って、メアリを殺させるように働きかけたりしていた。伝記作家トレーシー・ボーマンによると、アンは「すぐさま、メアリの地位を邪魔するために自分の力でできることは何でもしようと決意した。彼女をすっかり滅ぼしてしまうとまでは言い過ぎだが、全てを彼女から奪い、エリザベスに与えようと必死になった。名前さえもである。新しく誕生した娘は洗礼を受けてメアリと名付けられるようにと、アンは強硬に主張していた[4]」。こうして、二人の娘達の間の戦いはその舞台がほぼ出来上がった。二人はありとあらゆるものを巡って争った。全て、まさに存在の権利さえも。

　そして、継母とはそういうもの、アンはかつての王女が赤ん坊の妹の世話をする時に大変ひどい扱いを受けるように仕向けた。赤ん坊を宝石で飾り立て、金糸のクッションに載せて、あちらこちらへとメアリに運ばせる一方で、アンはメアリが新たに落とされた身分にふさわしくないものは何一つ持たぬようにと命令した[4]。

　エリザベスとアンは、数年間はヘンリに愛されて過ごしたが、ついには彼女達もまた追い出されてしまった。アンが男子を流産してしまうと、すぐにヘンリは彼女を切り捨てるべく、画策し始めた。好機が訪れたのは、男好きのする王妃が不義を行ったという噂（おそらくは根拠のないもの）が流れた時だ。概して人気のなかった王妃の敵は多く、皆が結託して一〇〇人もの恋人がいるといった話をでっち上げた。恋人の一人には自身の兄ジョージ・ブーリンまで名前が挙がったという。この兄も含め、不幸な男達が数多く処刑された。

　アンは見せかけだけは裁判を受けるという敬意は払ってもらえた。そこでは不義密通、近親相姦から、魔法と国家反逆まで、ありとあらゆる罪に問われ、ついにはロンドン塔に投獄された。証人台に立つ番が来ると、彼女に対する全ての起訴事由を彼女は落ち着いて否定した。彼女の愛人とされた数多くの男達からは、拷問によって証言が引き出され、また恨みからか、野望からか、様々な「証人」が出頭した。

　様々にあった起訴事由のうち、とりわけヘンリはアンが魔法で彼を惑わせたと主張した。したがって、自分達は真実の結婚はしていないというのだ。この理由で、彼はエリザベスから正式に相続の権利を奪うことも厭いはしなかった。彼はエリザベスを庶子と見なし、彼女の母親と不正な愛人との間柄を前提に、ヘンリは自分が彼女の父であることも疑わしいとした。

アンの人生はこれで終わった。彼女は有罪宣告を受け、一五三六年五月十九日、処刑された。彼女がもたらしたその他の大きな変化の中でも、イングランドの王妃で初めて首をはねられたという、不名誉を彼女は受けることとなったのである。[5] アンが処刑されて二十四時間のうちにジェーン・シーモアが正式にヘンリ八世の婚約者となった。十一日後、彼らは結婚する。

ジェーン・シーモアは長くは生きられなかった。彼女はわずか一年半ばかり王妃の座にあったが、ヘンリの息子エドワードを産むには十分な時間であった。この王子エドワードのためにヘンリは国をバラバラに引き裂いてしまうことになる。王妃はエドワードの誕生後二週間で死去した。ヘンリはその後の九年間で三人の妻を娶り、もはや後戻りのきかない道を進みつづけた。その間、ヘンリの娘達は表舞台から退いていた。

国王は二、三年の間ジェーンの死を悲しんでいた。それから、プロテスタントの同盟国の王女、アン・オブ・クレーヴズとの結婚に同意した。ヨーロッパは宗教改革の嵐が吹き荒れ、宗教戦争に突入していた。イングランドは各地でプロテスタントもカトリック教徒も（主としてカトリック教徒を）追い出してしまい、正式に何らかの立場を表明する必要があった。アン・オブ・クレーヴズとの結婚は政治的同盟関係として（王より頭の切れる大臣達によって）意図されたものだった。しかし、ますます非理性的になっていたヘンリが実際にあまり美人でもないアンに会った時、胸の内にあったことをふと漏らしてしまう。彼は彼女のことを「フランドル女[5]」と呼んで、結婚することを拒絶したのだ。子どもじみたかんしゃくを起こして、相談役達から落ち着くようにとなだめられ、結局この少々みっともないけれども性格のよいドイツ人女性と、一五四〇年一月に結婚した。メアリがプロテスタントによって退けられている間、アンは賢くて早熟の義理の娘エリザベスに気に入られ、二人はとても親密になり、それは何年も後にアンが死ぬまで続いた。彼女は少々垢抜けしていないところがあったが、親切な義理の母で、優しい協調性のある妻だった。にもかかわらず、ヘンリは彼女については何もかも気に入らないと言った。彼女の顔を見ただけで不能になったと伝えられる。彼は結婚を解消したくなった。

アンはおそらく彼女の前の王妃達よりも少し頭が切れたのだろう。にこやかにヘンリに同意した。結婚式後六カ月で婚姻は解消となり、ヘンリの婚姻を無効にしたいという希望がこれまでの例と異なって、好意的に受け入れられたことに感謝して、王は彼女に宮殿と年金、それから「王の妹」という尊称を贈った。

こうして、子ども達皆に対してとても優しかった、たった一人の継母をヘンリはさっさと追い出してしまった。わずか十六日後にはヘンリは五番目の妻、キャサリン・ハワードと結婚した。彼女はアン・ブーリンの従妹で、ふしだらで頭が空っぽの十代で、王よりも三十歳以上年下だった。二年半を越える結婚生活で、彼女は王妃のような振る舞いをしようという努力を全くしなかった。そして、結局、狭量で執念深い継母であった。彼女は自分のことを認めないと公言していたメアリよりほぼ十歳も若かった。自分に対して敬意を表さないメアリに対する仕返しとして、キャサリンはメアリの侍女達を首にして、公の場で彼女のことを侮辱しようとした。

しかし、ヘンリはキャサリンに夢中だった。年老いた愚か者達が往々にして若いふしだらな女に対してそうであるように、彼女のことを「とげのないバラ」と呼んだという話は有名だ。よくある話で、年老いた性的倒錯者は、間抜けな新しいおもちゃに金や贈り物を非常に長い紐付きで、たっぷりと与え、思いやりを注いだ。結果、その長い紐はキャサリンが自分で自分の首を絞めるにも十分な長さだったということだ。婚前の、数々の性的関係については誰もが喜んで無視した。しかし彼女は新しい恋人を作ることを決してやめなかった。彼女が好色なティーンエイジャーで、結婚相手がよく肥えた、感情的にころころ気分の変わる激しい性欲を持った、足潰瘍[*4]の老人だとしたら、彼女が外に恋人を求めても責めるわけにはいかないだろう。

しかし、ヘンリは違った。

一五四一年十一月には、彼女の無分別な行動の数々については、知っている者もいれば、疑っている者もいた。黙っている代わりにと言って彼女のことをゆすったりする者も現れた。ついに、クランマー大司教は、彼女に不利な証拠が非常に多く、王様に申し上げる以外に方法はないと言った。無実だった従姉のアンの場合と違って、ヘンリはどの起訴事由に対しても信じようとしなかった。何かと理由を付けて、彼はこの件に関してはさらなる調査にまかせるとした――ひょっとすると彼は本当に彼女の無実を信じていたのかもしれない。

ところが、全てが明らかになってみると、真実はヘンリが想像していたよりひどい内容だった。この時もまだ彼女の性的魅力の虜だったヘンリは、その知らせを非常に重く受け止めた（閣僚達の面前で涙を流したとされる）[5]。護衛兵達が不意を突いて押しかけて王妃を逮捕しようとした時、彼女は夫に嘆願を試みたが、王はじっとその場を動かなかった。人々の見ている中をキャサリンは髪の毛を捕まれて廊下を引きずられていった。そこにはエリザベスもいたという[6]。王妃は一五四二年二月十三日、タワー・グリーンで処刑された。ロンドン塔のセント・ピーター・アド・ヴィンキュラ王室礼拝堂に、不名誉の従姉、アン・ブーリンの近くに葬られている。キャサリンが去って行くのを見てメアリが喜んだことは確かだったが、エリザベスが心に非常に深い傷を受けて、決して結婚はしないと強く主張したことは、今日でもよく知られている話だ[4]。

ヘンリの六番目の、すなわち最後の妻、キャサリン・パーは分別のある女性で、すでに二度の結婚で未亡人となっていた。三十一歳、経験豊富な継母だった。彼女は何より年老いて病気がちの王の話し相手となった。非常に教養のある女性で、実は密かにプロテスタントの改革派でもあった。最も重要な点は、彼女が国王とうまく付き合うことができるほどにしっかりと外交術を身につけていたことと、賢明にも彼を操ろうとしなかったことだ。彼女はエリザベスに大きな影響を与え、ヘンリの死後もエリザベスとエドワード双方の保護者として接し続けた。

エリザベスとその弟の保護と教育以上に、キャサリン・パーがこの物語の中で果たした重要な貢献は、ヘンリと二人の娘達の仲を修復し、彼女の一押しが功を奏して、二人を王位継承権保持者の地位に戻したことだ。彼女達を姉妹として結びつけただけでなく、王位に就くチャンスを与えたのだった。

血まみれのメアリと処女女王

度重なる勘当の後に続く前言撤回、追放、大切な持ち物を罰として取り上げ、他の者達に分け与えるといった、十年を超える虐待を受けた後、この二人の腹違いの姉妹達は、さぞ支配的でサディスティックな父を憎んだことだろうと想像するかもしれない。しかし、そうはならず、彼女達は父を崇拝した。その代わりに、お互いを憎みあったのだった。

さて、メアリはエリザベスをひどく嫌った。エリザベスの母、アンも、プロテスタントも嫌悪した。のちにメアリが「血まみれのメアリ」とあだ名されるようになったのは、彼女が行ったイングランド国内のプロテスタントに対する迫害（彼女は徹底的に行うことを好んだ）がその理由だ。財産を厳しく取り上げられたことも、その後数年にわたって続いたみじめな生活に対しても、初めは継母を、のちには妹をも非難した。メアリは王位に就くや、寛大な態度を取ろう、姉らしく振る舞おうと努めたが、長くは続かなかった。急速に苦い思い出の全てが、怒りやあざけりが噴出してきて、その大部分が妹に向けられた。

エリザベスのほうは姉より持ち手をなかなか見せなかった。しかし、人から顎で使われるのが大嫌いであることは明らかだった。メアリの統治時代のほとんどをエリザベスは疑り深い姉の命令による体のいい自宅軟禁状態で過ごした。とばっちりを受けないように、できる限り田舎の自分の領地に隠れていた。しかし、そのうちに彼女は何十年か前の母と同じく、思い至った——メアリが問題だ。どちらか一人、死ぬしかない。

二人の姉妹は緊迫した関係だったと言えば、十分だろう。

メアリもエリザベスもこうなるしかなかったのだ。すでに述べたように、メアリが厳格で敬虔であるのに対して、エリザベスは芝居じみたところがあって、魅力にあふれていた。エリザベスは若くて美しかったが、メアリはまるっきり異なっていた。リーダーとしても、その思想性も、彼女達はまるっきり正反対だったのだ。エリザベスは生まれついての政治家で、進歩的な思想の持ち主だった。教育の程度が高く、絶対に非を認めない知性派だった。彼女は国を動かして輝かしい新時代へと進んでいきたいと思った。メアリは、一方では純粋な信仰心から、また他方、カトリック教会を通じて母の仇を討ちたいと公言して、後ろ向きに猛進撃を続けた。ローマ教皇庁とイングランドの決裂以前の、自分の子ども時代の古い秩序に、この世界は戻らなければならないという強い信念に凝り固まっていて、メアリは全く手に負えなかった。

メアリは熱烈な信者で、自分の家系に連なる人々が言うようにプロテスタントに対しても、また偽改宗者は言うに及ばず、その他の非カトリック教徒に対しても非寛容であった。彼女は母のように純粋に信仰に厚く、誰に聞いても霊的で、謙虚、そして寛大だったという。不幸にして、父王のように、人生の半ばで狂気に走ったようである。

三十代の頃、かつて長い間虐げられた聖女はどんどん偏執狂的に、気まぐれで暴力的に、妄想を真実だと思い込むまでになった。彼女は自分の妹が陰謀を企んでいると信じた。実際には周りの者達全てが自分を裏切ろうとしていると信じるようになったのだった。異教徒を数多く火あぶりの刑に処したため、あの忌まわしい名で、歴史上永遠にその名を知られることとなった。

大量惨殺については弁護不可能だが、それでもメアリを弁護するとすれば、彼女はその人生を筆舌に尽くしがたい苦しみの中で過ごしたのだった。エリザベスの母、アン・ブーリンのせいばかりではなかった。歴史の急流に翻弄され、自分の利益だけを求める継母が入れ代わり立ち代わり現れた。同じことはエリザベスにも言えた。エリザベスの場合はひどい目に遭わせたのは姉だったが。宮廷の貴族達は彼女が女王になるまで（おそらくはその後も）こぞってエリザベスのことを私生児、その母のことは「ひどいあばずれ女」と呼んだのだった。というわけでテューダー朝イングランドでは楽な人生を送った者はいなかったようである。それでもこの姉妹達はどちらも生き延びて、正しい手続きを経て王位に上った。しかし、若い頃の苦難はメアリを偏執狂的で頑固にし、同じくエリザベスは賢明で融通の利く人物に育てたのだった。

ヘンリが一五四七年に死亡した時には、文字通りにも比喩的にも、この国はばらばらで内戦のさなかにあった。ヘンリの修道院解散法は修道院から権威や土地、財産を取り上げ、没収した財産は王自身と貴族に再配分するというもので、これによりイングランドとローマ教皇庁との繋がりは断絶し、イングランドにおける宗教上の至上権は国王のもとに置かれることとなった。すでに生じていたプロテスタントとカトリック教会との間の深い断絶はさらに悪化することになった。ヘンリは自分の後継者についてだけは混乱のまま残すことはなかった。覚えておられるだろうか。病気がちの男児、エドワードがいた。最初の妻、キャサリンも、二番目のアンもどちらもジェーン・シーモアと結婚した時にはすでにこの世を去っていたので（アンの場合はほんの数日差）、エドワードの正統性ついては何の問題もなかった。この子は男子で、嫡出の子で、そして法定推定相続人だった。ただ、彼は当時まだ子どもで、十年に満たない期間だったが、摂政の時代、権力の奪い合い、クーデター、陰謀の計画などを経て、エドワードはおそらくは肺結核と思われる病魔に倒れることになるのだ。

王位継承に連なる次の人物がエドワードの姉のメアリ・テューダーだという事実に、カトリックとプロテスタントはどちらも同じように神経を尖らせていた。プロテスタント教徒達は、この先何が待ち構えているのかと恐れおののいていたし、カトリック信者達も、いくら信仰が篤いといっても、女が王座に在るということを快く思っておらず、動揺していた。いずれにしても、「女であっても、彼女はテューダー家に連なるのであり、イングランドのほとんどの人の目にはたった一人の真の王位継承者だった[4]」。言葉を換えれば、一五五三年夏のあの時点で、彼女が一番ましな選択肢であり、「民の声は天の声」と宣言して、メアリは、最初にして最後の人気急上昇の波に乗ると、瞬く間に王座に就いたのだった。[*5]

彼女の人気は長くは続かなかったが、それでも続いている間は、見た目のいいものだった。寛大な気持ちになって、田舎から王宮への行進では妹のエリザベスを誘って隣に並んで進んだ。伝記作家、トレーシー・ボーマンはこの場面を次のように描写している。「メアリは異母妹を抱きしめて、同席の女性達に順番にキスした。その後、彼女達に宝石の贈り物をし、エリザベスには白いサンゴのビーズが金で縁取られている見事なネックレスとルビーとダイヤモンドのブローチを贈った。続く祝宴では、新女王は異母妹に自分に続く上席を与え、彼女を常に自分のそばに置きたいと切望しているかのように振舞った。メアリの即位は二人の姉妹の間の古傷を癒やし、それ以後二人はお互いを愛し、調和を楽しむだろうとさえ思われた。この時、二人の関係は束の間の最高潮に達していたのである④」

しかし、メアリとエリザベスがロンドンの街路を進んでいた時、「不和の種子はすでにまかれていたのだ④」。メアリは無骨で周りに不愉快な感じを与え、国民の待ち望んだ女王とは到底言えなかった。彼女には強い帝王という印象もなかったし、女王としての魅力的なところもなかった。「父親のような群衆を魅了し、虜にする能力が欠けていたメアリは、沿道の声援にぎこちなく応えながら、人々の間を進んだ。その姿はよそよそしく高慢に見えた。一群の貧民の子ども達が女王に敬意を表して詩の一節を歌った時のことが非難を込めた調子で記録されている。女王は『子ども達に向かって何の応答もしなかった』という④」

エリザベスのほうは、父親譲りの天然の演劇の才があって、媚びるような美しさは母親似だったが、メアリにとってなんの慰めにもなるはずがない。ボーマンは次のように述べている。「対照的なエリザベスは、ヘンリ八世の社交の才能をたっぷりと受け継いでおり、彼女が淑やかに頭を下げたり、手を振ったりすると、多くの注目が彼女に集まった。そして街道に押し寄せた群衆は皆、自分一人に挨拶してくれたように感じたのだった④」

エリザベスの人気は彼女の外見と人を魅惑する力に支えられていた。ちょうどピッパ・ミドルトンが姉の結婚式でその美貌に注目を集めたように。彼女はメアリの勝利の行進で姉から世間の注目を奪った。彼女はアン・ブーリンが持っていたのと同じ、「男を引き寄せる名状しがたい魅力」を放っていたと描写された。ボーマンによると、「『中背というよりむしろ低い』と形容された姉より背も高かった」という。言い換えれば、メアリは十六世紀の話としても背が低かったのだ。さらにまずいことに、「まだ三十代の半ばだというのに、メアリは年よりずっと老けて見えた。若い時分の混乱と悲嘆で彼女はすっかり老け込んでしまい、陰気でいかめしい顔つきをしていたのでは、しわの刻まれた顔を上げることなどできなかったのだ④」。彼女に人気の集まった時間は、滑稽なくらい短かっただけでなく、(姉妹の間、エリザベスとアンの間の両方で)比較は何度も声高になされた。気楽な関係だったことなど一度もない二人の姉妹だったが、その関係が急降下し始めるのはいよいよここからだ。

二人の女の子と一粒の真珠

王宮では、大体はメアリが原因だったのだが、二人の姉妹の関係は急速に悪化した。メアリはひどく偏執狂的になっていた。スペイン大使は、プロテスタントの王女が王座につく前に息の根を止めたいと、エリザベスが絶えまなく陰謀を企んでいるとか、女王を侮辱しているとか、メアリに告げ口してきたが、慰めにもならなかった。女王メアリはまずヘンリ八世の最初の結婚が法的に正しいことを宣言する法案を議会で成立させた。これによってメアリの正統性は再び認められ、同時にエリザベスを不遇に追いやることができたが、メアリの疑り深さは変わらなかった。エリザベスがミサに参列することも、カトリックへの改宗も拒否していることは、カトリック色の濃いメアリの新しい宮廷(と国内)において問題だった。エリザベスはごくたまに参列するようなふりをしては喜ぶメアリを毎度欺いた。このような行動は女王を愚弄しているように見えたし、自身も馬鹿にされているように感じて、うぬぼれの強い妹に対する怒りをさらに激しくした。

やがて事態は相当険悪になり、エリザベスは身を隠す必要を感じるようになった。エリザベスは宮廷を去って、田舎に居を構える許可をメアリに求めた。運悪く、エリザベスが宮廷を出てすぐ、サー・トマス・ワイアットの若いほう(詩人トマス・ワイアットの息子。同名の父のほうはアンの愛人の一人だと言われているが、かなり信憑性が高い）がメアリに対して大規模なプロテスタントの反乱を起こした。

エリザベスはこの反乱とは何の関係もなかった。当のトマス・ワイアットも処刑される前に彼女が関与していないことを断頭台の上から証言したが、いずれにせよ、メアリは妹が無実だと決して信じようとはしなかった。おそらくはエリザベスが王権に連なる次の位置にあったためだと考えられるが、メアリの最側近達は、王位に就いた初日から彼女の耳に、エリザベスに関する悪意に満ちた流言をささやき続けていた。また、プレッシャーの中にあって、しかもこの時期すでに彼女の人気が地に落ちていたことを考えれば、メアリは神経を病んでぼろぼろだったのだ。エリザベスが陰謀に関与しているという単なる噂だけで、メアリは制御がきかない恐慌状態に陥った。女王はエリザベスを投獄する決定を下した。その母、アン・ブーリンと同じように人々が死に赴いた場所、ロンドン塔だ。

エリザベスにもわかっていた。群衆がまれに見るパニックを起こしている最中、エリザベスはロンドン塔へと収監される船から降りることを拒んだ。そして、頑として中へ入ろうとせず、土砂降りの雨の中、門の外の暗がりの中で座り込んだ。やがて彼女は落ち着きを取り戻し、牢に入ることに同意した。彼女が塔内にいたのは一五五四年の三月から五月までだけだった。その三カ月間、恐怖におびえ、容赦のない尋問を受け続けた。妹を処刑せよとのメアリからの猛烈な要請にもかかわらず、エリザベスの罪を立証する証拠はついに何も出てこなかった。法的見地から言って、エリザベスを処刑すれば殺人以外の何ものでもなかっただろう。ついに、メアリはエリザベスを解放した。武装した監視人のもと、エリザベスは自分の領地に住むことを許されたのだった。

その間、メアリはその信心深さから、女性が一人で統治するべきではないという保守的な意見に賛同するようになった。三十七歳という年齢では、結婚相手を選んでいる時間的余裕はなかった。そこで急いで王となる人を探し始めた。そしてスペインのフェリペ二世と結婚をするという考えに落ち着いたのは驚くような話ではなかった。彼の肖像画を見た瞬間に、恋したのだと彼女は主張した。彼女は真剣そのもので、閣僚団からの「どんな反対意見も許さなかった」[4]という。全く気がつかなかったのか、あるいは全く気にしなかったのか、いずれにしても彼女は貴族達も一般の民衆も同じようにひどく怒らせることになる。

スペイン王の王妃になるということが一つ、スペインの王がやってくるということがもう一つ。スペインは件の新世界から来る資金のおかげで当時の世界最強国だった。そして、外国嫌いのイングランド人は自国が完全にスペインの支配下に入ると感じたのだ。もしもメアリとフェリペの結婚が長く続いていれば、そうした見方が正しいことが判明したことだろう。

結婚の準備は着々と進んだ。メアリがフェリペの望みに逆らう気のないことは、じきにわかってきた。エリザベスを自宅軟禁から解放して、宮廷に呼び寄せ、仲直りをすべきだと主張したのはフェリペだった。メアリはその考えを嫌悪したが、しぶしぶフェリペの命令に従った。結局、メアリは恋する乙女になっていたのだ。フェリペは美男子で魅惑的、自分より十一歳も若かった。彼女はくすくす笑う若い子のように振る舞って、他にほとんど

何も話さなかった。率直に言って、三十七歳という年にもなって、彼女は少しばかり物笑いの種になってもいたのだ。側近達はついにあきらめて、婚姻に同意し、婚前の取り決め書（これは離婚の場合の財産配分が含まれる）作成に打ち込んだ。これは古今を通じてまれに見る中身の濃いものとなった。その中にはイングランドはスペインが行う戦争に兵を徴収されることはないといった条項が含まれていた。また、フェリペはイングランド王室の宝石に対して独自の権限も、またいかなる権利も有しないとされた。ところが、のちになって明らかになるが、メアリはこうした条項のほとんどについて実際に適用することを拒否するのだ。*6

フェリペが結婚の贈り物としてメアリに件の真珠、ラ・ペレグリーナを送ってきたのはこの時である。この真珠は「イングランド宮廷の奇跡」[7]となった。かつて誰もこのようなものを目にしたことはなかった。のちに「真珠の時代」と呼ばれるようになる時代のごく初期のことだ。これは世界で最も完全で最も価値ある真珠と考えられたのである。

エリザベスはこの真珠を目にするや、欲望の虜になっ

た。

真珠——女神が流した涙

真珠は人間が道具を使うようになったのと同じ頃から価値のあるものだった。最も古くから宝石として広く認められており、石器時代の墳墓の中で化石化したものも発見されている。おそらく真珠が初めから完成形であるためだろうが、光を発する美しさを引き出すためのカッティングも研磨も必要ない。洋の東西を問わず、多くの古代文化の中で真珠は月とその神話に始まり、愛や純粋性、傷のない完全性に至るまで、実に様々なものを連想させてきた。真珠は女神達が月の光の下で流した涙からできたという信仰は、古代近東では所によって何千年も根強く残っていた。

富裕な人々の間で階級を表す手段として真珠を使用することは古代に遡る。古代ローマでは、ジュリアス・シーザーが贅沢禁止令を発布し、特定の階層の者にのみ、

真珠の着用を許した。中世のフランスやイタリア、ドイツでは、この慣行が復活し、真珠の所有を貴族達だけに制限した。イングランドではエドワード三世がこれをさらに推し進めた。誰が特定の宝石を身につけることができるかを定めただけでなく、各社会階級に対して、装飾品の複雑な制度を打ち立てた。

真珠は非常に多く消費されたにもかかわらず、長い間霊性への連想があったことから、その利用は宗教上の目的に限られていた。明らかに女性性を表す女神のいるところには真珠があった。ローマでは「神話の中で海中の貝から現れるとされる愛と美の女神、ヴィーナスに捧げられる」[①]ことが最も多かった。ギリシャの物語では、海から姿を現したアフロディーテの身体からしたたり落ちた水のしずくが真珠になったとされている。真珠はそれを創り出した創造主の性質をいくらか保持していると信じられた。目に見える輝きと永遠に続く純粋性の両方である。さらに言えば、エジプトの母なる女神イシスに、中国では、その伝説的美しさは天の国より他に並ぶものがないという真珠の乙女、西施に、真珠は象徴的に結びついている。宝石と宗教との繋がりは洋の東西を問わな

いのである。宗教的文化はそれぞれに異なっていても、伝えるメッセージには共通のものがある。輝く明るさは神的なものに最も近いのだ。

供給と需要の綱引きにかかわらず、真珠を手に入れることは常に困難だった。大体は真珠が海中の、しかも別の生き物の体内にできるという、独特の形で存在することが大きな理由だった。その他の多くの宝石と異なり、真珠は石ではない。別の生物が作り出す生物的な副産物なのだ。砂粒が貝に炎症を起こさせて、その周りに真珠を成長させるのだという話がよく聞かれる。砂粒がなければ真珠が成長しないという点以外は、この話は正確だと言える。真珠はレンガの壁のように互い違いの層状に成長する。これによって、真珠はクリスタルでないが、生きた細胞組織内で分泌されたものが沈殿し鉱物化した、唯一の貴石となるのである。腎臓結石と同じことだ。セクシーな話ではないか。

実際、真珠は生物学的に見て二つの動物の副産物である。砂の代わりに、真珠貝は[*7]感染物質（ロマンチックな話では決してない）、あるいは寄生生物、通常は非常に小さな寄生虫（失礼！）のようなもの、あるいは貝殻に穴を開けて入り込むデトリタス（プランクトンの死骸など）の小さなかけらが腐敗しているものを取り込む。動物がそれを排出できない時には、自分自身を守るために次なる選択肢を選ぶ。害となるものを包むのだ。寄生物質や感染物質などが無害となるまで、一層また一層と自分の分泌する有機物質で侵入物の周りを取り囲むのである。ごくまれには、微小な魚やその他の海生生物が真珠貝の殻の中にもぐり込み、原理的にはワニスで生きたまま閉じ込められて、その形を保っている例もある。

母なる大自然は気まぐれである。

真珠はほとんど炭酸カルシウム（$CaCO_3$）で、二通りの結晶構造がある。アラゴナイトと方解石だ。そのうち方解石のほうが安定した物質である。アラゴナイトと方解石は同じ成分でできている。しかし分子は異なる構成で、この両者の多形体には相当異なる特性が現れている。それはちょうどダイヤモンドとグラファイトと同じで、詰まるところは原子がどのように積み上がっているかの問題になる。実際、アラゴナイトは加熱すると方解石に変化するのである。[*8]

しかし炭酸カルシウムが真珠全体を組成しているのではない。真珠の体積の一〇パーセントから一四パーセントは多糖類とたんぱく質の混合物であるコンキリオンでできた多数の有機細胞膜から組成されている。さらに残りの二パーセントから四パーセントが水である（これが加熱してはならないもう一つの大きな理由だ）。真珠は玉ねぎのような同心の層でできている。真珠貝は侵入者を極薄の有機細胞膜のコンキリオンとアラゴナイトの真珠層（真珠母）で何層も包み込んでいく。

玉ねぎの場合とは違って、真珠を形成している層（この場合は硬い真珠層とねばねばした有機細胞膜）は不定形だ。各層は一段一段それぞれが出来上がるのを待っていないので、順に同心の輪の形で形成されるわけではない。「バイオミネラリゼーション」として知られているプロセスの中で、二つの全く異なる物質が、ちょうど煉瓦とモルタルのようにちりばめられるのだ。アラゴナイトの真珠層は輪郭のはっきりとした六角形のクリスタルのレンガを形成し、これがモルタルのような働きをする有機化合物のコンキリオンによって不規則な配列で固定される。

様々な厚みとクリスタルのレンガと肉質のモルタルとの構成によって、真珠の光沢と虹色が決定される。真珠の光沢、つまり、いかに輝いて光をどれほど反射するかは、曲線を描く鏡のような表面によってある程度決まる。この表面は非常に硬質でひっかき傷にも強く、レンガのような働きをするアラゴナイトのクリスタル層でできている。曲線が滑らかであればあるほど、表面は傷のない状態になる。そしてつやがよければよいほど、輝きは一層明るくなる。しかし、真珠はただ表面から輝くというだけではない。一粒の真珠はクリスタルと細胞組織の何百万という層からできていて、光は単に表面でのみ反射して煌（きら）めくのではない。レンガ状の六角形のクリスタルの間にできた何百万もの微細な隙間で光は真珠の表面を貫いて出ていく。ちょうど太陽光線がぼろぼろの壁を通り抜けて輝く時のようだ。水の中で光が拡散するのと同様に、一度真珠の内部で光が拡散すると、真珠は内側から発光する。言い換えると、実際に内部から光り輝くように見える真珠もまれに存在するのである。

このレンガは直線で積み上げられていないため、真珠は「回折」と呼ばれる視覚現象の恩恵を受けている。いったん光の光子が真珠の表面を貫通すると、光子は不規則に置かれたクリスタルのレンガにぶつかって飛び跳ね、たくさんのピンボールのように飛び散る。レンガは透明で、モルタルは白色から黒色までの間の様々な色だが、不透明なので、真珠の外見は実に多様だ。

単純に言って、真珠には人を虜にする魅力がある。なぜなら、人間の目が美しいと感じるほとんど全てを有しているからだ。真珠は表面で輝きを発する。回折、あるいは真珠光沢というものだ。また、硬質の反射しやすい表面のおかげできらきら光を反射する。さらに、真珠内に侵入した光は拡散して光を放つ。実際に真珠は美しい。汚染物質の残骸を、あるいは周りをくるまれた寄生生物の死骸を見ているのだということをつい忘れてしまう。

メアリの真珠

当時、真珠は数が常に少ないし、生産することも困難だった。したがって、希少性効果と需要と供給の法則の間で、真珠は常に金(マネー)の性質を備えた宝石である。しかし、フェリペ・ラ・ペレグリーナはそれを超えるものだった。フェリペはなぜ婚約者にルビーやダイヤモンドを贈らなかったのか。特大のエメラルドでなかったのはなぜか。そちらを選んだほうがわかりやすいだろう。つまるところ、これがスペイン帝国のやり口だったのだ。しかし、後になってわかるが、スペインにはエメラルドがうなるほどあったというだけではなかった。

もともと、コロンブスは自分が発見した土地から得た利益の一〇パーセントを約束されていた。ところが、彼は自分が見つけた財宝を一部公表しなかったことで、その結果、国王から不興を買った。彼が失ったものは、身体の自由の他にも、冒険の末に得た賞金が取り上げられたことは大きかった。国王と交わしていた合意のもとともとの条件は、五分の一税と決まっており、つまり新大陸で得られた全ての利益の二〇パーセントが直接国庫に納められることになっていた。かの地にあった利益。新大陸からは大量の真珠が産出され、そのためアメリカは「真珠の土地」と呼ばれた。十六世紀自体も「真珠の時代」と呼ばれるようになった。シカゴのフィールド自然史博物館の学芸員によると、「一五一五年から一五四五年の間に多くの真珠が流通するようになった可能性が高い。……比較可能な時代を見ると、後にも先にもこれほど多かった時代はない[1]」という。養殖真珠の時代以前では、ラ・ペレグリーナだと現在主張されている真珠は、どちらも女王に贈る品として立派なものだったと言えよう。

　真珠は供給が不確実であるため、歴史上最も一貫して価値ある宝石の一つになっている。十六世紀には王権との結びつきは濃厚で、ほとんど排他的ともいえるものとなっていた。その神秘的な肉質の起源とも相まって、独特の外見的な特徴は、真珠に常に神秘性と官能性を結びつけた。また、その白い色と関連して、女性性と処女性、キリスト教といった、古くからあったイメージと繋がった。非常に大きな粒の真珠は、新しく戴冠したばかりの、カトリックを深く信仰している女王、三十七歳の処女の花嫁で、王としての自分の地位について不安定なところのある女性に贈るにはよい選択だったのである。

　しかし、これではまだ我々の質問に本当に答えているとは言えない。今や真珠は新大陸からあふれるほど流入してくるようになった。そしてスペインが新世界のほとんどを所有していた。他の婚約指輪と同様、ラ・ペレグリーナは新婦に喜ばれる目的と同様に、他の人々に見せるという目的で贈られたのだった。スペインの婚約者からの特大の真珠は非常にはっきりとしたメッセージをメアリに、そしてイングランドの人々全てに対して送るものだった。また、このメッセージは共通のカトリック信仰と婚姻の意志というだけではなく、四十歳近くまで処女であったことへの褒め言葉（なかなか印象的）でさえあった。

　それは富と、権力、そして地球規模の覇権を見せつけるメッセージだったのだ。

　メアリがその重要な点をつかんでいたかどうかはとも

かく、国内の彼女以外の人々にはよくわかっていた。そして、それによって、新女王が、さらには間もなくこの国の王となる婚約者が、疲弊したイングランドの庶民から慕われるようになったとはとても言えなかった。不快で、派手好みの、重々しいローマ・カトリックの結婚式の後、スペインからの金が積まれた二〇台の荷馬車がロンドンの街中を行進したが、いずれも役に立たなかった[8]。宮廷で、国中での反スペイン感情は日々熱を増してきた。幸運にも、結婚生活はごく短いものとなった。

　短いが悲惨な結婚だった。

最悪の三つの道

　メアリとフェリペは一五五四年七月二十五日に結婚した。メアリはうれしさで有頂天になった。しかしフェリペのほうはイングランドの全て、天気から国民まで、全く気に入らなかった。十分に如才ない態度を見せてはいたが、彼は特に自分の新しい妻にうんざりしていた。メアリはフェリペより十一歳も年上で、彼の意見（だからといって全く不正確というわけでもない見方）では、メアリはごく平凡な容貌で、粘着質、総じて期待はずれだったのだ。また、イングランド議会が、フェリペがメアリと共に王位に就いて共同統治することを拒否したといういきさつもあった。スペイン皇帝の息子にとって、女王の配偶者というだけの扱いを受けることは屈辱的だった[8]。

　メアリのほうはと言えば、イングランド宮廷の怒りを買ってまでフェリペの要求に従うと言い出しかねなかった。メアリが議会を無視してフェリペを王位に就けるのではないかといった噂さえ流れた[8]。メアリが懐妊したと発表したのは、結婚後わずか数カ月後、女王と宮廷との間の緊張が爆発寸前まで高まっていた、ちょうどそんな時のことだった。彼女の肩を持っていえば、妊娠しているかに見えたのだ。月経が止まり、母乳の分泌があるように見えた。しかし実際は妊娠ではなかった。何カ月もの間常軌を逸した期待と準備、公式の発表が行われた挙句に、何もなかったのである。彼女にしてみれば、公の場での屈辱的な出来事で、これが二度あったうちの一回目、死に至ったその原因が何であれ（プロラクチノーマとのちに歴史家は推測している）[*9] 彼女の妊娠は間違いだったのである。

メアリはこの時期から完全に過激すぎる行動をとるようになったといっても差し支えない。イングランドをローマ・カトリック教会に戻しただけでは飽き足らず、一五五四年から一五五五年にかけての一年に、メアリはプロテスタント信者に対して凶暴な迫害を行って、多数の国民を拷問にかけて殺害した。この時およそ三〇〇人がはりつけにされて火刑に処せられた。スペインからの派遣団すら、女王は度を越していると考えた。「おまえの聖戦だが、中休み（現実にそうなった⑤）としたらよかろう、荷馬車から車輪が外れておるぞ」と、これが熱烈なカトリック信者の夫の言だという。

一五五五年四月、実は妊娠していないメアリに前駆陣痛が来るまで、エリザベスは再び自宅軟禁されていた。エリザベスはウッドストックから姉のいるホワイトホールに呼び出された。これは心温まる姉妹愛の表現と見えるかもしれないが、実際は、エリザベスは万が一陣痛の間に女王が亡くなった場合のために呼ばれていたのである。

さあ、ここからが話の佳境だ。フェリペはエリザベスが到着した数日後、この王女と内密で面会した。エリザベスはおそらく彼を夢中にさせたのだろう。⑥ 彼は大変価値のあるダイヤモンドをエリザベスにプレゼントした。四〇〇〇ダケットのただの贈り物⑧（おおよその比較をするなら、今日の二三〇〇万ドル〈訳註：約二五億円〉——新しくできた義理の妹に対するお近づきの贈り物としては悪くない品だ）。その後、彼は妻にエリザベスを許すように主張したと伝えられている。フェリペの強い希望で、メアリはエリザベスと和解したか、あるいは少なくとも和解したふりをした。かなり後になって、彼の妻が死の床に就いて、子どもができないことが明らかになると、フェリペはメアリに彼女の王位継承者としてエリザベスの復権を命じたのだった。

何年も後になって、フェリペは一目会った時から自分に恋するようになったのだとエリザベスは人々に語る。この問題についてフェリペは沈黙を守っている。この二人の間に何らかの相互理解があったとか、仕事上に実際の取り決めがあったとか、何の記録も残ってはいない。しかし、フェリペがエリザベスに会った時にはすでに、メアリのほうは役に立たないとはっきりわかっていたことは間違いない。フェリペはエリザベスに恋していたのかもしれない。欲望に駆られていたのかもしれない。あるいはまた、先のことを考えて、次代の女王に売り込みをかけておきたかったのかもしれない。それは問題ではないのだ。いずれにしても、彼はエリザベスがよかった。メアリでなく。そして人々もまたそのことに気がついていた。

八月には胎児が宿っていないことが明らかになり、無様なありさまになる。九月四日、フェリペは別の場所での任務に呼び出されたと言ってイングランドを去った。[*10]彼は二年間イングランドに戻ろうとはしなかった。彼の留守中、エリザベスは以前よりも寛大な自宅軟禁が許され、メアリはヒステリーの発作に見舞われて、泣いたり、何かにこぶしを叩きつけたり、密かに私生児の妹を呪ったりした。一五五七年六月、滞在期間はわずか一カ月だったが、フェリペは戻ってくると、スペイン・ハプスブ

ルク家のフランスへの侵略に支援を求めてきた。綿密に練られていた婚前同意条項では明示的に禁止していたにもかかわらず、メアリはもちろん全面的な支援を与えた(何よりも金を出すという意味だ)。メアリが大金を自分の財布から出したという話ではなかった。フェリペの二度目の訪問によって起きたことといえば、二度目の偽妊娠とフランス国内にあったイングランドの最後の領土、カレーを失ったことに尽きる。

ヨーロッパの嘲笑の的、自分の国民の大多数からは憎まれ、夫に見捨てられ、そして若くて健康な妹に悩まされながら、メアリは衰え始めた。その年の九月、フェリペは妻の危篤を伝えられた。それに応えるように彼はエリザベスのもとに使者を送って結婚の申し込みをしたのだった。

憎しみ

そういうわけで、メアリはフェリペに熱を上げ、フェリペはエリザベスがお好み、エリザベスの心は代々伝わ

る宝石に。ああ、恋の三角関係……。

フェリペにしてみれば、メアリとの結婚は政治上の便宜的なもので、その手のものとしてはあまり有効ではなかった。彼の友人で結婚式の招待客の一人、ルイ・ゴメス・デ・シルヴァは、「この盃を飲み干せるのは偉大なる神のような人物だ[3]」と書いている。したがって、結婚後数年にしてメアリが亡くなった時、彼は憔悴したというわけでもなかった。まるで平気で、ずっと若いメアリの妹に間髪入れずにプロポーズしたのだった（好みという点では、妻を打ち首にして、無学でふしだらな十代の従妹と結婚するのにも劣らない。これぞテューダー家の血筋）。決して結婚しないと心に誓ったと思われるエリザベスはこの申し出を個人的にも政治的にも不快なものと思い、はっきりとその意を伝えた。

姉妹の間に一生続いた怨恨の理由は明らかだった。それよりも少し不思議なのは、当時イングランドとスペインの間に存在した憎しみと、緊張感の奥底にあったものだ。何十年もの間、両国はいわゆる冷戦状態にあった。しかし、それはなぜか。なぜ、イングランドはスペインを強く憎んだのか。また、スペインはなぜ仕返しをしたのか。その答えは結論から言えば、ヘンリ八世の時代に遡ることになる。彼は自分の妻達や娘達の間に不和の種をまいただけではなかった。何十年か後の英西戦争で頂点に達する両国間の敵対関係にも責任があったのである。

ヘンリが発布した一五三四年の国王至上法はおそらく彼の行った「重大事業」の重要な一部だったのだろう。彼のたっての願いはメアリの母、王妃キャサリン（スペイン人だったことを思い出していただきたい）との結婚を無効にすることだった。しかし、結局この法はカトリック教会に対する報復が形になったものだった。教会の土地、財産、宝石は取り上げられ、国王と貴族に分配された。国王至上法はイングランドにおけるカトリック教会の組織的解体という意味が大きい。また、イングランド貴族の財力を大幅に強化した一方で、スペインとイングランドの間で最終的には爆発することになる緊張関係の下地を作ったのである。

ヘンリが若くて魅力的なアンのためにカトリック両王の娘キャサリン・オブ・アラゴンを離婚して放り出し、それから二分の一スペイン人である王位継承者のメアリを庶子と認定した時、スペインが侮辱を受けたのは言うまでもない。さらに、ヘンリがカトリック教会と決別して、修道院や僧院を「抑圧」（「略奪」ともいう）し、自分をイングランドの教皇であると宣言すると、両王は憤慨した。

ヘンリは一人また一人と結婚と離婚、離別を繰り返しては、各国と同盟関係を結んだり、破棄したり、子ども達を怯えさせたり、友人の半分を反逆のかどで死刑に処したりしていた。こうしたヘンリの行動が、反カトリックが目的ではなく、頭のおかしい男の気まぐれな思いつきだとわかるとスペイン側は安心し、両国間の亀裂は不完全ではあったが、一時的に癒えた。ヘンリの幼い息子の摂政を短期間務めた後、メアリが王座に上るとスペインはさらに心安んじた。メアリは二つの大きな目標を達成して死んだ。イングランドとローマを和解させ、カトリック教を国内に復活させた。また、教会を通じて、父母の婚姻取り消しには法的効力がないと宣言させて母の無念を晴らした。さらにメアリは念には念を入れ、国民の大反対を押し切ってスペインの跡取りと結婚したのである。

しかし、イングランドの人々はフェリペを許容できず、フェリペはメアリに我慢できず、メアリは懐妊することができず、死んでしまった。メアリが亡くなると、王座にはエリザベスが座った。そしてエリザベスは、相手が全キリスト教国の最もふさわしい男性であっても結婚しないときっぱりと人々の前で宣言した。

痛い話。

そうして、両国はスタート地点に戻ったのである。しかし、エリザベスとフェリペの間には、それぞれの父、ヘンリ八世とカール五世との間よりもさらに、個人的な敵対心やきまり悪さ、傷ついた感情などが積もり積もっていた。それでもまだ、どちらも明らかな紛争にはしたくなかったので、何年もの間、両国の間は冷戦のような状態が続いていた。スペインは富と無敵の海上支配を誇り、新世界へのイングランドの貿易や探検は違法であると主張した。エリザベスは笑いながら、フェリペが真剣に自分を口説こうとした話をして、彼のプライドをわざと傷つけて、外国の賓客達を喜ばせた。またさらに深刻な衝突も起きていた。何十年にもわたって、フェリペは特にオラプロテスタントに対して聖戦を仕掛けており、特にオランダ国内で激しかった。オランダには「血まみれのメアリ」と呼ばれた姉の恐怖政治の時に、数多くのプロテスタントがイングランドから逃げ込んでいたからだ。それに対して、報復として、イングランドの国民がスペインの海上利益を私掠船で攻撃して、宝物を積んだ船を襲撃したり沈没させたりしたが、エリザベスは常にあらぬ方角を向いて見て見ぬふりで、女王が罰則を与えることはなかった。

　実際に、両国間の怨恨の主な原因の一つは、スペインの海域でイングランドの「老練な船乗り」と呼ばれていた者達だ。その正体は海賊だ。彼らは堂々とスペインの商船や宝物を積んだ船を襲った。エリザベスは初めのうちはこうした海賊達を寛容に扱っていただけだったが、後になって、ラ・ペレグリーナのような真珠を求める欲望と、スペインを辱めようという決心が一層大きく膨れてくると、彼らを雇うようになった。これがのちに世界一の海軍力の基礎を形成することになる海賊達だったのだ。

あの世まで持っていけなくても、人から取り上げることはできる

　メアリには様々な面があった。少々意地悪、激しい言動、執念深さ――そして妹に対する悪意のある妬みがあったのはもちろんだ。しかし、彼女は全くの馬鹿ではなかった。自分が王位継承者なしに死んでいくことや、夫にも見捨てられることが明らかになると、憤慨もしたし、失望も決して小さくなかったが、すでに多くの国民が殺されている国をまた別の内戦から救うことができればと、エリザベスに王座を渡した。妹から王位を奪う喜びを得ようとはしなかったものの、メアリが握りつぶすことのできる妹エリザベスの望みが一つあった。権限移譲の遺言の中でメアリは、本来、王座の宝石は新女王に渡されることになっているが、フェリペが自分に贈ったすべての宝石は彼がスペインに持ち帰るべきであるとはっきりと伝えた。その中には、ラ・ペレグリーナが含まれていたのである。

　事実、彼らの短い結婚期間に、フェリペはメアリにかなりの数の素晴らしい宝石を贈っている。例えば、一五五四年には完璧に加工された「バラの形のテーブルカットのダイヤモンド、マルケス・デ・ラス・ナヴァスを結婚前に送ってきた。一〇〇〇ダカットの値打ちのものだ。丁寧に加工され、美しく、しかも優雅に繋げられた一八ポイントカットのダイヤモンドのネックレス、この襟飾りは三万ダカットの値打ちで、正面にはもう一つ別のダイヤモンドから大粒の真珠がぶら下がっている。これらの二本は全世界でこれまで作られたものの中でも最も可愛らしく、美しいものだった。その品のよさと美しさのため、二万五〇〇〇ダカットと評価された」[9]。

これらの宝石はどれもフェリペがメアリに実際に相見える前に贈ったもので、会った後はほとんど何もなかったか、全く何も贈らなかったという事実は、思うさま深読みをしていただいて構わない。とはいえ、フェリペはメアリに数々のまたとない立派な品を贈っていたことは間違いない。正統な財産を意味する宝飾品だ。メアリはそれら全てをフェリペに返すと遺言したのだが、フェリペが本当にスペインに持ち帰りたいと気にかけていたのは、ただ一つ、エリザベスが心底好きだった真珠だったのである。

大変なミス。

真珠の力

ラップミュージシャンなら誰でも知っているように、ゴージャスな装飾品はパワーと等しい。未婚のエリザベスは独自の権力を示したいと考えた。女性性、純粋性、そして霊性に加えて、真珠は結婚と強く結びつけて考えられる。真珠にまつわる伝説は何千年も遡るものだ。ヒンドゥー教の神クリシュナが純粋と愛を表す最初の真珠を見つけ、自分の娘に結婚の日に贈ったという物語に負うところが大きい。現代も含めて、多くの文化が真珠を結婚の伝統に結びつけるこうした象徴性を吸収してきた。

真珠はほとんど世界中どこでも同じように純粋性を含意しているため、キリスト教の拡大とも特別深い関係が続いてきた。キリスト教は根本的に真珠を処女マリアの象徴、純粋性と永遠に続く魂の象徴として受容したのである。新約聖書によれば、天国の門は一個の真珠からできているという。誕生したばかりの「処女女王」が真珠を自分の紋章に選ぶというのも不思議ではない。偶然にできた話ではないのだ。

在位中のエリザベスの肖像画や彼女についての記述からは、その比類のない真珠コレクターぶりがうかがえる。彼女の王宮の人々は男も女も真珠を身につけているが、最も素晴らしい品は女王が独占した。彼女は重いほどたくさんの真珠を身につけ、どうやってつけたのか想像もできないほどだった。立っていることさえ難しそうに見える。真珠の重みで身体もたわむほどだった。

ラ・ペレグリーナは所有できなかったとしても、それよりは見栄えはわずかに劣るが、同様の宝石を彼女は多数手に入れていた。数あるエリザベスの肖像画を見ると、彼女が様々なブローチやネックレスを身につけていたことがわかる。どれも微妙に大きさの異なる真珠が大きな四角いダイヤモンドから吊り下げられたものだ。メアリの宝石である。ラ・ペレグリーナは欲しいが、同じくらい価値のある似たような品が一つ（あるいはたくさん）あればそれでよいという、今のところは「有益な妬み」

への天賦の才能が彼女の中に見て取れる。他方で、彼女はライバル国スペインと同等の富を手に入れた自分の成功を国民に対して見せつけてもいた。好んで自分のことをそう呼んでいた「王子」としての強さが自分にはあり、十二分に国民を守り、さらに、危険の多い新世界に利益を求めることができる強さがあることを誇示していたのだ。国民は女王からのこうしたメッセージを受け取った。両国の緊張状態が最高潮に達していた時、スペイン大使の面前で、「イングランドの王族の一人がビロードのズボンの隠しから一万五〇〇〇ポンドの値打ちの真珠を取り出し、粉々にしてワイングラスの中に入れると、イングランドのエリザベス女王とスペインのフェリペ国王へ捧げる乾杯で、これを飲み干した」という逸話もある。

印象の持つ力に目敏いエリザベスは自分の宮廷では魅力ある人々だけに寛容だった。彼女は、誰が何を着用することができるか、着用すべきかを細部にわたって指示する「服装規則」なるものを設けた。たとえば花嫁の場合のように、女王の女官達には見栄えよくしていてもらいたいが、女王本人を上回ったりしてはならないというわけだ。有名な話がある。レディ・ハワードは真珠を刺繍で飾ったベルベットのドレスを着て宮廷に到着した。エリザベスはそのドレスを一目見て、非常に興味を持って、女王はそのドレスを「お借りしたい」と要望した。持ち主は「はい」と返事をしたが、もとより選択肢はなかったのである。不運にも、レディ・ハワードはエリザベスよりもかなり背が低かった。ドレスは女王の身体に合わず、女王がこれを着ることができないのであれば、他の誰も着ることはできないと、ハワード嬢は伝えられたという。[10]

エリザベスは多くの点でマーケティングの天才だった——彼女は自分自身を商品としてマーケティングしていたのだ。エリザベスと真珠が結びつけられるようになったのは、あれほど数多くの真珠を所有し、それを身につけたからというだけではなかった。彼女は自分を象徴させる壮大なスペクタクルの中の極めて重要なパーツとして、真珠とそれにまつわる価値を利用し、これが彼女の統治能力の核となったのである。

彼女が不利な立場にあったことを思い出していただき

たい。女性の王であることで、ジェンダーによって、弱い、不適切、基本的にハンディキャップがあると見なされた。それでもエリザベスは結婚する気はなかった。夫や王によって足かせをはめられたくなかった。またイングランドが外国の勢力によって中心から外される姿は見たくなかった。この目に見える不利を受け入れて、すぐさま夫の陰に隠れるという、彼女の姉のようなやり方とは反対の行動をエリザベスは取ったのである。彼女はもっと公の人、もっと目に見える、人目を引く存在になった。彼女は父王が半ばまで仕上げた改革以来、国民が大きく失っていたものを与えた。象徴である。自分自身を「処女女王」として創り出すことで、エリザベスは国民の心にぽっかりと空いていた穴を巧みに埋めたのだ。彼女はしばしばこう言った。「私には夫は要らない。なぜなら、私はすでにイングランド王国という夫に結びつけられているのだから[5]」

女王は顔を白く塗り、膨大な数の真珠で自分の身体を埋め尽くした。彼女の実際の異性関係については議論を呼ぶ問題だが、処女性という公の顔を彼女は死ぬまで強く維持し続けた。彼女が四十代になった頃には「グロリアーナ」と呼ばれた「エリザベス崇拝」は、最盛期を迎えていた。彼女の肖像画はどれもちょうど宗教上の象徴のように、公式のひな型と同一線上のものでなければならなかった。真珠を使用することに十分重きを置いて、自身の処女性と、キリスト教の価値と、女性性を表現するその他の副次的な宗教的象徴を配置した[5]。そうすることで、エリザベスは自分自身を一部公僕とし、他の一部を生ける神とした。そしてイングランドの統治者として自分のジェンダーや未婚の状況、あるいは宗教に対する批判を効果的に中和したのである。

注意深く磨き上げた女王のイメージは継続的なメンテナンスが必要だった。象徴を盛り込んだ公式の肖像画はほんの手始めだった。毎年夏には人々の間を行進し、道中国民は、白塗りの顔で真珠がふんだんに飾られて威厳をたたえた光り輝くエリザベスを、「グロリアーナ、処女女王」と、褒め称えることができた。そのうちに彼女の即位の記念日は国家の祝日と見なされるようになった。

彼女はまた父の伝統である馬上槍試合を引き継ぎ、それにいくらか重要な変更を加えた。ヘンリの時代には馬上槍試合は男性の公式運動競技だった。エリザベスはこれを奇抜で魅力的な行事に変え、壮大さと騎士道、そして壮麗なアーサー王伝説のもとにイングランド国民を一つにまとめようとしたのだった。ジョン・ガイによると、「ここでプロテスタントのプロパガンダが上品な愛と騎士道の伝統や、古典と溶け合って、新教の純潔の処女としてエリザベスの神話が出来上がったのである。新しくできた疑似宗教的な祭礼で、彼女は騎士達から崇拝された」[11]という。

多くの点で、エリザベス一世の物語は不幸なマリー・アントワネットの正反対だった。フランスの王妃もまた宝石と深い繋がりがあったが、その能力には大きな隔たりがあった。どちらのクィーン（訳註：女王、王妃とも英語ではQueen）も究極的には人間性を奪われ、存命中から象徴的存在と見なされた。しかし、マリー・アントワネットが性的、経済的、そして道徳的な、いわば連座制で断罪されたのとは異なり、エリザベスは人々のイメージをコントロールし、道具のように巧みに使用した。彼女はより積極的に宝石の持つ道徳的な含意を利用し、それをさらに増幅させたと言える。

クレオパトラはエメラルドを使って、自分を富貴で権力があるように見せた。エリザベスは真珠を使って、純潔で神聖な存在に見せた。同じゲームだが、アングルが異なるのだ。エメラルドはエジプトに属していた。ところが、真珠はイングランドには属していなかったのだ。真珠はスペインのものだった。[*11] スペインにとって愉快な話ではない。

女王と海賊達

エリザベスが王座を継承した時、イングランドの構造基盤は崩壊しつつあった。今しも宗教上の内戦が再燃しかねない状況にあり、外国からの数々の軍事的脅威にも直面していた。最悪なものは、フェリペがイングランドの国庫に手を付けて戦費を賄ったことだ。悲惨な戦争の果てにイングランドはヨーロッパ大陸唯一の領土、カレーを失った。そしてフェリペはわざと負債が払えないふりをしたのだ。そのため、イングランドは一文無し。こ

んな時女の子ならどうするか。女の子がエリザベス一世だとすると、答えはこうだ。海賊を雇おう。

私掠船と言ったほうがいい。厳密には、私掠船の船長は民間人、別の言い方をすれば、認可を受けていない軍艦の船長ということ。にもかかわらず、戦時には政府によって外国船を攻撃する権限が認められている。私掠船を公認することとは、平和時に給与支払い名簿に載せることなく、戦時中には余剰人員や船舶を動員できる非常に効果的な方法なのだ。「ゲームするなら金を払え」スタイルの、本質は海軍だが、自力でやっていける海軍なのだ。こうした船が没収した金や金目の物はどれも、その船の利得となった。それにより、私掠船は国家にとって自由に動かせる強力な腕、乗組員達にとっては多額の賞金獲得のチャンスともなったのである。

私掠船と海賊の区別は見方の違いに尽きる。実際的な目的という意味では、海賊も私掠船も同じことをしている。急襲、侵略、略奪、そして敵船を沈没させる。唯一大きな違いは、私掠船は一般的に言って、自分達の活動に対して公式の（時に明文化された）許可証を持っている点だ。ついでに言うと、私掠船には気前よく取り分を

支払って、税金を収める海賊にするというわけだ。

戦時に私掠船を雇った国王はエリザベスが最初で最後というわけではない。しかし、彼女の場合の特別革新的な点は、比較的平和な時にも活動をこっそりと許可したことだった。エリザベスの私掠船船長達との取り決め事項はまず、暗黙の了解であり、後に明確な（口頭の場合であっても）契約が交わされた。彼女はイングランド海軍に私掠船を加え、海賊と海賊予備軍が海軍の仕事をする代わりに、彼らには法的な免責を与えた。それから彼女は海賊達に命令を与えた。命令といっても、出会うスペイン船をすべて襲撃して、略奪し、沈没させたら、私を喜ばせることになろうと、エリザベスは彼らに伝えたという意味だ。特に、スパニッシュ・メインの船からできるだけ多くの真珠を持ち帰るようにと要請した。[1] イングランドとスペインの関係を故意に悪化させる一方で、彼女はイングランドの収入を激増させた。女王は略奪品の三分の一を取ることを標準としたが、これは実質的にはスペイン国王が新世界での全ての事業に対して要求した五分の一税を超えるものとなった（想像するに、破廉恥にも非合法なことをやっている場合、不正利得は高くなるということか）。とうとうバチカンは彼女に「異教徒と海賊の擁護者」[6]とあだ名をつけた。

スペインの船舶に対するこうした行為は攻撃的国家防衛だった。エリザベスのお気に入りの船長の一人、サー・ウォルター・ローリーはスペインに被害を与えることとは全て、イングランドをより安全にするのだと指摘した。こうした海賊達は「紳士冒険家」と呼ばれることもあった。ただ待っていてもほとんど何も相続できない貴族の次男以下から、失うものが何もない犯罪者まで、ありとあらゆる背景の者達がいた。ほんの少しの興奮を求めているだけのごく普通の者もいた。もちろん多額の賞金を狙ってのことだ。彼らは大胆で、遠い国や危険な海戦のハラハラする物語に興奮していた。大体いつも宝石の王の下へ贈り物を携えてやってきた。そして彼らは女形で。

最も大きな、しかも華々しい成功を収めた紳士冒険家の中には、自分の船の甲板上でナイトの称号を女王から与えられたサー・フランシス・ドレークや、女王に敬意を表して植民地にヴァージニアと名付けたサー・ウォルター・ローリーなど、宮廷で女王の覚えもめでたく、注目を浴びた者もいた。彼らは恐れを知らぬ無法者で人々の注目を集めた。こういう男達がエリザベス女王の海賊海軍の基礎となったのである。

エリザベスは在位中、こうした紳士冒険家達を厚遇し、貴族の肩書や社会的な地位を与えたり、時には女王から非常に親密に接したりすることもあった。いかなる訴追ももちろんなかった。エリザベスはまことしやかに自分の与り知らぬこととし、スペインが憤慨して女王に海賊の処罰を要請すると、女王も同情は示すが、非道徳的なこのような恐ろしい海賊達を、自分の思い通りにすることはできないと答えた。しかし、彼らが意のままに動くことを世界中が知っていることに彼女はほくそ笑んでもいたのだ。たとえは、地球周航から戻ったフランシス・ドレークから女王に献上された「とびきり上等のエメラルドと黄金の冠とダイヤモンドの十字架」⑫など、ごく最近強奪したばかりの戦利品を身につけていても、女王は海賊達の行為に対して責任を否定したのだった。

スペインが、より正確にはフェリペが「イングランド侵攻計画」とのちに表現されるようになるものを夢想するようになったのはこの時だった。その企てはまだ宣戦布告されていない戦いに点火してしまうかもしれないが、まずイングランドを海から侵略し、戦争準備のできていない小国を打ち負かして、異教徒と海賊の擁護者、不正な手段で手に入れた王座から私生児女王を引きずり下ろし、イングランド国王という称号をフェリペが取り戻すことも含んでいた。終盤戦は異教徒の政府を食い止めて、イングランドからプロテスタントのオランダへの将来にわたる援助に歯止めをかけること、そして最終目標は、スペインの国庫からイングランドの国庫への財宝流出にストップをかけることだった。

あなたのものは私のもの、スペインのものも私のもの

エリザベスの望みは姉とはその形が大きく異なっていた。メアリの最後の「悪意ある妬み」の一つは、エリザベスが欲しがった真珠を手に入れることができないよう

にすることだった。他方、エリザベスはスペインが富を持っていようが、それほど気に掛けてはいなかった。スペインの面目を潰したからといって、自分の安眠が妨げられることもなかったが、ついに、植民地の権利から現金まで、スペインが所有しているもの全てを彼女は自分のものにしたくなる。その結果は平和的とは到底言えないだろうが、そうすれば彼女の嫉妬は有益な妬みといえる。

ごく短期間の間に、わかりやすい強盗行為はイングランドの新世界事業の基礎をなすことになる。軽薄で肩で風切る男、サー・ウォルター・ローリー[*12]はアメリカのロアノークに最初の植民地を設立する許可を受けた(前述のヴァージニア)。スペインの植民地と船舶を攻撃するための部隊の集結地となったところだ。彼女は悪名高い海賊、フランシス・ドレークとジョン・ホーキンズをアフリカ西海岸に送り込んで、スペインとポルトガルを追い立て、貿易ルートや入植地を破壊しながらできうる限りのものを奪い取った。

最も大規模で、そして最も名高い海賊行為は、あの恐

るべきフランシス・ドレークによるものだった。一五八五年、スペイン人からエル・ドラコ(ドラゴン)と呼ばれたドレークは、二一隻から成る艦隊とほぼ二〇〇〇人近い水夫を率いて南北アメリカへ渡った。財宝を積んだ船を攻撃して強盗を働いただけではなく、上陸してスペインの植民地を攻撃した。ドレークはコロンビアからフロリダにかけて町から町へと移動しながら、ニュースペイン各地からかなりの数の人質を取った。人質全員を維持する力はなかったので、ドレークは海賊の典型的なやり方で身代金と持ち運べる財宝少々を巻き上げると全員をスペインに引き渡した。彼はイングランド中で有名になり、彼の船「ゴールデン・ハインド」はイングランドの誇りの象徴となった。

一五七七年から一五八〇年の間、ドレークが地球を周航した話は有名だ[*13]。彼は単に船で世界一周をしたというだけではなかった。道中、略奪を行っていたのだ。ひと頃はスペイン領カリフォルニアに上陸し、ずうずうしくもその土地を女王のものだと主張した。この公式には許可を受けていなかった作戦任務から帰国するや、人々は群がり集まって彼に拍手喝采を送った。彼の艦の甲板で

女王エリザベスは一振りの剣を彼の首に突き付けて、冗談で、この悪漢を死刑にすべきかと群衆に尋ねた。群衆が「ノー！」と叫ぶと、代わりに女王はその剣を使って彼にナイト爵位を授けたのだった。

スペインの船舶は、船荷を偽装したりするなど、敵をはぐらかす様々な作戦行動をとった。しかし、イングランドの海賊は財宝を積載して重くなり、喫水線の高くなっている船を簡単に探しだせるようになった。船足が遅く船体も重いガレオン船は、より小型で、高速の完全武装のイングランド海賊船にはかなうはずもなかった。新世界の金（かね）はすべてスペインの手からイングランドの手に流れ込んでいった。そして次第に穴の開いたポケットのように、スペインは現金を急速に失い始めたのだった（財宝の嵩のイメージを持っていただくために、一五八五年のある時の略奪を例に取ることにすると、この時の略奪で手に入れた、非常に多くの真珠で「エリザベスは……飾り箪笥一さおを自分専用の真珠でいっぱいにしたという」[6]）。

海賊行為は破壊的で、至極あからさまで、ますます派

手になっていった。海賊行為はイングランドの外交政策の一部だっただけでなく、一国の個性にもなっていた。こうした冒険者達、派手で（おそらく理想主義的な）女王の取り巻き連中は国家的英雄であり、彼らの成功と人気が高まるにつれて、海上における自由度も広がっていった。女王はもはやこのような紳士冒険者達との関わり合いを否定することもなくなった。女王のもとに真珠を持ち帰るようにという、かつてほんの仄めかしにすぎなかったものは、海防上の、また貿易ための実地踏査と、そして言うまでもなく「海からの収穫」に関する複合的な取り決めとなったのだった。

イングランドの「有益な妬み」はうまくいっていた。この国は僻地の弱小国から地球規模の存在へと姿を変えつつあった。そして十六世紀、スペイン帝国にとって宗教的多様性の問題よりもさらに我慢のならないことはただ一つ、金を奪われることだった。

この時点で、ヨーロッパにおける宗教的分断は確実なものになっていた。決定的な分断の瞬間は一五六八年に訪れた。エリザベスが最も信頼していた最古参の大臣、セシルは、スペイン船に向けてわざと的を外して砲撃し、大量の黄金を積んで上下に揺れている船を乗っ取るように命じたのだ。黄金はオランダで戦っているスペイン兵士への支払いのためのものだった。セシルがした最初で最後の海賊行為は、他国の宗教的紛争に手を出さないというエリザベスの基本政策に違反した行為だっただけでなく、これによって全世界に、そしてフェリペに対して、イングランドの人間は信頼するものではないと、再確認させることとなったのである。彼らは皆海賊だったのだ。その直後の同年二月、ローマ教皇ピウス五世は教皇勅書「レグナンス・イン・エクスケルシス」を出した。これはイングランド女王を破門しただけでなく、カトリック教ヨーロッパの人々の面前で王位の正統性を否認したものである。最も重要な点は、レグナンス・イン・エクスケルシスがイングランド国民を女王への臣従義務から解除した点だ。五月には、女王はカトリックからの厳しい批判にさらされることになった。

政治的手腕と自己演出力

エリザベスが王位に就いてまだ日の浅い頃、スペインのフェリペ国王は「エリザベスのことは称賛するが、彼女の異端信仰は残念に思う」[6]と述べたと伝えられている。しかし、一五七〇年代には称賛のほうもすっかり干上がっていた。これはスペインのカトリック教徒の間だけの話ではなかった。エリザベスを崇拝し称賛する人々は多数派ではあったが、カトリックの流れをくむ少数派がイングランド国内にはまだ存在し、バチカンから直接命令を受けていた。一五七〇年、この少数派はバチカンから、イングランド女王が真珠に関して海賊達に言い渡したような曖昧な命令を受け取った。敬虔なカトリック教徒に向けて、女王を殺すために広く軍隊の招集命令が出された。この驚くべき命令は宗教的な表現を用いて書かれていたが、それは明らかに、金と、力の均衡をゆっくりと揺るがしつつあったイングランドの海賊行為に関係するものだった。

ところで、この教皇勅書はエリザベスのカトリックの従妹、スコットランド女王メアリによって画策された陰謀と偶然にも時を同じくした。メアリのほうが年も若く、女性としての魅力にもあふれていた。エリザベスがＰＲ会社のように注意深く自分のイメージを綺麗に作っている一方で、メアリが暴れだしたのだ。彼女はカトリックだったが、メアリ・テューダーほど暴力的で熱烈な信者ではなかった。スコットランドの女王だっただけでなく、イングランドの王位継承順位の第二位にいた。

メアリが三度目の結婚でもはや引き返す道もなくなった時、彼女の複数の夫とその様々な怪しい死、そして犯罪を巡るスキャンダルは最高潮にまで達した。自国民によってスコットランドの王位からの退位を余儀なくされ、幼い息子のジェームズ一世が王位に就いた。その後、メアリは自国の貴族達が王座以外のものまで剝奪する決定を下す前に、急いで国を後にした。自分より年長で、賢く、権力のある従姉のエリザベスからの庇護を期待して、メアリはイングランドへと急いだ。自分の大義名分を支援して、再びスコットランドの王位に返り咲くのを従姉が助けてくれるだろうと思ったのだ。

彼女のトレードマークは浅はかな判断だと、言いましたっけ？

軍事的な支援を与えることなく、エリザベスは王位継承者でもある従妹メアリをその後十九年間軟禁状態にしておいた。メアリはロンドン塔へ送られることはなかったが、イングランドを出国することも許されなかった。これはエリザベス自身も長年そうされてきた自宅軟禁を思い出させる措置だった。それぞれの状況と具体的な結果で大きく違うところは、囚われの身だった間エリザベスのほうは頭を低くして危険を逃れることに集中して首をつないだが、メアリはそうしなかったことだ。当然、恐ろしい結末が待っていた。

フォザリンゲイ城で何年も過ごすうちに、メアリは退屈してきた。エリザベスの権謀術数主義のスパイマスター、フランシス・ウォルシンガムもメアリが今にも反逆罪を犯すのが待ち切れなくなった。同じ場所に長期間いたことで頭がおかしくなったメアリは、何か馬鹿なことをしてやろうとむずむずしてきた。そこでウォルシンガムはメアリが一歩踏み出すのを手助けしたのだった。メアリは自分の私信をビア樽の中に入れてこっそりやりとりしていたので、秘密は漏れることなく、安全だと信じていた。ところがウォルシンガムは彼女が何をしているか知っていて、手紙を全て途中で引きとめ、開封して読んだ後、再び封をして、誰にも知られずにメアリの手元に届くようにしたのだった（つまるところ彼は盗聴、いや、正確には樽のぞきをしたというべきか）。エリザベスを暗殺して、その後に自分をイングランド女王の座に就けようと援助を申し出る支援者からの手紙を受け取ると、メアリは餌のついた釣り針に食いついた。釣り糸と、それからおもりに。彼女は熱烈な返信を書いて、女王暗殺、そしてその後自分が王座に上るという計画に賛同した。

ウォルシンガムは彼女の返信を読むや、反逆者達を取り囲ませて、残虐に処刑した。メアリは逮捕されると、ロンドン塔に送り込まれ、処刑の日を待つことになる。ところが、おかしなことに、エリザベスは心を決めかねていた。彼女は王権の神聖を硬く信じていた（国王なら皆そうだろう）し、彼女自身、現実主義の抜け目のない

政治家だったのだ。女王を殺せば、女王は限りある命ということになる。これはエリザベスには不都合であるし、このような象徴的な暗示だけでなく、それによって合法な国王殺しの前例ができることも気に入らなかった。彼女は自分自身も今やあやふやな状況にあることに気がついたのだった。処女女王になり切ること、すなわち生ける半神半人であること。自分の手は汚してはならないのだ。みじめなライバルを処刑するところなど見られてはならないし、ましてそれによってこのライバルが女王の王権に対する真に重大な脅威だと、エリザベス自身が認識していることを悟られてもならぬ。

そこで彼女は自らの父をお手本にした。彼女はメアリの死刑執行の命令を出し、そののちそれを実行に移した自分の内閣の責任を追及した。死刑執行令状には万一必要な場合に備えてサインしただけだ、彼らが自分の権限を先取りしたのだと主張した。死刑執行の後、エリザベスは故スコットランド女王メアリが自分の同意を得ないまま処刑されたことを悲しみ、怒り、それから痛悔に暮れているところを何日も大衆に見えるようにして過ごした。そして、それから彼女はメアリの所有していた有名

な真珠を自分のコレクションに加えたのだった。[*14]

一方、メアリは権力も威厳もすっかり失って死んだ。処刑の日、彼女はまぶしいほど明るい緋色のドレスを着て処刑に臨み、少しも悪びれない態度だった。頭をブロックの上に載せて、メアリは予知でもできるかのように言った。「自分の良心をよく見ていなさい。そして覚えているがよい、世界という劇場はイングランド王国よりも広いことを[⑪]」

ああ、全くもって彼女は正しかったのだ。

従妹の処刑についての罪を公には免れたことにより、エリザベスは亡き父王を喜ばせたかもしれないが、スペインのフェリペ国王に対しては彼が長い間求めていた口実を与えることになった。ついに彼はカトリックの女王の「殺害」という、イングランドに攻め入る格好の切り札を手に入れたのだ。

開戦の狼煙があがる

イングランド侵攻計画は動き出した。

計画は比較的単純なものだった。スペインは最大規模で最強の艦隊（アルマダ）を組織することになる。何百何千という兵を運んで、イングランド侵攻を狙うのだ。その後、女王を倒し、イングランドの容赦のない海賊行為を収束させ、プロテスタントのオランダをさらに孤立させ、イングランドをカトリック教会に引き戻すという計画だ。巨大な戦艦には兵士や馬、大砲、武器、そしてもちろん黄金も積み込まれていた。フェリペは単に戦争を遂行するだけではなかった。弾丸の最後の一発に至るまで、イングランド本土に戦争とはどういうものか見せつけるつもりだったのである。壮大なスケールの計画だった。彼は国庫もスペインの森も焼き尽くす勢いでアルマダを現実のものにした。

しかし、その時点で、エリザベスはすでに海賊やスパイを使って、ありとあらゆる場所に諜報網を張り巡らせていた。[*15]彼女は最初の一隻が出港する前に、（西ヨーロッパ世界では公然の秘密だった）計画に気づいた。エリザベスはフェリペが、実に数十年も熱烈に望んでいたアルマダの招集を決めたのを知ると、先制の一撃を浴びせた。サー・フランシス・ドレークを送り込んで、小さな船団の指揮を執らせ、カディスの港で建設途中のアルマダ船団と軍事物資を破壊させようとした。ぎりぎりになって彼女は明らかに心変わりをしたのだが、ドレークは「スペイン国王のひげを焼く」ことに専心しており、自分への指令を無効にするという手紙が届かないうちにと、急遽出航した。一五八七年四月、彼とその乗組員達はイベリア半島に向かって出航し、港に電光石火の一撃を加えた。最初のアルマダはその造船所を離れることなく破壊されたのだった。

ドレークの特別任務は全面的に成功裏に終わった。それでも、イングランドにたった一年の猶予を与えたのみだった。フェリペはこれに懲りず、すっかり腹を立てて、異教徒の女王を王座から排除しようと、それまでよりも一層強く心に決めた。そこで彼はスペインの森にまだ残っている木を切り倒し、国庫の金の残りもはたき出し、もう一度船の建造に乗り出した。アルマダは最後の細部までフェリペ自身が構想し実現させたものだ。一五八八年五月に完成を迎えた第二次アルマダは、これまで誰も見たことのない、最大で最強の軍隊としてその名を世界に知らしめたのである。

一五八八年七月十二日、この日アルマダ艦隊は海軍大将メディナ・シドニア公の指揮のもと、航海中だった。様々な形と大きさの一五一隻にも上る素晴らしい船団だった。最も大きなものは帆走する巨大な城のようだった。最も小さいものでも十分に大型船と言えた。攻撃の中心を担うのは小型船のほうだったが、それぞれ一〇〇〇トンはあった。弦の長さが数マイルという巨大な三日月型の隊列を整えて東へと進むアルマダ船団の姿は、時速三キロメートルというゆっくりとした船足ではあったが、巨大で恐ろしいものだった。

アルマダはイングランドに戦争がどういうものか知らしめるために作られたものだったが、海上での戦いについては考慮されていなかった。これほどたくさんの船舶が、馬や地上戦用の武器と金を満載していた理由がそれだ。スペイン軍は勝利と占領を見越して、何百人という神父や召使達まで同行させていた。海戦を全く予想していなかったからというわけではなかったが、自分達の「無敵艦隊」[*16]になら、そうした者達を必要に応じて乗船させておけると考えていたことは間違いない。十六世紀の海戦といえば正面から向かい合って戦うのが常識だったので、大きな三日月型の船団は堅い守備となるはずだった。たとえ数隻のイングランド船が大砲の砲火とこの隊列をかいくぐったとしても、戦闘は伝統的には一隻の船の甲板上で展開することになる。敵艦の接近を阻む防御に強い巨大隊列以外にも、スペイン軍には兵士と水夫だけでもおよそ二万五〇〇〇人が乗り組んでおり、数の点でもスペイン軍が勝っていたのだ。伝統的な戦いなら、イングランド軍を叩きのめす能力には絶対の自信があった。

ところが、この後の展開は全くの想定外だったのである。

私の敵の敵は私の海軍

イングランド艦隊のほうは、約一万人の乗組員と一四〇のかなり小さい船から成っており、そのほとんどで私掠船の船長が指揮を執っていた。正統な海軍の船でさえ、スペインを悩ませた海賊船に近いものへと、何年にもわたって、再設計や、改造を繰り返し、船足も軽快になり、多くの砲を備えるようになっていた。また、イングランド船は大きさで見劣りがする分を射撃能力で補っていた。通常の銃に加えて、広い海上で敵船を撃沈させるために開発された特別に飛距離の長い大砲を備えていた。

艦隊は女王の従弟、エフィンガムのハワード男爵が海軍卿として指揮に当たっていたが、副海軍卿は誰あろうサー・フランシス・ドレーク。指揮官のポストには貴族もいれば悪名高い海賊もいた。人員配置や戦艦設備ばかりではない。イングランド軍全体の戦闘の仕方にも斬新さが見て取れた。船艦の設計と同様、広い海での海賊行為から数十年かけて練り上げられた作戦を採用したのである。スペイン艦隊は隙のない隊形で移動したが、これは接近することも突破することも難しいものだった。イングランド軍が船に乗り込み、そのまま船を乗っ取ることを前提としていた。つまるところ、これが何世紀にもわたって行われてきた海戦の戦法だったのだ。ところが、実際はこうだ。イングランド軍は積み荷の金（かね）を運び出す以外に[*17]スペイン軍の戦艦を乗っ取るつもりなどなかった。彼らの目的は一つ、イングランドに達する前に敵の戦艦を破壊することだったのだ。

七月二十一日、イングランド艦隊はスペインのアルマダに遭遇。スペイン軍はイングランド軍のいかなる反撃をも制圧するつもりでいた。ところが、真っ向から交戦するというより、イングランド艦隊は安全圏から弦の長さ数マイルもの三日月型船隊に向けて大砲を打ち放ったのだ。イギリス海峡を通って敵の艦隊を追いかける時も、長距離を飛ばせる大砲で一度に一隻ずつ大型船を狙い撃ちした。戦いはゆっくりと進行した。三日月型の船隊はほとんどの船を保護する必要があるため、アルマダはこの隊列を崩そうとはしなかった。海軍卿は「敵軍は素晴らしく、強大であるが、我々は彼らの羽毛を少しずつむしり取っている⑤」とエリザベスに手紙で知らせた。初めの数日、イングランド艦隊はアルマダを追いかけては、狙い撃ちし、破壊することに専念した。

アルマダはパルマ公と待ち合わせ、さらに二万人の予備軍を拾って合流し、待機しているスペイン軍の艦隊まで船で渡すことになっていた。七月二十七日、実行の日、

短時間でも船を動かせば、パルマ公の艦隊はイングランドの戦艦の攻撃にさらされることが判明する。アルマダはフランス海岸のカレー付近に錨を下ろさざるを得なくなった。[*18] これが戦いの中でのターニングポイントとなった。この瞬間にイングランド海軍は全く別の生き物に豹変する。二十八日の真夜中すぎ、イングランドは自国の船のうちの八隻に樹脂を塗り、火をかけた。まさに燃える「火の船」をアルマダが停泊している港の中に向けて送り出した。スペイン船は木材とロープと帆布だけでできていたばかりでなく、陸上戦に備えて火薬を大量に積んでいたのである。いったん、ごうごうと燃えさかる火の船が接近してくると、スペイン戦艦は巨大な爆発物と化した。

アルマダがついにフォーメーションを崩す時が来た。爆発しなかったか、放火を免れた船は錨を切ってパニック状態のまま港の外へと逃げ出さざるを得なかった。一度アルマダが広い海に出て散らばると、後を追うイングランド艦隊は最後の一手、有利な作戦に出ることができた。彼らの船は小さくて船足が速いだけではなく、全方向に向けて進むことができたのだ。それに対して、ス

ペインの巨大船は前進しかできなかったのである。完全武装した足の速いハイブリッドな船が勢いよく進んできて、巨大な戦艦を取り囲むと、沈没させようと全方向から弾丸を打ち込んできた。彼らは敵船に乗り込む気はなかった。続いて容赦ない悪天候がスペイン艦隊の針路を狂わせると、イングランド軍はスペインの巨大戦艦の群れをゼーランの海岸へと追い込んでいき、浅瀬に連れ込んで破壊した。武器をより多く備え、機動性があったスペイン船の生き残りはさらにひどくなっていく嵐の中を北へ向けて敗走するしかなかった。

一方、陸上には一万七〇〇〇人のイングランドの男達が、少年も含めて、怯えながら集結していた。イングランドの防御が破られた場合を考えて、ますます激しさを増す雨と吹きすさぶ風の中、アルマダとパルマ軍の兵士、推定五万五〇〇〇の軍と戦うべく、待ち構えていたのだ。もはや意地の張り合いではなく、財力の奪い合い、本能からの奪い合いであり、イングランド軍とスペイン軍の間は一進一退が繰り返され、全面的な生存競争の様相を呈した。勝利の可能性が非常に薄くなってくると、女王

自らが出陣して姿を見せ、「生きるも死ぬも」国民とともにと誓った。

自らの治世の間でおそらく最も劇的な瞬間、白いビロードのドレスの上に銀色の胸当てという女王エリザベスの姿は、人々の心に繰り返し蘇るアイコンとなった。兵士達の中から白馬に乗って歩み出ると、イングランド史上最も偉大な戦中演説を行った。彼女は軍隊を集めて、次のように述べて皆を安心させた。「私は自分がか弱く脆い肉体の女だということは知っている。しかし私の心は国王の心、イングランド国王の心である」。そして、彼らに約束をする。自分は「決意は固い。戦争の最中、戦いの熱気の中で、あなた方の中にあって、生きるも死ぬもともに。たとえ塵となろうとも、我が神、我が王国、我が民、我が名誉そして我が血のために」。

彼女は、戦いがすでに勝ち戦で収束していたことを全く知らなかった。

真珠と帝国

　スペインのアルマダは、数世紀前のノルマン征服以来、イングランドが出会った最大最強の相手だった。アルマダは敗れた。天候以外の全ての変数が有利だったにもかかわらず、アルマダはイングランドの岸辺に着くことはできなかった。無敵艦隊アルマダの生き残り達は、北上してスコットランドを回り、アイルランドを通り過ぎる、長い航路を通って故国に帰るしかなかった。海戦で破損したり大嵐に打たれたりした船の中には岸に打ち上げられたものや、海上で行方不明となった船も多かった。艦隊の生き残りの船が息も絶え絶えの状態でスペインに戻った時には、半分の船が破壊されたり、沈没したりしており、およそ二万人が命を落としていた。それに対してイングランド側は、自分達が火をかけた船を失っただけで、死者は一人も出なかった。

　フェリペは指揮官達を責めることはしなかった。「私は皆を兵達とともに送り出したのであって、風や波とともに出陣させたのではなかったのだ」。しかし、天候のような神の御業を心から責めることは困難で、どうしようもないのだ。フェリペ二世は極度に信心深い男で、そういう者の常として、宗教審問から新大陸での虐殺に至るまでの悪行を正当化するのに神の意志を利用した。アルマダの驚くべき失敗は、スペイン国内では、適切に戦争の準備をし、敵方の防御の可能性を理解しておくべき、フェリペの失政と見られたのに対して、フェリペにしてみれば、これはスペインが神の恩寵から滑り落ちる予兆のように思われたのだった。イングランドではこの記念碑的勝利のメダルが鋳造され、「神は風を起こし、そして彼らは追い散らされた」という句が刻まれ、アルマダ撃破は繰り返し巷の人々の話題となった。

　無敵と言われたアルマダの壊滅的な敗北は、精神面でも軍事面でもフェリペの自信を粉々に打ち砕いた。そして、海賊行為と処女女王の神話が両方ともイングランド人の心理と自国意識に刻み付けられただけでなく、この勝利はイングランドを主要な強国として世界の舞台に引き上げ、自国の利益を地球規模に拡大させる扉を開いたのだった。一五九〇年代を通して、女王はパンフレットの執筆者達に、イングランドの冒険者の行為を理想化し褒めたたえる文章を書かせ、海賊行為を法的に認められた商行為へと高める政策を実施した。女王と側近らは効率よくスペインの植民地と制海権を解体させていった。略奪行為から始まって、彼らはローマ以来の最大最強の重商主義帝国の基礎を築いたのだった。[*19]

　女王エリザベス一世は海賊の船長らに「真珠を」と明示的に指示を与えて、スペイン船から南北アメリカ産の真珠を奪わせてきたが、彼女が探していたような真珠は決して見つけられなかった。彼女の肖像画から判断するに、彼女は数えきれないほどの真珠を最後には手に入れ、なかには素晴らしいものもいくつかあった。彼女の姉の宝石に敬意を表して、そのレプリカをつけて肖像画に描かれたこともあったのだろう。しかし、宝石歴史家ビクトリア・フィンレイによると、「彼女は姉のメアリへ贈られた真珠ほど美しい真珠は見つけることができなかった」[7]という。

　彼女はラ・ペレグリーナを手に入れることはなかったかもしれないが、最後には彼女はそれ以外の全てを自分

のものにしたのだ。

　大きな出来事の始まりは小さいという。一六〇〇年、アルマダを打ち負かした後、エリザベスはロンドン東インド会社、後の東インド会社の設立勅許状に署名した。これはインドから中国に広がる植民地を支配し、全世界の五分の二を占める帝国をしばらくの間支援することになる。この東インド会社（ＥＴＣ）は、その他の数多くの共同出資会社とともに、新しい種類の帝国、すなわち軍隊が支援しているが、貿易に基礎を置く帝国への道を整備する。次の二世紀で世界地図を書き直すことになる植民地主義は、神学や戦争、マニフェスト・デスティニー「明白な運命」（アメリカの領土拡大を正当化する言葉）とは違っていた。これは金に関係するものだった。エリザベスの治世はいわゆるイングランドの黄金時代で、これは単に大英帝国の始まりと言うにとどまらなかった。まさに実際的意味において、商業帝国の誕生だったのである。

　そして、全ては一粒の真珠から始まったのだった。

＊1 マスカダインとは小型の梨。ご存じのことと思う（訳註：マスカダインはブドウのこと。エル・インカの勘違いか？）。

＊2 ラ・ペレグリーナは何世紀にもわたり、様々な国々、数多くの王家を渡り歩いた。数々の美しい（また非常に醜い）女性達が身につけて肖像画に描かれた。実際、その数が多いため、その出所について激しい論争が起きている。最近では、ロンドンで別の真珠が騒動を起こしており、時にメアリ・テューダーの真珠と呼ばれることもある。これはボンド・ストリートのディーラー、シンボリック&チェイス社が所有しているもので、二〇一三年のマスターピース・ロンドン・ショーで初公開された。これは驚嘆に値する出来事だ。少し非対称形で、しずく形というよりはナスのような形だが、実に素晴らしい。同社はメアリ・テューダーの肖像画の一枚を示して非常に説得力のある議論をしている。その肖像画の中でメアリが身につけているのは、伝統的にラ・ペレグリーナと認識されているものよりも、シンボリック&チェイス社所有の真珠のほうが近いように見えるのだ。そこで私はニューヨークに行き、グレッグ・クワイトに相談した。フレッドレイトン社のCEOだ。フレッドレイトン社は資産価値のある最も素晴らしい宝石類を扱う重鎮的存在で、自己資金投資をしていない点が注目に値する宝石商である。

グレッグの話によると、絵画を絶対的な根拠にするには、絵画は不正確であることが多いという問題点がある。時には故意にそのようにしていることもあるという。ちょうど、「私の鼻を少し小さく見せることはできるかい？　私のダイヤモンド、少しだけ大きく見せることは？」という具合に。グレッグはせいぜい単なる可能性というところだと一方で認めつつも、他方では、伝統的にラ・ペレグリーナと信じられている真珠（エリザベス・テイラーが所有しているもの）は、メアリ・テューダーに贈られた「放浪者」ではないかと思うとのことだった。

＊3 アン・ブーリンの最も有名な肖像画については今日議論がある。エリザベスが母のネックレスをつけている可能性が出てきたのである。

＊4 ヘンリには化膿している傷があった。これは昔、彼がまだもっと逞しく運動神経のよかった若い頃の馬上槍試合での事故によるものだった。完全に治癒しないままで、後年は嫌なにおいがし、常に出血したり、膿が出たりしていた。セクシーな話。

＊5 失敗に終わったがもう一人「九日間の女王」と呼ばれたジェーン・グレイの後になる。

＊6 メアリはフェリペに対して「クラウン・マトリモニアル」を与えた。これは共同統治という意味である。彼はイングランドの財政局に、二カ国での聖戦のための基金を設けさせたうえ、ついにはスペインとともに西仏国境沿いでのフランスとの戦争に、イングランドから兵を出すよう強硬に求めた。

＊7 あるいは軟体動物ならなんでも。それぞれに異なった真珠を作り出す。真珠貝の真珠よりも一層価値のある場合もある。

＊8 高温でアラゴナイトを方解石に変化させるには、摂氏三八〇度から四七〇度で加熱しなければならない。

＊9 プロラクチノーマとは下垂体腺腫のことで、妊娠に非常によく似た症状を起こす。片頭痛や、気分の変動、また次第に視力の低下が起きる。これらはどれもメアリが訴えていた症状だった。

＊10 実際にはフェリペには運が向いてきて、スペイン帝国を率いていかなければならないという、非常に時宜を得た言い訳ができたのだった。彼の父、カール五世が残りの人生を修道院で心の慰めを求めるために退位をしようとしていた。南アメリカでしてきたことを後悔していたのかもしれない。

＊11 もちろん、真珠は実際には新大陸の人々のものだった。しかし、彼らは二章前で失ってしまった。末節には

こだわらないでおこう。

＊12 現代的な基準で見れば、ロアノークはヴァージニアではなく、ノースカロライナにあった。しかし当時エリザベスはカリフォルニアからフロリダまでに広がった「ヴァージニア」に認可状を発行した。

＊13 ドレークの周航はマゼランに続く二回目の成功である。

＊14 メアリはいくつか実に伝説的美しさの真珠を持っていた。非常に大きな六粒連なりのネックレスで最初の義理の母、フランス王妃カトリーヌ・ド・メディシスから贈られたもので、腰の高さまでくる空前の黒真珠を連ねた素晴らしいネックレスだった。エリザベスがメアリを処刑したのはこの真珠のためではもちろんなかったのだが、メアリ処刑直後にこの宝石を取り上げたことについて、彼女は全く良心の呵責を見せることがなかった。

＊15 エリザベスは世界で最も恐ろしいスパイマスターの一人だった。非常に有名な肖像画で図案化された耳と目で埋め尽くされたドレスを着ているのは、彼女が全てを見通し、全てが聞こえる地位にあることを意味していた。

＊16 無敵のアルマダか？　これでは墓穴を掘る。「沈没することのないタイタニック」と言っているようなものだ。

＊17 特にドレークは金を奪おうとした。

＊18 三十年も前にフェリペの軍事的リーダーシップのもとで、イングランドが同じカレーを失ったのは皮肉な話だ。

＊19 事実、英国王家ではいまだに半分冗談だが、「ファーム（会社）」と自分達のことを呼んでいる。

第6章

ソヴィエトに資金を流す金の卵

革命とは苦しみが増すだけの、つまらない変化にすぎない。

——トム・ストッパード

暴動は起きる。革命は作られる。

——リチャード・パイプス

ロシアのイースター・エッグの中からとんでもないものが出てきた。殺害の脅迫状だ。一八八三年の春、ロシアのニヒリズムに連なる者達の手による「解放皇帝」アレクサンドル二世の暗殺と、その早すぎる死の直後、その息子アレクサンドル三世がモスクワで王位に就くこととなった。イースターの直前のことだ。間もなく誕生する新ツァーリ（ロシア皇帝）と悪名高い光り物好きの妻、ツァリーツァ（皇帝の妃）にイースターの贈り物として数えきれない宝石で飾られ金箔をかぶせた卵が届けられた。これはかのファベルジェ（訳註：帝政ロシアを代表する宝飾工芸職人、工房主宰者）から遡ること数百年と続く伝統だった。その日最初に宝物を探しあてて、宝石卵を割って開けたのは宝石に心奪われたツァリーツァだった。一番美しい卵の中には、小さな銀の短剣が一本と象牙で彫られた頭蓋骨が間もなく誕生する新ツァーリと新ツァリーツァを表して二個入っていた。またそこには美しいカードが添えられていて、「キリスト蘇れり」と書かれていた。ごく普通のイースターのお祝いの言葉だった。しかし、さらに「踏みつぶされようとも、我々ニヒリストは再び蘇るであろう」と書かれていたのだ。

ニヒリストの革命家達は馬鹿なことをする。このようなグリーティング・カードを送ることもそうだ。いや、それほど馬鹿なことでもなかったか？　同時にモスクワの警察トップは色付けされた卵の入った、やや控えめなバスケットを受け取った。中身はダイナマイトだった。そこに付けられていたカードには「戴冠式用にはもっとたくさんあります」と書かれていた。幸か不幸か、そこは見方によるのだが、脅迫は言葉だけに終わり、戴冠式には一発の爆発もなく、ロマノフ王朝は続いた。

腐った卵

インペリアル・エッグ「孔雀」は、中に隠してあるサプライズから名前が付けられている。水平に置かれたクリスタルの卵は繊細な渦を巻いている金の台座の上に載っている。宝石で飾られたクリスタルの卵はエッチングの絵柄で装飾されているが、ほぼ全体が透明で、内部に配された細工の細かい金の木を見せている。木の中には見事な機械仕掛けのクジャクが座っているのだ。クジャク自体は多色の金、キラキラ光る七宝と様々な色の宝石からできている。非常に細密な仕組みで連結されていて、ねじを巻くとクジャクは尾羽を広げ、頭を回し、前後に歩くのだ。幻と消えたロマノフ王朝時代に繋がる富裕さと豪華さ、奔放な贅沢さを最もよく示す卵の一つである。

ロマノフの宮廷は無双の豪奢さを誇っていた。ロマノフ宮廷での富や浪費と比べれば、ヨーロッパの他の王家はどこも控えめなものだ。ロマノフ王朝の人々がそうだったように、王宮はヨーロッパ的だったかもしれないが、正確には東方の国であり、東方の影響は否定できない。その富裕さ、贅沢さ、それから審美的なデザインはまがうことなき「オリエンタル」である。最も大きく最も派手やかな色の宝石だけがよいとされた。王室の婚礼衣装は実際に金と銀で作られており、大変な重量があるため、運ぶだけでも数人の力を要した。驚愕のイースター・エッグを開けたアレクサンドル三世の妃、マリア・フョードロヴナは恐ろしくたくさんの宝石を身につけたと伝えられている。そのため、他の女性が身につけても「整っていて美しいという感じはしないだろう」、またそれ以外の場面であったなら「本物だとは思われないだろう」①という証言もある。ベルサイユ宮殿で行われた様々な行事も、ロマノフ王家の人々が一年のうちに移り暮らした冬宮殿や夏宮殿、その他数箇所の宮殿で行われた諸々の行事の華やかさには、はるかに及ばなかった。

これは単に、羨ましいほどの財産や贅沢品を巡る激しい競争と支出のカスケード現象が常にヨーロッパ各地の王家の間に存在した結果というにとどまらない。これは「孤立」の問題だったのだ。ロマノフ王家は民衆との接点がほとんどなく、そのため彼らの行動に対して異議を唱える者がいなかった。そして、おそらくさらに大きな問題は自分達と比較する相手が誰もいなかったことだ。数えきれないほどの人民と無尽蔵の天然資源によってもたらされた莫大な富を持つ独裁政権は、完全に時代錯誤で、現実認識を欠いた王国を作り上げていた。詰まるところ、社会的にも構造的にも内側から腐敗しつつある国を、腐敗したツァーリが統治している、腐敗した体制だったのだ。

より詳しい調査

「モスクワのクレムリン宮殿」はその他のインペリアル・エッグとは全く異なる。約三五センチほどの高さがあり、細部にわたって生神女就寝大聖堂を模したレプリカが卓越している。超高級なドールハウスのように、モスクワ・クレムリンエッグは四色のゴールドで細部まで完璧な細工が施されている。クリスタルの窓を通してカーペットやイコンなどが見え、カテドラルには鐘の音が出る小さな時計まで組み込まれている。卵の形が残った部分は一カ所だけあるが、ほとんど目に付かない。かなり大きいのだが、見つけるまでにしばらく時間がかかる。三つの小塔の内側に堂々とした乳白光を放つ七宝の卵が安置されている。窓と金の玉ねぎ型のドーム屋根、その上にはロシア正教の十字架が見える。初めは建物の一部分のように見えるが、さらにじっくり眺めていると、クレムリンの建物の中心部分が実際はファベルジェの卵であることが見えてくるのだ。

ロマノフ王朝に関するおかしな話は、おそらくただ一つだ。彼らが本当のロシア人ではないことだ。死す運命にあった最後のツァリーツァも明らかにロシア人ではなかった。ツァリーツァのアレクサンドラ、かつてのアレックス・フォン・ヘッセ・ダルムシュタット（もともとはドイツ出身）は英国人とドイツ人の血を引いており、ヴィクトリア女王のお気に入りの孫娘の一人だった。彼女の義理の母、宝石をこよなく愛するマリア・フョードロヴナはかつてはダーグマと呼ばれ、ギリシャ王の娘だった。特に外交上のしきたりで、別の王室の人間と結婚しなければならない場合には、外国からの花嫁を迎えるのが礼式に従ったものだったのである。その結果、ロマノフ一族には、権力を手に入れるはるか前から、ロシア人の血はほとんど流れていなかった。最後の皇帝、ニコライ二世はわずか一二八分の一ロシア人という計算になった。政治的にも、社会的にも、そして経済的にも、自国民とはすっかり現実認識が違ってしまったうえ、ロマノフ王家は民族性まで同じでなくなっていた。彼らとの唯一の共通点は宗教だった。

無宗教で禁欲的というソヴィエト国家に関する現代のイメージとはかなり異なって、ロシア人は宗教的な信念を心からの喜びを持って、華麗に表現する歴史を保有している。贅沢と宝石への愛はこの国の始まりにまで遡る。紀元九八七年、ウラジミール一世はキリスト教徒になるべきか、はたまたイスラム教徒になるべきかと熟慮し、コンスタンチノープルへ外交使節を派遣して、分けてもこのキリスト教というものがいかなるものか突き止めようとした。使者達は素晴らしいビザンチン帝国のカテドラル、アヤソフィアへと案内された。そこで彼らはきらびやかな宝石をちりばめたモザイクとらせん状の丸天井と、特に金箔をかぶせた琥珀の美しさに完全に虜になった。これがのちにロシアの有名な琥珀の間を生むことになるのだ。使者達はウラジミールに自分達が見たものを次のように描写して伝えてきた。「『私達は一体ここが地上なのか、天国なのかわからなくなった』。光は窓を通して降り注ぎ、聖職者達は祈りの言葉を詠唱し、モザイクはろうそくの明かりの中で輝く。そして、この証言を読んで、ウラジミールもロシア人もみな、正教会に改宗したのだった[2]」

ほぼ千年ののちも、ロシア人の大多数はロシア正教会と呼ばれるキリスト教の東の分派に属し続けていた。イースターが年間で最も重要な祝日で、ツァーリから貧しい農民に至るまで全ての人々が祝った。イースター・エッグを交換する伝統がロシアのキリスト教に深く根差しているという点は注目しておくべきである。ファベルジェ以前からすでに、王家や貴族達は宝石をちりばめた卵を交換することがよくあった。戴冠式前のアレクサンドル三世に、数多くの卵が届けられたのはそんな理由だ。農民達が交換するのは色を付けた木製の卵で、一つの中にもう一つがロシアの入れ子人形の様になっているものが多かった。簡単なものもあったが、のちの時代のファベルジェ・エッグのように、多くの卵は中に受け取った人を驚かせるプレゼントが入っていた。

最初のファベルジェ・エッグはアレクサンドル三世から、妻のマリア・フョードロヴナへの贈り物だった。この妻が可愛らしく、魅力的で、夫からも一般大衆からも同様に愛されたことは、人から好感を持たれることのない独裁者には大いに助けになったことだろう。彼女は人民の王妃というタイプではなく、有名人といったところだったが、自分のことを褒めてくれる人を褒め、できるだけいつでも大げさに振る舞うという女性だった。人々の注目を浴びることとパーティーが大好きだったが、それにもまして宝石が好きだった。そして彼女は最初のファベルジェのイースター・エッグを受け取る栄誉を手にした。活発で生命力にあふれた妻を喜ばせることは、厳格で陰気なツァーリである夫の望みだった。この最初の制作依頼が後に三十三年と五二個のインペリアル・エッグへと広がって伝統となるのだ。そうして歴史家ジョン・アンドリュースが言う「注文制作による最後の偉大な芸術品シリーズ[3]」に結実していくのだ。

アレクサンドル三世の死後も、息子のニコライ二世は母に、そして自分の妻、アレクサンドラにも、ファベルジェ・エッグを毎年イースターに贈り続けたのだった。ロシア文化の中でイースター・エッグは宗教的・社会的意義を有してきたが、ロシア正教会のイースター・エッグと宝飾品との両面から美術品としての再評価が行われることになるのは、アレクサンドル三世とニコライ二世の要請で制作された五二個のインペリアル・エッグだった。

芸術家ファベルジェ

他の追随を許さない幅広いコレクションの中でも、「モザイク」はファベルジェの最も偉大な成果であることは疑いない。卵にしては相当大きく、離れたところから見ると、キラキラ光る刺繍でできているように見える。近づくと、卵は繊細で今にも壊れそうなプラチナの格子づくり、ちょうどハチの巣のように作られていることがわかる。

プラチナの縁はパネル状に組み合わされて、それぞれダイヤモンドと真珠を一組セットにした環状の縁で囲まれている。プラチナの格子の穴の多くは一つ一つ違う色の貴石がはめ込まれ、合計何百というカラット数に値するものとなっている。これがプチポワン刺繍のような花と渦巻きのパターンを作り出している。残りの穴は刺繍仕事が進行中であるように思わせるため空間のまま残してある。

宝石はテンションセッティング（地金で宝石を左右から挟む）になっている。この技術は時の流れとともに一度失われ、何十年もしてからヴァンクリーフ&アーペルがいわゆるインビジブル・セッティングを完成させて、再び日の目を見るようになる。細心の技術と驚異の彫刻デザインは空前のレベルの異分野提携によってのみ、ようやく実現することができるものだ。

ファベルジェという名前はラテン語のfaber、「物を作り出す者」という意味だ。宝石商の息子、カール・ファベルジェは一家がフランスからロシアに移住した時、父親の仕事を継いだ。彼は商売を拡大しただけではなかった。宝飾品制作を芸術表現にまで高め、これまでの作業場を、世界中どこにもないような洗練された現代的なものに作り替えた。ファベルジェは宝石デザイナーの中で、その先見性で急速に頭角を現していった。彼はこう言っている。「もしそれがいくつダイヤモンドや真珠があるかというだけなら、高価なものでもほとんど興味が湧かない[①]」。ウィーン工房、アール・デコ、またはインダストリアル・アーツ運動以前のものとしては驚くべき発言だった。芸術品には全て金が施され、宝石はその大きさがもてはやされる帝政ロシアでは信じられない話だ。

　また、ファベルジェは非常に多作だった。ファベルジェといえば、イースター・エッグのことしか思い浮かばないかもしれないが、彼の作品は多岐にわたっていた。工房は宝飾品から美術品、シガレットケースや額縁のような簡単な品物まで、ありとあらゆるものを制作した。ロシアには、その用途が外交であれ、恋愛であれ、あるいはまた好印象を与えたい時に、真に値打ちのある贈り物には「ファベルジェのちょっとした品を[①]」といった時代があった。

　創造力に富んだ天才という以外に、ファベルジェは偉大な実業家としても、たぐいまれな才能の持ち主で、有能な社長でもあった。彼のところには何百人という職人がいて、皆よく仕込まれていて仕事の評価も高く、厚遇されていた。彼が理想としていたのは、それぞれに比類

のない異種の才能を持った職人達が、同じ作品を一緒に制作し、それを一人の親方が監督している、半独立のチーム、あるいは作業場だった。それぞれの親方は組織の上へ上へと報告を上げて、ファベルジェのところに届く仕組みだ。非常に現代的なモデルで、芸術、技術、ビジネス上の革新が生まれやすい。今も残る数々の記録によると、多くのアイテムは（インペリアル・イースター・エッグはその中に入っていなかったが）、設計や制作に入る前にまず費用対効果で評価された。工房の取り分の利益が大きく歪められる時は、ファベルジェは時にデザインを変えたり、完全に却下したりすることもあった。すべて、エクセルも使わずに。

　伝記作家トビー・ファバー[*1]によれば、ファベルジェは模範的な雇用主だったという。「彼はデザインを提供し、材料を調達し、出来上がった製品を売り出した。これは工房が成長を続けていく場合に、極めて柔軟なビジネス構造だということがわかった[①]」。そして、工房は成長した。ファベルジェは生きている間に、世界で最も贅沢な王室のお気に入りの宝石商となって、そのイースター・

エッグのコレクションで、不朽の名を残しただけでなく、ロシア全土、さらには西ヨーロッパにも事業を展開した。おかげで、彼は事業をさらに拡張し、労働力を多角化し、宝飾技術の目覚ましい革新を起こす実力を自分のものとした。

彼は数々の技術に革命を起こしたが、そのうちにいくつかはいまだに再現されていないものもある。彼は化学者や金細工職人、宝石を嵌め込むセッター、彫刻師、細密肖像画家などを帝国各地から集めてきた。フランスの最高レベルの宝飾職人でゴールドの色を四色の単色（黄色、白、緑がかった黄色、銅色に近いオレンジ色）しか作り出せないのに対して、ファベルジェの工房ではさらに赤、灰色、紫、薄紫色、さらに青色のゴールドの色数を出すことができた。

七宝装飾の技術では、彼は今日でも無敵で、いまだに解明できないような技術を編み出していた。同時代の宝飾師達が単色を数色しか作れなかったのに、ファベルジェはショッキング・ピンクから目が覚めるような菫（すみれ）色、やや乳白色、ほとんど蛍光色に近い色など、他では出せない一五〇色を超える異なる色合いを用意していた。彼はフランスのギョーシェエナメル（七宝）の技術を使っていた。金の上にかすかな模様や文字を彫刻した後で細かいガラスパウダーを溶かしたものをその表面に流し込んで仕上げ、非常に細微で美しい、しかも珍しい手触りを生み出すという技術だが、今日もまだその再現が待たれるところだ。③

ファバーによれば、「こうしたことから、ファベルジェの真に非凡な才能が自分以外の多くの人の創造性と才能を結び合わせた様子が浮かび上がってくる①」という。しかし、この点を含めても、非常に独特な、多作で厳格なファベルジェ工房の最も素晴らしいところは、誰に聞いても、幸福な働き手でいっぱいだったという点だった。ファベルジェは賞賛されてしかるべき職人達を惜しみなく褒め讃えた。「モザイク」「冬」という作品はもともと、工房の親方の一人の娘、アルマ・ピルが思いついてデザインしたものだった。彼女の業績を隠したりせず、ファベルジェは彼女の作品を公の場で賞賛し、重要な仕事をさらに任せたのだった。③

大きな多国籍企業のトップとして、遠くはロンドンにまでオフィスを持ち、何百という従業員を抱え、彼は確かに資本家と言えた。しかし、カール・ファベルジェは彼の同時代では誰よりも（ロシアを別にすれば）、二〇一五年なら社会主義者だと見なされかねないビジネスモデルを推し進めていた。仕事の成果を分かち合い、収益を分散し、他方では従業員の福祉と健康に気を配るという、全く革命的なやり方だった。歴史は悲劇として始まり、茶番で終わると言ったのはマルクスその人だった。皮肉なことだが、ファベルジェのような人物はボルシェヴィキの革命からは逃げ出さなければならなかった。そして数十年後には彼の作ったインペリアル・エッグと彼の名は非常に抑圧的な政府の財政になくてはならないものとなるのである。

カール・ファベルジェは偉大な芸術家で、卓越した職人だったというだけではなかった。社会的、経済的に言って、彼は二人とは現れない人間だった。彼は知的社会主義と実際的資本主義の最もよい部分を実に効果的に組み合わせたのだった。

そして、皆、金持ちになった。

ストーリーを売る

「野の花の籠」、フラワー・バスケット・エッグと言えば、まさに言葉通りである。シンプルな白い七宝の卵が青い七宝の台座の上に載っていて、その先端は切り落とされ、大きくカーブを描いた取っ手が付けられており、縦長置き型のバスケットという印象を与えている。非常に手の込んだ作品で、ダイヤモンドで作られた渦巻きの線が殻の上で十字に交わり、枝編み細工を思わせる。サイズは実物の卵と同じで、上部からは中身があふれんばかりだ。ファベルジェの得意技、極めて繊細で、生きているかのような春の花々が、まるで花瓶のようなバスケットの中に活けられた歓喜に満ちたコレクションである。様々な種類の花は本物のような色と手触りで、全て七宝が施されて、本物のイースターの花束だと、信じてしまいそうだ。

ファベルジェの工房と聞くとロマノフスタイルの退廃

的なイメージを思い浮かべる人が多いが、ファベルジェの作品がいかに革新的だったかを知る人はわずかだ。彼の天才的な技が最も顕著に表れているのはインペリアル・イースター・エッグの制作だった。これは五二個の美術品シリーズで、贅を尽くしたものとして人々の記憶に残っているが、その職人技には目を見張るものがある。それぞれの卵には一つ一つテーマがあり、芸術的スタイルがあって、内部には宝石を使った贈り物が隠されており、卵それ自体よりも一層印象的な品も多い。

ニコライ二世とその取り巻きがファベルジェの作品を買い漁ったのが、虚栄心や、貪欲さからだったことは間違いないが、意図せず現代の我々に良きものを残してくれた。ファベルジェがツァーリの宮廷のために生み出した美と技の傑作の多くは、ボルシェヴィキ革命の前後に破壊された。レーニンは大衆に「略奪者を略奪せよ」と、つまり特に裕福な人々から盗むか破壊するか、できることは何でもせよと命じた。新しく樹立された共産主義政権による金目のものを片っ端から漁る略奪の嵐の中で、宝飾品類はバラバラに分解され、融かされ、出所を隠すためか、あるいは大粒ダイヤモンドや色石、金などを西ヨーロッパへ転売しやすくするためか、石はバラバラにされたのだった。

しかし、インペリアル・エッグは助かった。誰あろう、レーニンその人によって。なぜならいわゆるロシア革命が、第一次世界大戦の最も折悪い、最も金のかかる時期に、拡張しすぎたドイツ政府によって金を渡されてこっそり仕組まれたものだったからだ。アメリカ合衆国もまた、おそらくドイツほど直接的ではなかったが、暗黙の了解と、結局のところは経済的援助によって、革命にはその初期から手出しをしていた。

資本主義の様々な英雄達、ほんの数例を挙げるなら、ヘンリー・フォード、かつての財務長官アンドリュー・メロン、出版界の大物マルコム・フォーブスといった本物の反共産主義の扇動者も、[*2] あれやこれやで参入しており、もう一人のアンクル・サムの末裔、アーマンド・ハマーが暗躍し、大量の美術品を購入することで急速に発展しつつあったソヴィエトからの要請に資金面で応えていた。

有名な資本家ハマーは死ぬまで共産主義支持者で、ソヴィエトとの仲介者として、略奪したロシアの宝飾品や貴重な工芸品の買取りを巧妙に手配し、ソ連政府に現金が入るようにした。その際、彼はアメリカの大衆にファベルジェの卵というイメージと、それに付随する心を揺さぶる物語とを合わせて売り込んだ。ハマーと、スターリン、ファベルジェの卵の物語は、持てる者と持たざる者、共産主義者と資本主義者、友人と敵、旧来の秩序と新しい考え方、つまりは現実と幻想とを対照させる物語なのだ。

ロマノフ帝国の崩壊

一九一三年、ロマノフ王朝の治世三百年を祝うために作られた、「ロマノフ王家の三百年」はロシア帝国の記念声明にふさわしい豪華さだった。壮麗な赤と金でできた、紋章で覆われた台座から、さらにロマノフ王家の羽根飾りによって、卵は高く持ち上げられている。約八センチ以上の高さがある金の双頭の鷲、肉食性の生き物は勝利宣言をするようにその翼を上げて前方にかざし、大爪のある足で王の持つ笏と剣とを摑んで、見る者に恐ろしい印象を与えつつ、台として卵をしっかりと支えている。卵の金色は、乳白色の七宝が何層も何層も重なったところを通り抜けて輝く。この卵の中心的モチーフは、一八人のロマノフ王朝の王の姿で、極めて繊細な肖像画が卵の全面に飾られた。肖像画は一枚一枚円形の象牙の上に描かれ、ローズカットダイヤモンド（合計で一一〇〇個以上）で縁取りされ、埋め込まれた金の鷲と王冠、葉飾りが、殻に寸分の隙間なく埋め込まれた。

大きなダイヤモンドが卵の頂点に一六一三年と一九一三年という年号とともに取り付けられた。エッグはちょうど宝石箱のように、上部が蓋となっていてパカッと開き、中からは、鋼と多色の金と青い七宝でできた地球が自転しているのが現れる仕掛けになっている。地球の片側は一六一三年、最初のロマノフ王朝のツァーリのもとでロシア帝国がどこまで広がっていたのかを表し、もう片方は、それよりもはるかに大きく拡大した一九一三年における帝国を見せてくれる。この時のツァーリ、ニコライ二世が最後のツァーリとなるのである。

ニコライ二世はのちにロマノフ王朝最後の悲劇のツァーリとして有名になる。しかし、すでに彼の数世代前に崩壊の種はまかれていたのだ。あるいはさらに前の世代だったかもしれない。

彼の祖父アレクサンドル二世は聡明で、多忙な指導者だった。絶対君主のツァーリでありながら進歩主義の改革者に近づけるところまで近づいた。その治世の間、とくに最後に近い頃には、ロシアの人民は幸福とは言えなかった。私よりも親切な人が何人も言うのだが、ロシアの人々は大体いつも幸せじゃないのだそうだ。しかし、この場合は政府にその責任があるということにしておこう。確かな話、ツァーリ自身もそう考えたようだ。二十年以上にわたって、アレクサンドル二世は自分の国を近代化しようとしていた。彼は軍隊に、裁判制度に、教育制度にいくつもの改革を行った。時代遅れになった検閲法も改革した。[*3] 一八六一年、何世紀にもわたって土地に縛りつけられ経済的にも奴隷とされていたロシアの全ての農奴達が解放され、アレクサンドル二世は「解放ツァーリ」として知られるようになるのだ。

遅れてもやらないよりはましということか。

彼が殺されたその朝、選挙で選ばれた国民評議会を招集する書類に自ら署名したばかりだった。革命的に聞こえるかもしれないが、喜ぶのは早い。ちょうど二十世紀に入る曲がり角のところだ。何百年もの間、立憲王政は政治的に始まってもいなかった。ロシアが時代に乗り遅れていたのは悲劇的だった。しかしアレクサンドル二世は自分の国を進歩させる努力を決して惜しまなかった。

だが、彼はほとんど感謝されることもなかった。議会を招集するための選挙を呼びかけるツァーリとしての命令は印刷に回されているところだった。ツァーリが冬の宮殿へと帰る途中のこと、自称ニヒリスト運動組織「ナロードナヤ・ヴォーリャ（人民の意志）」のメンバーの一人が爆弾をツァーリの馬車の下へ投げこんだのだ。そもそもニヒリストという者達はロシアの歴史上いつの時代も全く不可解なのだが、一体どのようにして集団を形成できるのか。まして革命を企てることなど。それにもかかわらず、ナロードナヤ・ヴォーリャが信じたのは、進歩を達成する唯一の道は初めに全てを破壊し尽くすことだった。それで、善人だろうが悪人だろうが、解放ツァーリは爆弾で吹き飛ばすしかなかったのだ。

一発目の爆弾は馬車の下に投げ込まれたが、実際は彼に怪我はなかった。馬車から外へ出て、神に感謝しながら、捕まったニヒリストに怒号を浴びせ、取り調べをしようとした時に、神に感謝するのはまだ早いと、二番手が叫びながら、ツァーリのちょうど足元のところにもう一発の爆弾を投げつけた。これで彼らの目的は達成されたのだった。

一八八一年のイースター直前、アレクサンドルの跡は息子のアレクサンドル三世が継いだ。たとえ、アレクサンドル三世が父同様に近代化や自由主義への傾倒があったとしても、自分の父が爆弾で足を吹き飛ばされ、内臓が飛び出した様を見たことで、そういった考えはすっかり影を潜めた。ツァーリとして彼が実際に発した最初の法令は、選挙で選ばれた評議会を招集するという父が下した命令を無効にするというものだった。その後、残酷かつ冷酷なツァーリ、アレクサンドル三世は、自分が絶対的な独裁君主で、自分以外の意見は求められないし、許容されないだろうと宣言した。「人民」の意見を聞かないことは言うまでもなかった。こうしたアプローチは——他のツァーリではさっぱりだめでも——かなり功を奏した。というのも、彼が伝統的マッチョな独裁者タイプだったからだ。運がなかったのは、彼の息子ニコライ二世がそうではなかったという点だ。

ニコライ二世は父のように強い男ではなかったし、祖父のような改革者でもなかった。彼は少々頭が悪かった。彼の父はそう考えて、彼を真剣に政治に巻き込もうとはしなかった。その結果、彼は帝国を運営するコツを何一つ習得しなかった。たぶんアレクサンドル三世は自分が次々に下していく問題のない命令や、かなり問題のある命令などと同じく、自分の不死さえ命じることができるくらいに考えていたのだろう。もしそうなら、当時四十九歳、まだかなり若い頑丈な体軀の専制君主にとって、相当大きなショックだったことと思われる。一八九四年の夏、青天の霹靂のごとく、アレクサンドル三世は病床に着くと、亡くなった。ニコライは当時二十六歳、小心で、政治を行う準備など全くできていなかった。自分自身でもわかっていたことだ。大事な局面で、次のように言ったとされる。「私に、そしてロシアに一体何が起ころうとしているのか。私はツァーリになる準備ができていない。なりたいとも思っていなかった。政治とはどうするものなのか、全く知らないのだ[④]」

誰にとっても不幸だったのは、政権を誰か他のもっと適任の指導者に譲るとか、身近にいた内閣の助言を受け入れるとかではなく、放蕩息子が父親の服を着て独裁者のふりを始めたことだった。一八九五年、今日では悪名高いスピーチを行ってニコライ二世は自らの統治に着手した。「あらゆる者に知らせよう。忘れ難き我が父がそうしてきたように、私も専制君主制の原則を厳格に守るであろう[①]」

これは様々な理由からよろしくない動きだった。何よりもやる気のない君主というのは独裁者よりも始末が悪い。暴君は非道かもしれないが、少なくとも何らかの将

来の見込みというものがある。若いのに未亡人となった母は舞踏会に出ては金を使い、美しいが社会性のない妻、新しいツァリーツァは人々を遠ざけ、子どもを次々に産んだが、ニコライはと言えば、自分自身ほとんど何もしなかった。彼は自分の妻を愛した。家族とのプライベートな時間を楽しみ、母と同様に着飾ることを好んだ。彼は軍事上の仕事を喜んだ。なぜなら派手で豪華な式典ばかりだったからだ。しかし治世者としてはほとんど何もしなかった。そして危急の事態が持ち上がると、一つまた一つと、彼は選択を誤ってしまうのだった。

当時のロシアの大臣の一人、セルゲイ・ヴィッテは次のように述べている。「私はツァーリをお気の毒に思う。ロシアも気の毒だ。彼は才能に乏しい不幸せな君主である。彼は何を相続し、何を遺すことになるのか。明らかに彼は人柄のいい、知的な人間だが、彼には意志の力が欠けている。その性質のせいで、彼の国家の欠点、それはすなわち、彼の統治者としての、特に専制君主としての欠点は大きくなっていったのだ」。ヴィッテは正しかった。ニコライ二世は悪人ではなかったが、善人というのでもなかった。彼の治世は、無能と非協調性、歴史の

必然の、救いようのない組み合わせだったと説明できる。

もう一つの血塗られた日曜日

一八九七年の制作時点で、「戴冠式」は、ファベルジェがそれまでに手掛けた中でも最も大型で、最も複雑、デカダンで、野心的な作品だった。金色の外面は織り合わされた星形模様の柄で覆われ、極薄の黄色い七宝の層が何層も重ねられて繊細に加工してある。光り輝く表面には金色の月桂樹の葉を帯状に束ねて作った格子垣が広がり、卵の上で交差し、その繋ぎ目には小さなダイヤモンドを抱いた帝国の鷲が留められている。

卵の殻のひまわり色の黄色は、戴冠を受ける者が着用するガウンと同じ色が配されている。ツァリーツァ、アレクサンドラ妃である。ビロード張りの卵の内部には、彼女を運んだ十八世紀の馬車の、長さが約一〇センチもない精密なレプリカが入っている。

七宝技術では現在までのところ最も細密な実例だ。金とプラチナ、七宝で作られた四輪馬車はC型の緩衝部と折り畳み式の階段に至るまで、宝石で美しく飾られ、ダイヤモンドの王冠と水晶の窓は実に誇らしげに、ツァリーツァの馬車の細部に輝きを反射している。サプライズの馬車にさらにサプライズを重ねて、宝石がはめ込まれたペンダントが中に入っていた。

戴冠式記念のエッグはニコライとアレクサンドラの戴冠式そのものと同様に、ファベルジェにとっても、ロシアにとっても、新しい時代の始まりを予感させるものとなった。同時にファベルジェが史上最も偉大な芸術家、工芸職人の一人として認められるようになる画期を意味しており、ロマノフ王朝とロシア帝国にとっては終わりの始まりと言えた。

ニコライとアレクサンドラの戴冠式は世紀に一度とまではいかないが、十年に一度という極上の催しだった。ヨーロッパの最も裕福な王族が一生に一度のイベントがこれだと、準備に没頭し始めると、世界中の目がモスクワに集まった。式典、パーティー、舞踏会にはヨーロッパの王族のほとんどが出席して、丸二週間も続いた。世界各地からの招待客で芳名録は七〇〇〇人を超え、見物客は驚嘆に値するものとなった。

二週間のお祭り騒ぎのうちの四日目に、一般人に向けた伝統的な祝賀が、モスクワのホディンカの市場の敷地を使った特設会場で行われた。五〇〇万人が戴冠式の祝賀のため広場に押しかけた。これは見込みよりも数十万人も多い数だった。人々は皆、かつてない盛りあがりを見せた。無料で振る舞われるビールと食べ物を楽しもうと集まってきたのだ。比較的安価な記念カップが土産として手渡されるというのも大きな楽しみだった。カップは職人の工房で制作されたものではなかったが、新しいツァーリに興奮した、想像だにできない貧しさの民衆のために大量生産された、雑な七宝が塗られた小さな金属のカップには、ファベルジェとスタンプが押されていたかもしれない。何はともあれ、彼らは土産話を持ち帰って、のちに自分の孫達にもその時のことを語ることだろう。

不幸なことに、家に帰ることができなくなった者も出た。祭前夜の何時ごろか、噂話が広がり始めた。懸念されていた、物品の不足が出る模様だ、特に記念カップが十分に行き渡らないかもしれないという。不安は大きくなり、この宝物を貰い損ねるのではないかと恐れた群衆が狭すぎる会場に殺到したのだ。夜明け前、大混乱が発生した。数えきれない人々がぶつかりあって圧死したり、踏みつけられたり、前もって埋めておくことなど誰も考えもしなかった深い溝に頭から落ちて死亡した者もいた。さらに状況を悪化させたのは、新ツァーリが大衆の誘導のためにコサック人を雇っていたことだ。彼らはローリング・ストーンズのコンサートで、群衆整理として参加者を殺害し始めたというヘルズ・エンジェルスと同じだったのかもしれない。亡くなった何千という人々のほとんどが、圧死か、大勢の人々に踏まれて死亡した。ところが、人々がもはや制御不能になった時、コサック達もパニックに陥って、群衆に向かって発砲を始めたのである。楽しいお祝いの場となるはずが、始まる前に終わったのだ。集団虐殺という結末で。

それでも楽団の演奏は続く

「回転するミニチュア絵画」はツァリーツァ、アレクサンドラのために制作された。旧姓名はアレックス・フォン・ヘッセン=ダルムシュタット。高さわずか二五センチにも満たない透明なクリスタルの殻でできた卵は、半分のところで細いダイヤモンドの帯で接合されている。磨き込まれたクリスタルの台座は金色の七宝で飾り付けられ、その上に、実に優美なバランスで縦向きに載っている。中身のサプライズはページが象牙でできた本で、卵の中空にぶら下がっているように見える。それぞれのページは巧みに金で縁が飾られ、新ツァリーツァが住んだこと、訪れたことがある多くのヨーロッパの城のうちから一カ所ずつが美しい彩色で、細密に描かれている。卵の先端に取り付けられた、先の尖った大きなエメラルドを押して回すと、ページが本のように開いて、二ページずつ金色の柱の周りをまわりながら、アレクサンドラのお気に入りの休暇用の宮殿や城を紀行

映画のように見せてくれる。

少なくとも、神経質な二十六歳の国王にとっては決して幸先のよいスタートではなかった。ニコライがこの惨劇について報告を受けた時には、すでに午前十時三十分頃になっていた。死者達をすっかり片づけた後のことだ。彼らを助けるためにニコライにできることは何もなかった。しかし、民衆や招待客達にとっては、新ツァーリが少なくとも心配しているふりだけでもしてくれたら、それだけでよかったのだった。ところが、ニコライは彼の廷臣達からの非常に不適切な助言を入れて、その夜に予定されていたフランス大使館での舞踏会に出席したのだ。ファバーの表現によると、「けが人が死んでいく間にダンスした①」という。何千という死体をまたぎ越して踊れるほどニコライの足が長かったとしても、普通ならそんなことはしなかったに違いない。それは大量虐殺の遺族達にもわからない話ではなかった。祝いにやってきた人々は、悲嘆にくれて、精神的ショックを受け、自分達のツァーリはこの大殺戮によって自分の計画を邪魔させるつもりが全くないことに気づいた。フランスはこの公

式行事のためにわざわざベルサイユから何千本ものバラを運ばせていた。ツァーリの身近な人々の間にも彼の行動はショックを与え、相当な数の招待客達も彼の冷酷さに動揺した。

これが彼らの治世の始まりだったが、この王家のカップルにとって、その人気の終わりの始まりでもあった。この大惨事はこの二人が政治能力もなく、無力で、そして無慈悲な統治者であることを広く知らしめることになった。また二人に対するヨーロッパ諸国の共感も急速に冷えていった。フランス駐露大使モーリス・パレオローグはこう書いている。「私は、現段階でロシア帝国は精神に異常をきたした人物が率いていると報告せざるを得ません」[⑤]。しばらくして、彼らの西ヨーロッパの親戚達はゆっくりとニコライとアレクサンドラから距離を取り始めた。二人は自分達のごく近しい親族だけの家庭と東方正教会に引きこもるようになった。次第に彼らは自分の国民とも外国にいる親戚達とも共有するものがなくなっていったのである。

戴冠式は、ロマノフ王家とロシア国家、そして国民との分断を白日の下にさらすことになる、一連の出来事の最初の一つにすぎなかった。しかし、それはこののち、不幸な運命を辿るニコライの治世の特徴となる冷淡さを予兆するものだった。心の弱いツァーリがもともとは舞踏会への出席を取りやめるつもりだったとか、ツァリーツァがあの惨劇にショックを受けて流産したことなどは問題ではない。いつの場合も、どう認識されるかが全てなのだ。ツァーリとツァリーツァは決定的、かつ象徴的瞬間に、最低最悪の印象を残したのである。

戴冠式の大惨事は、七〇〇〇人の金ぴかに飾り立てた廷臣達とロシアに暮らす工場労働者達や農奴達との間には、信じがたいほど大きな格差があることを象徴するものとなったのである。宝石で飾られたイースター・エッグと、数が少なすぎて行き渡らなかったブリキのカップとの間の違いのように。

必需品の値段

ファベルジェ・エッグ「すずらん」は、それまでファベルジェがロマノフ王家のために制作してきた堂々とした、壮麗な作品とは大きく異なるものだ。これはツァリーツァ、アレクサンドラのために特別に考案されたもので、ベル・エポックの傑作である。金色の卵は複雑に彫刻が施されて、透明なローズピンクの七宝が何層も重ねられ、黄色がかった金色が下から輝くようになっていて、乳白光の宝石のような質感を与えている。エッグが載っている、くるりと曲がった有機的な形の四本の金の脚には、小さなダイヤモンドが筋状にはめ込まれている。輝くピンク色の卵全体の上に、緑金の葉と茎に真珠が多数飾られ、金とダイヤモンドのカップですずらんに見えるように仕上げられている。

さて、サプライズはというと、このエッグは開かないということだ。その代わりに、右の蕾を回すと、卵の頂上に載っているダイヤモンドの王冠が持ち上がって、ツァリーツァの夫と二人の娘のミニチュア肖像画が三枚房状になったものが出てくる仕掛けだ。このイースター・エッグは一九〇〇年のパリ万国博で大評判になった。しかし、ツァリーツァからの評判はそれ以上だった。アール・ヌーヴォーの有機的な特徴に加えて、このエッグの最も重要な特色は、これが悪名高い気まぐれ屋の新しい顧客、アレクサンドラの好みを理解して喜ばせることに、ファベルジェが初めて成功した作品だったことだ。

人々はなぜ物を買うのが好きなのか。簡単な質問だが、重要だ。そしてこの章にとって、またファベルジェ・エッグに何が起こったのかを理解するうえで極めて重大である。物を買うことは私達を幸福にしない。これは感情的本能には反するけれど、広く知られている心理学上の事実である。とにかく幸福感は数分以上続くことはない。それから幸せな気分は薄れ、よくない感情に置き換わることがよくある。不安とか罪の意識とか、激しい後悔とかだ。[*4] さて、実際にはそこで何が起こっているのだろうか。物質的な物を手に入れることが人間を満足させると、なぜ私達は考えるのだろうか。なぜ物では満足できないのか。何なら満足するのか。私達は皆、金を使うことが好きだ。大好きと言っていいくらいだ。この事実を直視しよう。なぜ私達の脳は実際には役にも立たないことをしろと命令するのだろうか。

人間のむやみに欲しがる傾向、過度の取得欲は、人間が過食になる傾向とほとんど違いがないと生物学者達は述べている。人間は必要なものをできるかぎり手に入れるようにプログラムされている。なぜなら、意識的にせよ、そうでないにせよ、資源は量が少なく、なかなか出くわすことが難しいと想定されているからだ。私達の一億歳の脳は私達に、できる限りたくさん食べるように命令し、そして私達はスーパーマーケットのすぐそばに住み、結局肥満になるのだ。私達の一億歳の脳は持ち主に貴重な宝物はできるだけたくさん手に入れなさいとささやく。私達はそうするために自由に使える手段を持っていて、結果、私達もロマノフ一族のようになるのである。


しかし、もし物が人間を幸福にしないのなら、何が人を幸福にするのか。いくつもの最新の研究によると、人は少なくとも二通りの形式で幸福を買うことができるという。物質的な物を買うことによってほんの束の間の幸福は買うことができるが、すぐに消えていく。一方、経験に金を払うと、ややそれよりは長く持続する形の幸福

感を買うことができる。

『Neuron』誌に発表された研究では[6]、人が何かを買う時と、何かを買うことを考える時とで、それぞれ脳内で何が起きているのかを注視している。驚いたことに、どちらの行動でも全く同じ神経学的効果が現れるのだ。

欲しいものを手に入れる時、脳の快楽中枢は喜びの神経化学物質（最も顕著なのはドーパミン）で脳内をいっぱいにする。しかし、手に入れたいものについて考えたり、手に入れることを計画するだけでも、快楽中枢は全く同じことをするのだ。効果の点では、件の目新しいキラキラ光るものを買うことについて考えることで、実際にそれを買うのと同じだけ幸福な気分になるのである。どちらの場合も感情的な状態はあまり長くは続かない。しかしながら、休暇、コンサート、特に誰か他の人と一緒に何かできることなど、経験に金を払う場合、その時の束の間の幸福感は、そのイベントなどについて考えるたびに復活するのだ。

おそらく、それが理由で、ファベルジェの最も大事にされたインペリアル・イースター・エッグは、楽しかっ

た行事、たとえばロマノフ王家のお気に入りの別荘建設や、皇太子の誕生などを記念するものだったのだ。王の戴冠式のような国家にまつわる話が大衆の面前での失策という居心地の悪い話題となり、ニコライとアレクサンドラには政治的あるいは軍事的に自分達が勝利し、それを記念するということも当然ない時、ファベルジェは内向きになった。彼はツァリーツァについて個人的なこもごもを知るようになった。好きな花はすずらんで、好きな色はローズピンクといった具合だ。エッグの中に仕込むサプライズさえも受け取り手の心理を投影した。ある時点から、彼はツァリーツァのエッグには、彼女の夫や子ども達に焦点を当てたサプライズばかりを作るようになった。義理の母と違って、彼女には特別他に興味あるものもなかったし、何かを成し遂げたということもなかったのだ。

　単に価値が高いだけの物は束の間、幸福感を生み出したかと思うと、じきに消えていく。しかし、触れることのできない経験を形ある記念物で再現すれば、永遠に取り戻すことのできる幸福感が生まれるのだ。物は化学的レベルで本当にいい気分を誘引する。特に実際の出来事に関連がある物の時だ。おわかりのように、物を実際に手に入れることは厳密な意味で必要ではない。何か貴重なものを手に入れることを考えるだけで、脳内に化学変化が起きる。もしも、ある物について考えるだけで感じ方が変化するとしたら、私達の行動に変化を与えるのに必要なのは、物なのだろうか。それとも物について考えることなのだろうか。別の言葉で言えば、「有益な妬み」と「悪意ある妬み」の出現に関して進化生物学は何らかの説明ができるのだろうか。

　地位財の議論に戻る。「妬み」を測るための興味深い研究が行われた[7]。被験者は二人ずつの組に分かれた。二人はそれぞれ大きいほうか小さいほうのダイヤモンドを一つ受け取り、研究者はそれぞれ個別に、その宝石を手にした時の幸福感について尋ねた。被験者は宝石を数値的基準で評価。次に、被験者達は組んだ相手が自分よりも大きいか、または小さい宝石を持っているところを見せられた。すると、予想通り、自分の持っている宝石への評価は劇的に変化した。大きいほうのダイヤモンドを持っていた女性は、自分の宝石を手にして少し前よりももっと嬉しい気持ちになった。それに対して小さいほうのダイヤモンドをもらった女性は急に幸福感が薄れた。ここまでは別段驚くべき結果ではない。地位財は、これまで見てきたように、その価値はある程度、競争と比較の考えに基づいている。しかし、対象が必需品であったらどうなるか。

同じ実験が繰り返された。今度はダイヤモンドを使った比較ではなく、被験者の二人組は入浴用の湯の温度を評価する。二人には二種類の異なる温度まで温められたボトルがそれぞれ渡される。一方は非常に熱いものと、もう一方はぬるま湯だ。結果は同じになると想像するだろう。しかし、そうはならなかった。今度の実験で被験者は自分がそれぞれの水温で嬉しいかどうか判断するにあたり、自分の組んだ相手と比較する必要はなかったのだ。熱い湯を受け取った女性は高い評価をしたが、相手の水温が自分のよりも低いことを知っても評価を変えることはなかった。ぬるいほうの湯の評価をした女性は、相手方が自分のよりも熱い温度の湯を受け取っていることを知っても、自分の湯の評価を変えなかったのである。

ダイヤモンドと入浴用の湯の温度に関する研究で重要

な点は、贅沢品やステータスシンボルは地位財であり、実用品はそうではないということだ。非常に寒いかどうかとか、お腹が減りすぎているかどうかを判断するにあたっては前後関係も背景も必要とされない。こういった判断は他と関係なくなされる。必需品の話になると、隣の人の比較的幸運とか不運とかは自分の持っているものの評価には影響がないのだ。

ロシアの農民達はこのあと暴動を起こすことになるのだが、彼らはインペリアル・エッグと比べて見劣りのする、宝石をちりばめたエッグを持っていたわけではない。最貧のロシア人達の手には十分に持っていると言えるものは何一つなかった。解放ツァーリの未完成のままの改革のおかげで、彼らは自由にはなっていたが、大多数は百年前とほとんど何も変わらない生活をしていた。こうした一般の人々は自分達が寒くて空腹であることを知るためにロマノフ王家の人々が自分達よりも立派なエッグを持っていることを知る必要はなかった。彼らは地位財などではなく必需品を求めていたのだ。自分達の労働から不当に利益を得ていると感じた相手に罰を与えたいわけではなかった。暴動が最高潮だった一九一七年二月でさえ、彼らはツァーリの退位を求めただけで、死を求めていたのではなかった。

　それでも、十月にはロシア全土が革命の炎を上げていた。

　そして、何が起こったか。

新興都市炎上

　インペリアル・イースター・エッグ「シベリア鉄道」は、東アジアと西ヨーロッパを結ぶシベリア横断鉄道の完成を祝って制作された。卵はカーブを描いた三角形の白いオニックスの階段のある台座の上に載せられている。三頭の金のグリフィン（上半身が鷲、下半身が獅子）がそれぞれ剣と盾を誇らしげに振り回しながら、その翼と背中の上で均衡を保ちつつ卵を支えている。

　卵それ自体が大きなもので、金の上に青と緑色の七

宝がかけられている。幅広の銀の帯が卵の中央で一周している。銀の帯には太平洋からヨーロッパまで、シベリア横断鉄道全路線の地図が彫り込まれ、貴石が駅と都市を表すように配置されている。卵の上部にはロシアの国章、双頭の鷲が飾られ、蓋を取ると内側はビロードで裏打ちされており、完全な形の長さ約三〇センチの列車が現れる仕掛けだ。列車は金とプラチナで作られており、ローズカットのダイヤモンドとルビーで水晶の窓にともる明かりとして飾られている。これは初めてロシアを横断した列車のねじまき式の完全なレプリカだった。シベリア横断鉄道は何百万ルーブルという金と数えきれない人命をかけた大事業だったのである。

二十世紀に入る頃、ロシアは世界の六分の一の人口を擁する大国で、急速に工業化が進行しており、ポスト共産主義が宣伝する文句とは裏腹に、国家は全体として繁栄していた。上流階級も中流階級も贅沢な暮らしをしていた。貴族であれば、特にブルジョワジーに属しているとしたらビジネスは好調だった。人手は十分にあり、天

然資源も豊富で、ロシアはヨーロッパやアジアの中でも最も急速に経済が発展し、もっとうまくやっていれば、アメリカ合衆国とも十分に張り合えたかもしれない。この国の近代化への試みは、全くの無計画、無秩序で、そのため国内各地でふつふつと湧いてくる不満の原因となったが、それでも、各地に急ごしらえの新興都市を作るには十分だった。工場はキノコのようにあとからあとから建設され、ありとあらゆる工業が発展してきた。王家の財産だけでなく富があふれた。東アジアと西ヨーロッパを結んだシベリア横断鉄道のような各種の公共事業を行う力強い工業化と、ファベルジェ工房に最もよく表されていた文化的な復興運動との間にあって、ロシアは日の出の勢いだった。

　しかし、もしも自分が百姓だったとしたら、ここは住むにはかなりひどい場所だった。国家レベルの工業化による壮麗さの全ては、ただ同然の膨大な労働力のおかげで建設されていた。解放ツァーリが一八六一年に農奴解放を行ってはいたが、計画していた改革のいくらも実施しないうちに、ツァーリもろとも文字通り吹き飛ばされてしまっていたので、平均的な農民の生活は農奴時代と比べてほとんど何の変化もなかった。農民は当時、名前こそ自由になったものの、自分が所有してもいない土地に隷属していた。そして、ロシア経済が活況を呈していくにつれて、より豊かな生活を夢見て都会へと、工場労働へと引き付けられるようになった。ほとんどの人々は、豊かにはならなかった。不幸な無産階級は今や、自分達が決して持つことができないありとあらゆる美味しいものや見事なもの、まぶしく輝くものでいっぱいの都会のど真ん中にいた。

　そしてニコライもアレクサンドラも改革を行う気はさらさらなかった。しばらくすると、二人は全く何もしなくなってしまった。彼らの息子、五番目の、そして最後の子どもが生まれた時には、ほとんどの時間を外界から遮断された場所で過ごし、残りの政務時間には誤った決断ばかりをした。ニコライは責任を持つことは嫌がったのだが、わずかな権限を誰かに委譲する気も全くなかった。妻は何の役にも立たなかった。実際に彼女が夫に書き送っていたメッセージは、「ピョートル一世よりも専制君主らしく、雷帝イヴァン四世よりも厳格に」といったものだった。実に凄まじい助言だ。

　人口の大多数が苦しい生活にあえいでいる旧態依然とした社会と経済状況にもかかわらず、国は絶え間のない経済と工業の発展を続ける中、革命の舞台は出来上がった。ロシア以外のヨーロッパ諸国と合衆国とが二十世紀の先導役を担っている一方で、社会も政治もロシアは何百年もの間ほとんど何も変わっていなかった。皇帝は真のリーダーシップを持たず、制御不能で、国民からはますます手の届かない存在となっていたが、絶対的権力を行使しようとして、この国はのっぴきならない状況にあった。こうした組み合わせが、まるで居眠り運転のドライバーにトラックトレーラーの運転を任せるような権力と支配を作り出していたのだ。そしてトラックトレーラーは西欧世界との正面衝突への道をゆっくりと進んでいったのである。

一番いい球を打て

「鉄の砲弾」はインペリアル・イースター・エッグ

のシリーズの最後のものである。黒くした鋼鉄で作られており、大きな特徴は装飾が最低限で、金箔をかぶせた四つの紋章と小さな金色の王冠が先端に付けられていることだ。暗緑色の角ばった翡翠の台、その上に、縦向きに置かれた四個の大砲の砲弾で構成された台座があり、そこにエッグは載せられている。

　金でできているわけでも、中に値段のつけようのない逸品が入っているのでもなかった。それでも「鉄の砲弾」はシリーズの中でも最も特別な優れた美術品の一つかもしれない。工業デザインの中に見られる美の極致はアール・デコ運動を予感させるもので、しかも十年は先んじていた。一九一六年におけるロシアの時代思潮を制作依頼者よりはっきりと摑んで表現している。

　妥協しないが、創造性もない在位中、ニコライは数多くの間違いを犯した。しかし、最もひどい失敗は彼が自分の国の大衆の意向も特性も理解しなかったことだ。そしてツァーリが湧き起こってきた近代化の波に負け戦をしている間に、その他のヨーロッパ諸国では隣国同士が今しも敵味方に分かれて戦争に突入しようとしていた。

一九一四年六月二十八日、オーストリア大公フランツ・フェルディナントがボスニア・ヘルツェゴビナのセルビア人カヴァリロ・プリンツィプによって暗殺された。次の六十日間に起こった戦争の国際的な連鎖反応は、このあと第一次世界大戦を誘発するものとなった。八月一日、ドイツとオーストリアはロシアに宣戦布告。ニコライの指揮の無能ぶりにもかかわらず、ロシアはいまだに相当の大きさがあり、手ごわい敵に違いはなかった。しかしドイツがロシアを引きずり下ろしたいのは純粋に軍事的理由だけではなかった。ロシアの経済成長は世界一のスピードだったうえ、経済と産業は合衆国に次ぐトップ五大国の中に数えられる存在だった。裕福な国だったのだ。動員可能な人員だけでなく、天然資源は見るからに無尽蔵で、世界中の国々に恐れられていた。かつての中国のような存在だった。国は大きすぎ、人々は働きすぎ、そして天然資源はありすぎた。ロシアは抑止不可能な大型トレーラー、金融ジャガーノートであり、圧倒的

破壊力を有していた。世界は恐怖していた。

四五〇万の軍隊というロシアの初手のアンティ（参加料）をもって、「グレート・ウォー」は悪者オオカミの独壇場と見る向きもあった。間違いなくロシア自身もそう考えたのだ。ツァーリと指揮官達は短期間で勝利するだろうと見越して、軍のためにわずか一、二カ月分の食糧しか準備していなかった。彼らのロジックで問題だったのは、この大戦が初めての世界大戦だっただけではなく、最初の近代戦争だったということだ。急速な工業化にもかかわらず、ロシアの軍備は近代というにはほど遠かった。商工業は全速力で発展していたが、負担はほとんど下層階級の背中に重くのしかかっていた。急発展は始まったばかりで、ロシアは二十世紀の戦争を戦うための必要なインフラを全く持っていなかった。武器も、爆薬も機械も、大戦遂行に必要な運搬手段さえもなかった。ドイツは近代戦の指揮力と最新の武器も有しており、軍隊を率いて大陸全土を横断することにも何の問題もなかった。ロシアはといえば、シベリア横断鉄道をようやく開通させたばかりで、国境の戦線へと兵士を送ることも難しかった。前線に到着した兵士達への食糧の供給や、

負傷兵の手当てをしたりすることは言うに及ばずであった。

宝飾職人達も徴兵を免れることはできなかった。人口全体のほぼ一〇パーセントにあたる何百万人という男達とともに、職人達が帝国の陸軍に徴兵され、カール・ファベルジェ工房は才能のある特殊技能を磨いた職人達のチームで行ってきた宝飾品の制作ができなくなった。七宝職人やダイヤモンド・セッター、仲介業者もその数が足りなくなり、ファベルジェは時流に合った仕事へ変えた。軍需品の生産である。最初のサンクトペテルブルクの工房では精密機器の製造を行った。注射器や衝撃波管、起爆装置などである。大きなモスクワ支店では手榴弾と銃弾を、その前年までブローチやシガレットケースなどを制作していたのと同様の専門性で製造した。

戦争遂行には十分な軍資金があったのに、組織力がなく悲惨なものとなった。最初の五カ月でロシアは一〇〇万人を優に超える兵士を失った。ほとんどは戦死か負傷だった。軍隊内部の待遇は非常に悪く、多くの兵士がすぐに降伏した。ドイツ軍の戦争捕虜の生活は（死刑の可

能性があってさえも）、ロシア軍に残るよりもはるかに恵まれたものだと彼らは確信していた。物資不足に、病気、凍死、飢え、さらには戦うための基本的な装備不足もあった。前線に到着するや、兵士達は「制度化された無能さと権威主義の厳格さに苦しんだ」[①]という。塹壕はいきあたりばったりに掘られ、兵士達は訓練もされていなかった。多くの兵士が靴さえ履いていなかった。統治能力もないのに、退位することも潔しとしない彼らのツァーリと同じく、指揮官達も、統制され、工業化により進化を遂げたドイツの兵器とどう戦うか全くわからず、肉弾戦を選ぶ他なかった。

開戦後一年弱で、ロシア軍の前線は無能と絶望の重みで完全に崩壊した。ロシア軍より小規模だが、より有能なドイツ軍が完全に優位に立って、ロシアの大軍は敗退を余儀なくされた。東部戦線は押し返されて、首都サンクトペテルブルクももはや安全とは言えなくなった。領土の喪失は、大国ロシアの体面は言うに及ばず、ツァーリにとって大きな打撃となった。その結果、一九一五年には自ら「ロシア帝国軍最高司令官」となって、それまでロシア軍の総指揮を執っていたツァーリの従叔父（ニ

コライ一世の孫）、ニコラエヴィッチ大公を退任させた。ニコラエヴィッチの指揮していた軍隊は、実力はなかったかもしれないが、彼は少なくとも真の兵士であり、部下達から深く敬愛されていた。

帝国軍最高司令官としてのニコライは、戦場をかき乱す、名目だけの指導者にすぎなかった。ロシア軍が一戦、また一戦と敗戦し、どんどん領土を失っていくにつれて、ツァーリ個人としても責任があると見られるようになった。一九一六年には彼の忠実な支援者達までが心配の声をそっと漏らし始めた。絶対的権力にしがみついている手を離して、ドゥーマ[*5]に実質的な機能を認め、また、真の閣僚連からの助言を受け入れ、国全体が必要としている自由主義的な社会改革のいくつかを行わない限り、この治世は確実に終わりになる。彼はその警告を鼻で笑って却下した。後から後から年寄りやまだ若すぎる者達まで最前線へと送り込まれてきて、ただ、凍え、飢え、そしてその肉体はドイツの銃弾を受けるだけだった。終わってみるとロシア軍が残していったものは戦死した兵の遺体の山だけだった。その軍事的戦術はよく言って旧式、

悪く言えば自殺行為だった。

そうであっても、ロシア軍の戦力の大きさは、自分の能力を超えて二つの戦線で戦うドイツ軍に重い負担をかけるには十分だった。

ツァーリの最期

ファベルジェのイースター・エッグ「冬」は卵であるが、同時に支えなしで立っている彫刻である。「冬」本体は大きな透明な水晶だ。内側は繊細なエッチングが施されて、つや消しの入った水晶で全体が覆われ、霜がガラスについているような印象を与えている。卵の外側も同様に霜をエッチングしてあるが、ダイヤモンドがプラチナにセッティングされて埋め込まれている。まるで氷でできた棚が少し融けて濡れているように輝く、堂々とした水晶の台に載せられている。エッグはクローゼットのように開き、色とりどりの春の花があしらわれた、光り輝くダイヤモンドとプラチナのバスケットが現れる仕掛

けで、必ず春が来ることを約束するかのようだ。

一九一七年の新年、国民も兵達と同じくほとんど食べていなかった。国内のありとあらゆる資源が負け戦につぎ込まれていた。大規模な徴兵とともに、農村から都市へ、工場へと人口が流出し、そのため農村地帯は人手不足となった。非常に長い極寒の冬（ロシア人の基準で見ても）も重なって、飢饉と餓死が蔓延していた。二月の終わりには、生き残っている者達も限界に来ていた。二月二十三日（ユリウス暦）——この日は国際女性デーだった——何千人という女性達、主婦や工場労働者までが首都の街頭にあふれだした。彼女達はパンを要求し、立ち去ることを拒否。翌日には二〇万人の労働者が様々なところから集まってきて、ストライキに入り、路上で合流した[9]。その数はどんどん膨れ上がり、工場は操業を停止し、警察は群衆を追い払おうとしたが、労働者達から氷や石を投げつけられた。

三日目に学生や企業家達など中産階級の人々が加わった時には、群衆はパンを要求するのをやめ、今度は社会の変革を求めるようになった。彼らは戦争を終わらせるよう要求するプラカードを掲げ、「ツァーリを引きずり下ろせ」と叫んだ。

抗議から始まってストライキへ、その後巨大化した暴動を鎮圧するため、ついに軍隊が派遣された。二月二十六日、兵士達は群衆に向けて発砲するよう命令を受け、何百人もの丸腰の市民が殺害された。翌日、軍隊は後悔と怒りに駆られて、寝返り、反乱側に加わった。これはフランス革命直前よりはやや少ない流血の事態だった。人々は厳しい寒さと空腹に爆発した。しかし一九一七年のロシアでは、爆発は悪意のあるものだけに限られていたわけではなかった。ここには「有益な妬み」という要素が含まれていたのだ。もともと、彼らはシャイロックのように一ポンドの肉や、より大きなダイヤモンドを求めていたのではなかった。彼らは必要なのに、自分達が持っていないものを求めた。もう少し暮らしやすい生活水準を求めたのだ。

その間にも、ニコライはモギリョフの司令部で、軍隊の指揮官のまねごとをしていた。彼は暴動にまで発展した事件の報告を受けており、上層部からも、ツァーリの位に留まりたいなら譲歩をするべきだと警告された。彼は何もしなかった。国会であるドゥーマの議長ミハイル・ロジャンコは次のような電報を送っている。「状況は緊迫。首都は無政府状態。政府機能は麻痺状態。食料と燃料の輸送は完全に混乱。人民の政府に対する不信が増大。路上で無秩序に銃撃。軍の部隊がお互いに撃ち合い。喫緊の重要事項は、国中が信頼を寄せる人物に委任して、新政府を樹立すること。一刻の猶予もならない。遅れたら命取りだ」

ニコライは「肥満のロジャンコが訳のわからないことをまたしても言って寄越した。応える気もない[10]」と言ったという。

三月になると、暴動や様々なストライキがロシア帝国中の主要都市のほとんどで起きていた。ツァーリの軍隊は本来世界大戦で手一杯のところ、各地に分散していて手薄な状態で、これ以上の武力衝突を封じ込めることは不可能だった。意図的に始まったわけではなかったが、三月一日、一七万の兵士が暴徒に加わり、今や警察署を破壊したり、監獄を襲撃したりするようになった。特にツァーリの専制国家の象徴や紋章などを侮辱し、破壊し始めたことは印象的な出来事だった[9]。

翌日、政府執行部は全員辞職、ツァーリの協力は得られないまま、暫定政府が組織された。ニコライが事の重大さと危機的状況を把握したと思われる時点で、すでに手遅れだった。翌三月三日、彼とその息子は退位を余儀なくされたのだった。

共産主義の理想と現実

インペリアル・エッグ「赤十字」はその簡素さが美しい。第一次世界大戦中に制作され、ソヴィエト時代のロシアの美意識を彷彿とさせる。最も卵の形に近く見える作品だ。シンプルな金のワイヤーのスタンドに置かれている。明るく白い七宝が、エッチングで描かれた卵全体を覆う込み入った図柄の上に光り輝いている。幅広の帯には暗い色の金のキリル文字が上下の境界線を付けていて、血の色をした大きな赤十字の紋章が前面に飾られて、帯に区切りをつけている。

社会主義の理想はロシアで発明されたものではなかった。二十世紀に発明されたものでもなかった。社会主義は概念としては何世紀にもわたって存在してきた。しかし共産主義は、少々愉快ではないところがあって、社会主義とは根本的に違っている。共産主義の父として知られるカール・マルクスはその理論の基本的な原理を一八四八年の著作『共産党宣言』で発表した。彼は弱者の立場に立った闘士だった。彼は哲学者でもあったが、急進的ではなかった。彼の前を走っていたトーマス・モアのように、マルクスはどうしたら世界はより良くなるか、より公平な場所になるのか、様々に思考を巡らせた。しかし、ほとんどの哲学者のように、彼は「いかにして」よりも「なぜ」により多くの関心を寄せていた。その結果、全世界から貧困を取り除くという彼の考えは原理としては立派だったが、経済的には不健全で、社会的には実効性がなかったのである。

マルクスの理論の核心は、貧困とは相対的なものだという点にある。途中までは彼は正しい。しかしそれはダイヤモンドのような地位財である贅沢品の場合に限られるのであって、暖房のような非地位財の必需品の比較の場合は当たらない。もし相対的に貧しい人がいないという場合、それは隣の人よりも貧しい人がいないという意味で、そうすると全員が幸せだとマルクスは信じたのだ。そして誰も相対的に貧しくない、すなわち貧しいと感じないためには、誰も他の人よりも多くの金を持ってはならないということだ。したがって、全ての人が正確に同じだけ持っていなければならないことになる。彼はこれを共産主義と呼んだ。彼の考えによれば、この共産主義を達成するには、私的所有権の廃止が最も良い方法だという。マルクスのユートピアでは人々は自分自身の身の回りの品を所有することさえもできない。知的財産もだ。自分の事業も、製品もである。しかし、このシステムでは、人々がこうした事業を行い続け、穀物であろうと宝石を飾ったイースターエッグであろうと、何かを製造し続けることを必要とし、仕事が完了すれば、政府が全てを所有し、平等に配分する。

問題は、富はゼロ・サムゲームではないことだ。価値は付加できる。通常はゼロから知的財産の形で生み出すこともできるし、材木の山から椅子を作るように、労働によって増加させることもできる。これが資本主義の基礎の大きな一部である。彼の相対的貧困の理論では、問題はあまりに少なくしか持っていない一人ではなく、その隣の多く持ちすぎている人のほうだということになり、そう論じたのは、マルクスの運がなかったところだ。この論理で行くと、マルクスは原理的に「悪意ある妬み」を制度化しているということになり、「悪意ある妬み」とは定義上、破壊的なのだ。

とはいえ、カールの古い話をあげつらうのはよそう。彼は単に理想を振りかざしたにすぎない。実際に問題が発生したのは、時代の最先端をいくこうした理想が、ウラジミール・レーニンのもとに届いた時だ。レーニンは非現実的な知識人だった。マルクスの理想は素晴らしく、さらに実用主義的だったことは重要だ。アレクサンドル二世を暗殺したニヒリストグループ、ナロードナヤ・ヴォーリャへの関与で、すでに国を追われていたレーニンは、非常に議論好きな先見の明のない男で、誰も彼の言うことを真剣に受け止めようとしなかった。しかし、ドイツは違った。ドイツの立場から見る限り、レーニンは

ガンと同じくらい危険を孕んでいた。そしてロシア帝国がガンにかかることをドイツは期待した。

ドイツに仕組まれたロシア革命

インペリアル・エッグ「カレリアの白樺」はファベルジェの卵の中で最もロシアの魂を明らかにするものとなった。それぞれの卵はツァーリの帝国の富とデカダンスと、さらには東洋趣味までをも褒めたたえるものだったが、「カレリアの白樺」にはロシア正教の信仰に深く根差した精神を顕著に認めることができる。典型的なロシアの入れ子式人形の様に、このエッグは国産のカレリアカバノキの木材でできている。これはサンクトペテルブルクとフィンランドとの間のカレリア地方でしか生育しない樹木だ。カバノキは完璧なまでに磨き込まれて、彫りを施された金の縁の柔らかな輝きでほのかに強調されている。小さなブルーサファイアが掛け金の位置を示す。内側に仕組まれたお楽しみは盗難に遭ってすでに長

い間失われたままだが、金とダイヤモンドの鍵は残されている。納品書に記載のあるダイヤモンドの象というのがお楽しみで、そのねじを巻くためのものだ。この場合、もう一つの予期せぬ贈り物が現代の私達全員のために残されたということだ。売買証書の日付は四月二十五日、宛名は一カ月と少し前に退位した「ロシア皇帝」ではなく、ただ「ミスター・ロマノフ」とある。

それでは、ロシアは暴動からソヴィエトへと、どのようにして進んだのか。

実際には革命は二回起きている。最初の革命は二月、二回目は十月だった。二月革命のほうはより自然発生的な反乱だった。皇帝の退位で終わったのだったが、抗議していたのはただ一点、飢えの解消で、大きな政治的変革を求めていたのではなかった。一世紀以上前、パリでパンを求めて反乱が起きたように、飢えは怒りに変わり、怒りは政治的暴力に向かい、結果は、大規模な暴力行為となり、政権交代となった。しかし、十月革命、別名「赤の十月」はボルシェヴィキ派が政権を取ったもので、

二月革命よりも一層危険なものだった。

面白い事実がある。「ロシア革命」はロシアのものでもないし、厳密にいって革命でもなかった。ほとんど完全にドイツの利害関係から基礎が作られ、スパイ工作による政権の奪取だったのだ。動機は飢えに苦しむ人々とも、無能な皇帝とも何の関係もなかった。ドイツは東西両面の戦線で同時に戦うことがもはやできなくなり、ロシアを世界大戦から撤退させたかった。一方、ロシアは自分達の土地の上に外国人がいる限り、決して容赦しないだろうと、ニコライは公言していた。自国民をなぶり殺しに遭わせていたことからしても、彼は本気だったようである。ドイツには選択肢は多くなかった。一九一七年三月三十一日、「スイス人共産主義者フリッツ・プラッテンはスイス国内の大使ギースベルト・フォン・ロンベルグ男爵を通じてドイツ外務大臣からの許可を手に入れ、レーニンとその他の国外追放者達を一車両の封印列車でドイツを通過してロシアへ移動させた」。レーニンは皇帝に対する反逆罪で国外追放されてこの時すでに、ほぼ十年になっていた。ドイツ人達は大切な荷物が安全

に到着できるように非常に献身的に援助し、「レーニンからの要望で車両が治外法権の特別許可によって、妨害から保護されるように努めた[11]」という。

言葉を換えれば、下っ端の取り巻き政治家とか、ドイツ政府内に身を潜めていた共産主義破壊活動分子とかではなく、本物のドイツ外務大臣が、国外追放されていた、結局はテロリスト組織とその首謀者となる人物を密輸したのだ。ドイツ政府はその経費も負担した。[*6] ウィンストン・チャーチルは次のように活写した。「ドイツはロシアに対してあらゆる武器の中でも最も恐ろしい武器を突きつけた。彼らはレーニンを封印列車に載せて、まるでペスト菌のように、スイスからロシアへと輸送したのだ[12]」

ドイツにとってはウィン・ウィンの話だった。レーニンとその仲間達が政府転覆に成功した暁には、ツァーリが頑なに拒んでいたこと、すなわちロシアが紛争から手を引くことを約束させた。政権を取れなかった場合でも、「目的は、革命的社会混乱を拡散させることによって、第一次世界大戦でのロシア軍の抵抗を抑えることだった[13]」。ロシアは革命か、あるいはそれよりはましかもしれない内戦に苦しむか、いずれにしても国力は衰退することになるのだ。それが理由で、「一九一七年四月以降十分な時が過ぎてから、ドイツは後続の一九一八年のボルシェヴィキ政権と同様に破壊活動分子レーニンにも援助を続けた[13]」。

ドイツは少なくとも短期的に見れば自分達が払った分の利益は手に入れた。ドイツの戦略は手配通りに運んだ。ロシアは混乱に陥り、ツァーリとその家族は殺害され、暫定政府はボルシェヴィキによって転覆された。何より、新しい傀儡政権は命令通りにロシアに戦争から手を引かせたのだった。しかし、ドイツはそれでも敗戦することになる。

略奪の限りを尽くす

一九一七年に贈られる予定でデザインされていた、ファベルジェ・エッグ「星座」は最後のインペリアル・エッグでファベルジェが完成しえなかった、ただ一つの作品だった。革命によってその制作が中絶されなかったなら、下絵によれば、ダイヤモンドが煌めくエッグはコバルトブルーの球体に星々と星座がエッチングされ、つや消しの入ったクリスタルの渦を巻いた雲に支えられるといったものになるようだった。では、中のお楽しみは？　時計だ。銀と金の文字盤が球体の周りを、惑星の環のように回っているものだった。

この「星座」は姿を消し、その所在は何十年にもわたって謎だった。「星座」は「失われたファベルジェの卵」だと考える者もいたが、大半の意見では、そもそも制作されなかったのではないかと考えられてきた。結局、二つの部分に分かれていたことが判明した。未完成のままでモスクワ鉱物博物館の棚で、ランプだと思われていたのだ。ファベルジェの曽孫ティティアナはこう述べている。「彼らは自分達が私の祖父から、……一九二八年に譲られたと主張しているが、祖父は二七年には逃亡している。したがって私は納得できません」

レーニンは自分が政権を取ると、真っ先に、ドイツとの約束通り自分の側の責任を果たして、ロシアを世界大戦から離脱させた。次の仕事は、暴力的で無法な国家を建設したが、その結果は、大規模殺人と略奪であり、そして経済の崩壊を避けることはできなかった。一九一八年初頭、ボルシェヴィキはロシア共産党と名前を変えて、カール・マルクスによって始められた原理を実践していると主張した。しかし、レーニンが支持していたのは共産主義以外の何ものでもなかった。彼は人々に向かって「略奪した者から略奪せよ」と述べて、金でも成功の手段でも、持てる者達は誰もがそれを間違った手段で手に入れたことは確かであるとした。したがって、フランス革命と同じように最も下劣なやり方で、持てる者達からその持ち物を奪い取るのは当然で、必要なことだと考えたのだ。これは経済再構築というよりは、経済破壊行為で、彼の「革命」は暴力と殺人の横行する国家規模の暴動へと堕ちていったのである。

直接には何百人もの人を、間接的には何千人もの人を雇って、戦争遂行にも貢献し、世界で最も成功した宝飾品会社を経営したカール・ファベルジェのような人々は、レーニンのコミッサールが到着するや、自分の店や不動産から追い出され、「帽子とコートを着る[1]」間もなかったという。

カール・ファベルジェは皮肉にもデカダンスの専制主義国家の真ん中で、ほとんど社会主義のビジネスを行っていたが、のちにレオン・トロツキーから戦争成金と断定され、新政権に捕まって収監された息子の一人以外は、家族ともども、どうにかスイスに逃げ延びた。

命は助かったが、人生をかけた仕事はそうはいかなかった。ファベルジェのビジネスは停止され、国有化された。宝石や偉大な作品が数多く残っていた工房は接収された。帝国の所有物、宝物（ファベルジェ・エッグを含む）は全て国有の財産とするという新法が制定された。革命の熱狂の後に続いた、やりたい放題の時代に、値段のつけようもないエッグが数多く行方不明となり、あるいは個人の持ち物となったとは皮肉な話だ。

インペリアル・エッグは共産主義者達にも最も強い印象を与えた略奪品の一つだったかもしれないが、大量の略奪品のほんの一部分というにすぎなかった。レーニンは人々の間に脈々と流れる根深い怒りと憎しみを利用し、過去の秩序を徹底的に破壊する行動へと向かわせた。私的所有物は今や全ての人のものとなった。金庫は空っぽにされ、宝石箱はひっくり返されて、人々の間にばらまかれた。教会でさえも、もはや聖域ではなかった。金や宝石は壁や祭壇から剝がし取られた。これは「悪意ある妬み」が熱狂して暴力に変わったものだった。ロシア人の社会主義作家マクシム・ゴーリキーは何年もツァーリの政府に反対し、革命を声高に支援していたレーニンの友人だったが、その彼でさえも、嫌悪感を隠しきれなかった。彼は「まれに見る美的なものを破壊する悪意のある欲望だ」と激しく非難した。ゴーリキーは次のように書き残している。「彼らは教会や美術館から盗み、それを売り払っている。大砲もライフルも売る。軍の倉庫から物品をくすね盗り、かつての大公達の宮殿から金品を盗む。略奪できるものは全て略奪し尽くし、そして売れる物はすべて売り尽くす[8]」

しかし、わかりやすく見えているほどには、これは富裕者達の所有物や優越を否定したいと望む、「悪意ある妬み」の純粋ケースではなかった。正確には、破壊的な、あるいはよくない行動へと繋がる「有益な妬み」のケース、たとえば自分よりも金持ちの隣人から自分のものでないものを盗ませるために海賊の船隊を配置するといったようなケースでもなかった。この革命は、もっと多くを求め、またそれが必要でもある、前例もないほど巨大な下層階級の「有益な妬み」と、制度化された巨大な「悪意ある妬み」とを、富というものは本質的に問題があるものと考える社会システムの形で合体させることに成功したのだ。まさに現実の剝奪と結びついた、政府が正当化した「悪意ある妬み」だったのだ。

新しい赤軍ロシアでは、自分よりも大きな者が奪っていくまで、反革命の白軍ロシアの君主主義者、貴族、ブルジョワジー達から奪えるものは何でも手に入れることができた。すなわち、出くわすもの全て、ありとあらゆる物も人も、何百万人という群衆の怒りの標的にはもってこいだったのだ。「二つの革命と一つの戦争が進展する中で、美しいものを潰し、破損させ、嘲笑い、名誉を傷つけてやろうという、この暗く復讐心に燃える衝動が引き起こした何百もの事件を私は目の当たりにした[①]」と

ゴーリキーは強い言葉で述べている。「有益な妬み」と「悪意ある妬み」が融合した毒の花が開いて、私達が今日、共産主義ロシアと考えているものに生命を吹き込んだのだった。

ニヒリスト達の革命

一九一七年、もうインペリアル・エッグはない。

ボルシェヴィキ革命は最盛期を迎えて、世界の六分の一が彼らの原理に服従せざるを得なかった。共産主義者達は自分達の文化を暴力で台無しにし、歴史も書き換え、その結果、今日私達が当然のこととして考えている彼らに関する事実のほとんどがでっち上げられた。たとえば、大多数の人々にとって、ツァーリの政府のもとで生きているよりも新しい共産主義の政府のもとにいるほうが、状況はよいのだという考えは理屈に合わない。せいぜいよくて、同程度。ほとんどの場合、もっともっと悪かったのだ。

共産主義前のロシアは、きらびやかな富に囲まれたツァーリ一族の故郷、そして疲弊しきった無学の農民達であふれる国というイメージを持っている人が多い。しかし、これは正しくない。

革命前、ロシアは残りのヨーロッパ諸国の富を合算したよりも多くの富を保有していたが、そのほとんどがロマノフ王家の財布に入っていたわけではなかった。ロマノフ王家がヨーロッパで最も富裕な王家であったことは間違いないが、ロシアには他にも、西ヨーロッパの同様な王族達よりも多くの金を支出できる、さらに多くの富に恵まれた一族や貴族、さらに一般人がいたのだ。そうした人々のもとに、資本家、職人、科学者、銀行家、法律家、そしてファベルジェのような人々からなる巨大なブルジョワジーの階層が控えていたのだ。彼らの成功は目覚ましく、富裕の極致だった。経済的に苦しんでいた人々とは、もちろんかつての農奴達で、彼らの多くは解放前とくらべて経済的に楽にならなかった。それでも彼らには政府の制度全体をひっくり返したいという真剣な望みはなかった。二月革命それ自体は、本当はただ、在

位中の、負け戦中のツァーリの退位と彼の弟への譲位を要求するというものだった。なかにはアレクサンドル二世、解放皇帝が目指していた代表制の政府を求めていた者達もいたかもしれない。しかし、大半はただニコライ二世に飽き飽きしていただけだったのだ。

それは十月革命、赤の十月以前の話だった。十月革命は予期せぬ大成功を収めたが、人々の意志を反映したものではなかったので、新権力はその権力を維持するために必要な人々の支持を得ていなかった。その結果、共産主義者達は、国を支配するために、非情な暴力と経済的テロリズムの手段に訴える必要があった。そして彼らは容赦なくそれをやってのけたのだった。手始めには、党員でない者達なら誰でもその持ち物を強奪した。特に目立ったのが、ファベルジェのような人々、成功した事業家達だった。だが、巨大な国をしっかりと掴むことは生易しいものではなく、一層厳しい政策をとって、強制労働収容所を開設したり、何百、何千もの人々を餓死させるために人工的に飢饉を起こしたりした。

レオン・トロツキーは「我々共産主義者達はただ一つ

の聖なる権利を認める。労働者とその妻と子どもが生きる権利である」と述べた。ここまでは聞こえがいいが、さらにこう続く。「我々は地主達から土地を取り上げることに躊躇はしなかった。大きな工場や原材料加工工場、鉄道などを人民の手に移すことも」。階級闘争は重荷だが、金持ちと貧乏人の隔たりが大きすぎる時には、想定内の結果でもあるのだ。トロツキーはさらに続けて、「武力によって馬鹿なツァーリの頭から王冠をむしり取った」人々の行為を正当化した。政権交代はまだ基本的な問題にすぎなかった。彼の結論を聞くと、ようやく真の問題にぶち当たる。「したがって、なぜクラーク達から穀物を取り上げることに躊躇しなければならないのか」[14]。クラークとは農民のことだ。彼らは宝石を飾ったエッグを持っていたわけでも、儲かっている会社を持っているわけでもなかった。彼らは農民だった。彼らはすぐ隣の飢えている隣人達よりもほんの少し成功していただけだ。王家から始まった非常な恐怖が少しずつ上から下へと農民に向かって伝わってきた。農民達さえも、革命初年に経済的な破壊行動にさらされていたのだ。「略奪者から略奪せよ」という経済政策の結果は完全な経済的混乱だった。一年のうちには、超高速で進んだインフレーションによって、ダイヤモンドのブレスレットでパン一個を引き換えることさえ不可能になった。数々積み重なった厳しい皮肉な状況のもとで、財宝は暴動を誘発したこともあったが、今やすっかり無価値になって、食糧と交換することさえできなくなっていた。

働かない労働者達

共産主義の失敗は人間共通の性質からくる失敗だと、推測する人は多い。誰かと何かを共有することは誰しもうれしくないのだ。さらに言うなら、生き延びるためのぎりぎりのものを得るために、心から喜んで働く者がいるだろうか。そんな人間はいないのだ。しかし驚いたことに、これがシステムの致命的な欠点というわけではなかったのだ。共産主義が正しく機能しないのは、地位財のせいではない。むしろ、地位財の価値が機能していないことが理由だ。地位財の価値とはある物の、それ以外の物との間の関係性の中で生じる特別な価値である。思い出していただきたい。一頭の馬か巨大なダイヤモンドのネックレスかは、背景があって初めて決まってくる価値だ。

共産主義国は自由競争市場を排除したので、商品やサービスはそういったものの価値を表示する「市場価格」とはもはや何の関係もなくなった。この価格という判断基準なしには、何に対しても具体的な価値というものはなかった。そして、商品やサービスに対する所定の価値がないところでは、何かを引き受けることの、実行可能性や必要性の優先順位を算定することは全く不可能だった。他の産業での機械類の必要性よりも、農村で農機具がどれほど緊急性が高いのかも判断できず、機械類の配分を誤ったため、収穫期の穀物は農地で腐ってしまった。何かの企画を立ち上げることを提案したり、またそれにどのくらいの費用がかかるのかを決めたりすることも不可能だった。部品の合計よりも最終的な製品は価値が高くなるのか、誰にもわからなかった。私的所有と売買したり取引をしたりする自由市場なしには、何一つ価値を決定することができなくなっていた。

十月革命から三年が経って、オーストリアの経済学者、ルートヴィヒ・フォン・ミーゼスは共産主義を持続不可能な経済システムだと書いている。まさにその性質のせいで共産主義は合理的な経済を受け入れず、突然政治経済に破綻を来すと彼は予測した。健全で順当に機能している国家に値札をつけるわけにはいかないが、国家以外の物には値札をつけることが要求されているのだ。一九一九年、マクシム・ゴーリキーは、「最近はコミッサールだけが快適な生活をしている。彼らはごく普通の人々からできる限り多くの物を盗み取って、高級売春婦や反社会主義的な贅沢品に金を使っている」と述べている。このことから、全ての物が誰のものでもない場合、また比較したり、競争したりすることが不可能な場合、そのシステムはかえってその「公平さ」のもとで崩壊するということがわかる。

レーニンの失敗

レーニンは何でも屋だった——反社会的行為者で、誇大妄想患者、そして独裁者。しかし彼は実際にはニヒリストではなかった。一九二一年には、彼でさえ、自分の偉大な社会的個人的な実験の最後の残存物もすでに死期が近いことを悟っていた。合理的な経済からの急速な脱却に加えて、多くの「人民」が協力しようとしなかったために、「人民のユートピア」は実現に失敗した。

共産主義者達がまず着手すべきことの一つは、たとえば、銀行や全ての金、通貨、その他の財産の国有化だった。しかし、銀行家からの協力は得られなかった。レーニンが赤衛隊に支払うために引き出しをしようとしたが、銀行はそれに応じようとはしなかった。ボルシェヴィキが彼らの同僚や家族の連れ去りを始めた時点で、ようやく彼らは金庫室の鍵を渡して手を引いた。ロシア中の銀行家が後に続いた。次の問題はレーニンとその仲間達が、銀行経営の全くの素人だったことだった。ようやく銀行を手に入れたのに、操業することができなかった。金や宝石を貴重品保管庫から取り出しては、それを使ってなんとか人々に支払いを続けることに終始した。

結局、レーニンは、人々の要請によってユートピアは延期になったと理解した。その間に、国は崩壊していった。彼は必死に自分の財産を守ろうと、知識階級に優位な立場を明け渡して、新経済政策（ＮＥＰ）を導入した。これは主に思想的、経済的なマイナーな後退をいくつか盛り込んだものだった。ＮＥＰの要となったのは、完全な国有化政策は放棄して、食糧税という施策を選択し、農民の手元に穀物の少々を残して、自由競争市場でその余剰分の販売を許可するというものだった。これは驚きだ。資本主義への、こうしたいわゆる戦時譲歩は、外国資本家に対して譲歩事項を認めるといったその他の妥協点と合わせて、結果的に小規模産業の脱国有化へと繋がったのである。ＮＥＰは少なくともレーニンからは必要悪と考えられた。彼は「後刻の二歩前進のための一歩後退」であると主張した。

人々に少々の資本主義を認めたとは、レーニンの態度はいかにも尊大だが、加えて、彼は自分の取り分を手に入れた。彼はロシア王家の宝石だけでなく、何世紀にもわたって集められた全ての富の蓄積を始めたのである。略奪者達から略奪して、西側世界へと売却するために、国家財産、教会の宝物、ロマノフ王家の持ち物などとともにロシアの富は一つにまとめられた。全世界はじきに新しい共産主義の世界秩序の中に取り込まれていくだろうと、ソヴィエトは自信満々だったのである。そうなれば自分達の固有の歴史や財産を売り払ってどうしても必要な外貨と交換することに対しても、良心の呵責を感じる必要はないのだ。彼らの主張は、ソヴィエト連邦は必ずや全世界の覇者となる日が来る、その時には全てを取り戻せるのだというものだった。なんと素晴らしい計画ではないか。

レーニンは略奪され集積されたロシアの財産を集めて、正しく評価し、外国へ売る準備をするための特別な役所であるロシア国家貴金属・宝石備蓄機関を設立した。カール・ファベルジェの息子でロシアに拘束されていたアガトン・ファベルジェは、極めて優秀な宝石学者だった。彼は監禁を解かれると国家貴金属・宝石備蓄機関で売り物の品を鑑定評価し、タグをつけ、外国のバイヤーに売却するための準備をする仕事をさせられた（おそらくそのうちのかなりの数のものは自分の父親が制作したものだったのだろう）。この仕事にはほとんどの場合、ダイヤモンドを貴重な美術品から抜き取ったり、古書から装丁の金をはがし取ったり、転売のために材料を大きな山に積み上げたりする作業が含まれていた。優れた美術品をばらして部品にするわけだが、古代の宝物や現代の美術品を破壊する愚は、それによって全体としての価値を減少させることになり、共産主義者達の合理的な経済政策の欠落を示してもいたのだった。民族的な、また常識的な反感を別にしても、ロシアの宝を外国に売ってソヴィエトの初期資金として拠出するという計画は思いがけず大きな問題を起こすことになる。ロシアの財宝の流入によってじきに国際市場は供給過多になり、十六世紀のスペインのエメラルドのように、一九二〇年の段階でその価値は暴落しつつあったのだ。

レーニンは一九二四年に亡くなった。彼の新経済政策（NEP）が始まって三年後のことだった。妻はいつも「激怒する」といってレーニンを非難していた。スターリンが意識的にプロセスを急がせていたと、何人かの言及があった。おそらくレーニンは自分の経済理論が失敗に終わったことにストレスを感じていただけだったのだろう。いずれにせよ、彼よりもさらに激昂する秘書、ヨシフ・スターリンはレーニン没後、すぐに政権を取った。スターリンはほとんどのライバル達を粛清し、残りは最も目立っていたトロツキーも含め追放した。彼は華々しく権力の座を手に入れ、ソヴィエト国家の最高指導者であると主張した。ソヴィエトは再び一人の男の独裁支配の時代に入ったのだった。

一九二七年、スターリンはNEPを解散し、完全な国家統制を始めた。しかし、彼がロシアの国家遺産の捨て売りを中止したということではない。事実、レーニンでさえ売却をためらったという、例えばファベルジェ・エッグのような品にまでスターリンは売却の範囲を広げていた。基本的に、どれも全て売られていく運命だった。新国家ソヴィエトは自国の通貨がほとんど無価値となっていたので、外貨を必死で求めていた。そしてスターリンは重大な、そして金のかかる計画を温めていた。世界の大国としての地位を得ようとしていたのである。彼は全国で急速な工業化をスタートさせ、ソヴィエトを、軍隊と産業の二十世紀基準にまで五年で成長させるつもりだった。ただ一つの問題は何か? 金がないことだ。経済は泥沼、インフラは崩れ落ち、人々は蠅のように死んでいった。ユートピアでさえも支払わなければならない請求書があるのだということがはっきりした。

マルクス主義者の夢が前例のないほどの経済的、社会的、そして政治的な大惨事だったことをスターリンは到底信じることができなかった。彼はとにかく金をくれる相手をすぐにも、そして密かに見つける必要があった。

西側世界にとって、問題はここだ。偽知識人のフロントマンの死とともに挫折すべきだった傀儡政権は、未完に終わることを拒んだだけでなく、薄汚い根っこをのばしていたのだ。政権が必要としていたものはただ一つ、新体制を転覆しかねない危険な西側資本だった。有名な合衆国の資本家アーマンド・ハマー、ここで登場。ウラジミール・レーニンとプライベートな友人同士だったとは何とも奇妙な話。

嘘つきハマー

筆者がまだ非常に幼かった頃、まだ十歳にはなっていなかったと思うが、大きくなったら何になりたいの、と大人に聞かれると、決まってつんと澄まして自信たっぷりに「ＫＧＢ(カーゲーベー)のエージェントよ」と答えたものだ。八〇年代の話だ。私のこの答えは大人には不評だった。先生達にも、小児科の先生にも、両親の友人達にも、友達の親達にも同様だった。父はたまに笑ってはくれたが、母はいつも首のところをつねって、客達には華やかな微笑みを向けたが、私にはシーッと口をとがらせて「やめなさい、エイジャー」と言ったものだ。

もちろんその年齢で深い政治的傾倒があったわけはないし、自分の国に別段不満もなかった。何に魅力を感じていたのかと言えば、ＫＧＢ（訳註：国家保安委員会。旧ソ連の秘密警察）という言葉の漠然とした響きだった。これは両親の落ち度だ。両親は小さい私にジェームズ・ボンドの映画をたくさん見せすぎたのだ。筋書きを私が理解していたとは思えないし、物語の伏線については言

うまでもない。しかし、私は毛皮もひざ上まであるブーツも、悪役のボンド・ガール達も好きだった。いつも悪役の男達が好みだった。小さい頃、ディズニー映画の終わりに悪い女王がやっつけられると、私は声を上げて泣いた。悪役に対して私が抱いていた共感は明らかに相当深いものがあった。それにもかかわらず、アーマンド・ハマーについてはいかなる話が出ても鳥肌が立つ。

ハマーは嘘つき、泥棒、裏切り者、戦争成金（冷戦であろうとも）、似非芸術家、見世物芸人、そのような人の最も悪い要素を集めたような人物だった。彼の頭脳明晰さは否定しがたいものがあり、驚くばかりの成功を収めた。背後から一突きにするような裏切りで手に入れた成功を元手に次の賭けに出て、次から次へと流れるようにワルツを踊りながらフロアーを横切って次々にパートナーを取り換えて進んでいったのだ。

では、アーマンド・ハマーとは何者か。トビー・ファバーは彼を「ファベルジェとアメリカ人との間の恋愛関係に火をつけた人物」と呼んだ。才気あふれるジャーナリスト、エドワード・J・エプスタインは「二十世紀の

最も偉大な口先のうまい人物」と評した。二人とも正しかった。ハマーの最も大きな信用詐欺は、ファベルジエ・エッグを利用して、捨てられたロマノフ王朝を巡る感情的な神話をアメリカに信じ込ませ、その王朝を倒した、まさにその者達に金をつぎ込んだことだった。そして結果的に彼らは後になって私達の仇敵となるのだ。

表向きは、産業界のリーダーで、オクシデンタル・ペトロリウム（石油会社）の会長を何十年にもわたって務めたことで、最もよく知られている。彼は医学部を出ていたが、医師ドクター・ハマーとして医療に携わることはなかった。「市井の外交官」として、世界中に個人的な友人関係を広げ、政界の指導者らとも親交があった。有名な慈善事業家で、世界的に知られた美術蒐集家だった。恥知らずで自己宣伝が得意なことは有名で、死の少し前の一九九〇年にはノーベル平和賞へのロビー活動までしていたという。

また、人生のほとんどの時間、ソヴィエトの工作員でもあった。

スターリンのエージェントだった ハマーの秘密工作

アーマンド・ハマーは合衆国生まれだったが、ウクライナ移民の息子だった。彼の父、ジュリアス・ハマーは熱烈な社会主義者で当局からも詳しく調べ上げられていた。そればかりかアメリカ社会主義労働党の創設者の一人だった。彼はのちにアライド・ドラッグ＆ケミカル社となるドラッグストアを開業した。彼が監獄に送られると（息子のアーマンドに端金を残したとも言われている）、息子達が会社の経営を続けた。

アーマンド・ハマーは仕事でソヴィエト連邦を訪れた。相手によって内容を変えるようなタイプの仕事だ。彼はビザを申請し、政府からアライド・ドラッグの仕事でヨーロッパに行く特別な許可を得て合衆国を離れた。ビザの書類では、西ヨーロッパへ短期間行くと申請していた。彼はそれからソヴィエト連邦に入り、そこでほとんど十年間滞在する。

彼はロシアの人々の苦しい状況に心を動かされたと言う。彼は合衆国に帰国することなく、かの地で様々な事業の起業に携わった。ハマーはロシア滞在の早い時期にウラルの鉱山地域を回っている。理由ははっきりしないが、彼は合衆国からの穀類の輸出を仲介することを約束し、引き換えにロシアからは毛皮や宝石類の奢沢品を扱う「営業免許」を得ている。

このことがレーニンの注意を引き、二人は親密になった。レーニンはハマーを最初の外国人仲介人、「免許所有者」とすることを決定した。厳密には最初で最後である。

ハマーは直ちに成功を収めた。彼が獲得した利権の一つは、ウラル地方のアスベスト鉱山の採掘権だった。エプスタインによれば、「レーニンに面会した直後、家業の会社にはウラルのアスベスト鉱山の操業以外にもさらに働いてもらうとハマーは指示された。ソヴィエトの活動に資金を与えることが違法とされた時代に、アライド・ドラッグは合衆国内でのそうした活動のための経済的な中継地として動くことになる[15]」。計画にはニューヨークに銀行を立ち上げ、アライド・ドラッグを使って基本的にはマネー・ロンダリングを行って、合衆国からソヴィエト連邦に資金を送ることが含まれていた[15]。彼は外

国車や機械類の輸入支援の、いわゆる利権の交渉もした。実際には半違法的な、したがって危険な交渉を共産主義政府に代わって行っていたのである。

当時「アメリカで最も裕福な資本家[15]」と言われたヘンリー・フォードと、新しい共産主義政府との間で、出所を明らかにせずにフォードのトラクターを多数輸入する交渉をハマーはブローカーとして取り仕切っていた[15]。フォードは一九一九年にはすでに試験場と試験販売する市場を探していたが、この当時、ソヴィエトに機械類や車両を輸出することは完全に禁止されていた。ハマーは一九二二年にフォードに近付くと、誰かに見とがめられる場合を考えて、買い付け仲介としてアライド・アメリカン（同じ会社の別名）との間で、「一〇〇万台」買い取るというオファーを出した。フォードは馬を付けない新型の鋤の試験走行を実現し、正式な祝福を受けようが受けまいが、ロシアは必要としていた農機具を全て手に入れたのだった。一九二三年までに彼はスターリンの政府に代わって三〇以上の会社と同様の取引を行った[15]。もちろんこうした取引はほとんど水面下で行われた。ボルシェヴィキ政府との外交関係が承認されている国々は、当

時、このような取引に対する制裁措置を行っていた国々ばかりだった。

一九二四年にレーニンが亡くなると、スターリンが政権を取り、ハマーの鉱山は接収され、国有化された。しかし、ロシアで不思議なほど不死身に見えるこの男の人生は、これで終わりということにはならなかった。どういう経緯だったか、ソヴィエト政府によってそれまでの事業利益が摘み取られるや否や、彼はまた新しいビジネスの営業許可を認められたのだ。まるで彼を引き続き利用するための言い訳のようだった。次は鉛筆工場だった。鉛筆製造業と考えられていた業者はソヴィエトの「特別営業許可委員会 special Concessions Committee」から驚くほど豪奢なモスクワ本社を与えられていた。大急ぎで明け渡された四階建てのビルはファベルジェの工房と事務所が入っていたところで、「一カ月一二ドルという名目家賃[15]」だったという。

ハマーとその当時合流していた弟ヴィクターは鉛筆工場を操業していたということになっていたが、革命前の宝物を倉庫いっぱい収集しており、一九二九年、これを

合衆国へと持ち帰ることになる。一度それらを輸入して、兄弟の個人所有としてしまうと、文字通り何も知らない、アメリカの人々にハマーはその品々を売却する計画を立てた。もちろん、略奪品のロシアの宝物を現金に換えたり輸出したりしようとしたのは、ハマー一人ではなかった。しかしながら、外貨でソヴィエトの初期資金を調達するというスターリンの目標を本当に達成したのは彼一人だった。

現金化された宝物が大量だったために、世界のダイヤモンドと宝石の市場は崩壊した[*7]。では、ハマーはどのように舵を切ったのか。ダイヤモンドが大量にあった時にデビアスがしたのと同じことをしたのだ。彼は宝石以上のものを売った。物語を売ったのだ。

裏切り者

一九八七年の彼の自伝『歴史の証人ハマー Hammer: Witness to History』は、確かに非常に長くて退屈だとしても、外交の派手な功績の数々、天才的事業家精神、

彼を世界で最も素晴らしい美術蒐集家に祭り上げた幸運、世界各地の指導者達との個人的な交流、そしてオクシデンタル・ペトロリアム会長という物語を紡いでいる。だが、ほとんど全てフィクションだ。

エドワード・J・エプスタインは、一九八一年に遡って彼のことを詳しく調べ上げ、彼の狡猾さを嗅ぎ出している。この年、彼はジャーナリストとして、ノーベル平和賞候補にと考慮されていたハマーに関して伝記的な記事を『ニューヨーク・タイムズ』に寄稿するように依頼された。その時にはエプスタインは疑いを何一つ証明することができなかったが、彼の本能は全く間違っていなかった。[*8] そこで、彼はハマーの良い面を強調する記事を書くのではなく、読者にそれぞれ自分で結論を引き出させるようにしたのだった。『タイムズ』誌の記事は、示唆はしてもスパイ活動に対して徹底的に非難することはなく、ハマーのソヴィエト連邦との取引は意図的にかの国に有利なものだったことを暗に示すにとどまった。これは八十歳のハマーが許容できる内容ではなかった。記事はさらに続くことはなさそうだったので、ハマーは抑え込みにはかからなかったが、メディアがさらに深入り

することには一層警戒するようになった。彼は死ぬまで、その他大勢のジャーナリストを捕まえて、高額な賠償金を求めて裁判を戦った。

そこでエプスタインは時節を待つことにした。ハマーが亡くなってから数年後、一九九〇年にソヴィエト連邦が崩壊し、ビジネスの取引を隠蔽していた（鉄の）カーテンも同時にほとんどが外れた。ハマーの犯罪の動かぬ証拠や詳細な証拠が古いソヴィエトの記録文書から錆を含んだ赤水のように流れ出した。その時点で、国務省の資料や機密解除された文書などを使って、エプスタインは『関係書類――アーマンド・ハマーの知られざる歴史』を書いた。ここで書かれていたのは、ハマーの公式の説明とは大きく異なっていた。

ロシアの美術品を扱っていた話はハマーの説明では、特にファベルジェについては概ね次のような話だった。ハマーとその弟はその前から熱心な美術品のコレクターだった。そのコレクションは宝石を使ったありとあらゆる品々、重要な歴史的工芸品、あるいは彼らが手に入れることができた美術品などだった。彼らはツァーリの身

の回りの品を蚤の市で買ったり、皿の彫刻に飽きが来ていたレストランから皇帝の陶磁器類を買ったりして、ツァーリ時代の世襲財産をほとんどすべて二束三文で手に入れた。彼はそのくらい抜け目がなかったのだった。[16]

二〇年代後半のどこかの時点で、エメリー・サッコーという友人が自分と一緒に合衆国でアート・ギャラリーと古美術品の取引店を始めないかと持ち掛けてきた。サッコーはロシアの隠遁者や修道院に敬意を表して、ギャラリーを「エルミタージュ（隠遁者）」と呼ぶのはどうかと提案した。ロシアのエルミタージュは大きな国立の倉庫で、値段のつけようのない宝物が保管されており、ファベルジェが何十年も前に彼のキャリアをスタートした場所だった。ハマーは素晴らしいアイディアだと言って賛成した。

それから、ハマーの弟はニューヨークでギャラリー・エルミタージュを開業すべく帰国した。

もちろん偶然だったのだが、ハマーの鉛筆工場は突然国有化され、十年たって初めてロシアに留まる理由がなくなってしまった。そこで、妻と子ども、ロシアで手に入れたあと少しの宝石類をパリに残して、彼もまたロシアを去った。ハマーによれば、一九二九年にサッコーの事業に何らかの問題が持ち上がって、運悪く、彼が自分で提案した新規事業に参加することができなかったという。その後も。

エメリー・サッコーという人物が実在したという記録は何もない。

「ロマノフ王朝の宝」展

ハマーは自分が美術品や古美術の世界の天才児だと主張したがっていたが、真実は、彼が販売していたものはどれも彼が所有していたものではなかった。彼の弟、ヴィクター（おそらくは二人のうち賢さでは兄に劣る）は、全てはソヴィエト政府が所有するもので、彼ら兄弟は委託販売しているだけだとあっさりと認めた。[1]弟が言及していない点は、ハマー兄弟がソヴィエト政府の隠れ蓑で、売り上げを集めては大部分を、基本的にはその全額をモスクワに直送し、アライド・ドラッグ社をアメリカ国内のマネー・ロンダリング銀行としてソヴィエトが利用していたということだ[15]。

アーマンド・ハマーがソヴィエトのエージェントだったことに気づいたのはエプスタインが最初ではなかった。アメリカ連邦捜査局のJ・エドガー・フーヴァーは彼の動きを追跡して、彼の人間関係を生涯にわたって監視した[15]。彼はハマーに関してファイル・キャビネットいっぱいの資料を集めており、二十年以上も監視し続けた。フーヴァーはハマーが何をしていたのかに十分気づいていたが、それをやめさせることができなかったか、あるいはそうしたくはなかったのか。彼はある時、自分がハマーを泳がせておくのは、ハマーがもっと大きな獲物へとFBIを道案内しているからだ、とそれとなく発言したことがあった。フーヴァーの非常に長いブラックリストを考慮に入れると、あながち誤りではなかったかもしれない。

しかし、共産主義者を調べていたのはフーヴァーばかりではなかった。ハマーのソヴィエト・コネクションは美術界では公然の秘密だった。その他大勢の人物がハマー以前にはロシアの委託を断っていた。一人のフランス人ディーラーが略奪品の宝石類の山を見た時に「自分は美術品ディーラーだ、宝石泥棒ではない[8]」と言ったという話は有名だ。ハマーがこのフランス人と同じように感じていなかったのは明らかで、ハマーのことを「スターリンの合衆国代表[1]」と呼んだアメリカ人批評家もいたほどだ。

ハマー兄弟と彼らのソヴィエト連邦との間の結びつきは、業界ではよく知られていた、あるいは少なくとも疑われることは多かったのだが、ハマーの主たる標的であったアメリカの中間層は何も知らなかった。ご存じのとおり、中間層とはデビアスが同じように輝かしいおとぎ話を使って惑わせていた同じ人口層だ。この層の人々は世界で最も大きな購買力を持った大集団で、自分自身を錯覚させる能力にも、おそらくめざましいものがある。

この大衆を食い物にするために、ハマーはまず彼らをファベルジェの虜にする必要があると考えた。そして次は何万という品数が必要だった。最初の問題の解決策を持ってきたのは、またしても「友人」で、数ある倉庫にいっぱいの値段もつけられないような宝物を売り払うには、百貨店へ行けとハマーに助言をした。宝物を売るには変ではないか？　そうかもしれない。しかし、宝石類の多くは売却するつもりのものではなかった。彼の戦略の第一段階は、パフォーマンスとセールストークだったのだ。「失われたロマノフ王朝の宝」を大衆に認知させ、興味と熱狂を引き起こす場所として、百貨店以上の場所があるだろうか。

複数年にわたるアメリカの巨大百貨店を巡るツアーの中で、ハマーはありとあらゆる心理的な仕掛けを使った。美しい女性に王族のドレスを着せて展示会場を歩かせた。彼はファベルジェ・エッグのような非売品を並べた。美退位した偽の王子登場、バイヤー達の目の前のショーケースを物欲しそうに眺める王子達、奪われた歴史、失われた宝物よと、悲嘆にくれる、といったシナリオだ。ハマーは宝石商人の中の催眠術師、スベンガーリ（デュ・モーリアの小説『トリルビー』の主人公の名）だった。彼はファベルジェ・エッグを象徴に変えた。そしてアメリカの大衆はそれを漁りつくしたのだった。

彼らはファベルジェと書いてあれば何でもすべて、どんな小さなものも、また控えめな値段がついているものでも買っていった。思い起こしていただきたいが、ファベルジェはシガレットケースから写真のフレームまであらゆるものを製造していた。モスクワからの船は次々に入ってきていたが、しばらくすると、本当に品切れになった。ハマーは自力で富を作り出して、必要とされている資金を作っては、新生ＵＳＳＲへ送り続けた。ファベルジェ・エッグその他のファベルジェ製の品物がなくなると、スターリンの賛同も得て、アメリカ国内で模造品を作り始めたのだ。ハマーはファベルジェ印の入った金属の印章を持っていた。完成品に打ち込んで本物であることを証明するためのものだ。真正のファベルジェの品物が底をつくと、フランスのコピー商品を輸送させ、盗んだファベルジェの製造印を押した。この印はファベルジェの本社にいた時に手に入れたものだろう。

強調しておくに値すると思うのだが、この場合、カラットの重量以上にその価値を決定したのはそのアイテムの希少性ではなかった。実際は、彼が上流中産階級の人々に売りつけていた品物の多くは本物の宝石よりも七宝製が多かった。ハマーはロシアの富のほとんどを現金に換え、そして「真正の」品物をどんどん市場に送り込んで供給過多にした。それはちょうど、ダイヤモンドで市場をあふれさせておいて、追加のダイヤモンドだと言ってどんどん値をつり上げてガラスをつかませるようなものだったのではないか。ファベルジェ製品の激増は価値を暴落させたのだろうか。ところがそうではなかった。これは希少性が価値を大きく変動させるケースではなかった。希少性の解釈を誤ったわけでもなかった。これは象徴性が価値に結びついているケースだったのだ。

希少な商品とはこの場合、王権だった。悲劇だった。歴史だった。ハマーはファベルジェの印の入った本物も偽物も数限りなく市場に送り込んだ。そしてファベルジェに連なるイメージの上に心理的な愛着を積み上げた。彼は丹念に作り上げたファンタジーを売っていたのだ。そして、遊園地の出口にある土産物屋のように、客の帰り際にガラクタの飾り物を売りさばいてもうけていたのである。

偽物まみれの帝国

一八八七年に制作された「第三のインペリアル・エッグ」という名称は、そのはっきりしない特色から、ファベルジェ・エッグのシリーズの第三番目として、名付けられている。ほぼ一世紀の間、有名な「失われたファベルジェの卵」の一つだった。これは革命の間に消えて、それ以降一度も姿を現していない。シンプルな金の卵である。ライオンの脚の形の同じ色の金の三脚の上に載っていて、極小の金の花輪で飾り付けられ、一個の小さなサファイアと大粒のダイヤモンドで留められている。一番上を押すと蓋が開いて、中から懐中時計サイズの置時計が出てくる仕掛けだ。

二〇一四年、ほとんど信じられないような場所で見つからなかったら、インペリアル・エッグのシリーズ中最も退屈なもので終わったかもしれない。アメリカ中西部のスクラップ業者の手元にあったのだ。男性はダンキン・ドーナツの近くの蚤の市でこれを買って、金の重みで重量があったので、これを溶かすつもりだったという。ファベルジェ作品だったことも、ロシア革命以来、行方不明になっていた値段もつけられないほど貴重なインペリアル・エッグの一つだということも、気がついたのはほんの偶然だったのだ。

全ての宝、本物も模造品も売り切った後には、ほんのわずかな現金しかハマーの手元には残っていなかった。後になってわかったのだが、ロシアのエージェントは何度も詳しく在庫調べをして、何かなくなったものがないか、ハマーが余分の現金を着服していないか確かめていた。事の真相は、アーマンド・ハマーは国際的盗品買受人だったというだけの話だ。彼が買い受けていた盗品は人類の文明全体から盗まれたものだった。そして彼はそれを敵対している外国政府、アメリカ合衆国の没落にじっと目を向けている政府から買い受けていたのである。

ファベルジェ作品に飛びついてきたアメリカの中間層の人々は、エッグを買っていたのではなかった。彼らは多く買いすぎているものなど何一つなかった。とにかく本物は何も買っていなかった。失われた富裕な帝国と棄てられた王権、美しく豪華に煌めく、そして滅びる運命の帝政ロシアのロマンスを物語に紡ぐことで、ハマーは中間層の平均的アメリカ人の欲望をてこに、バイヤー自身を無意識の販促部隊へと変貌させたのだった。本物の宝物を所有できるという考えに、夢中にならない者がいるだろうか。

双頭の鷲の羽根飾りやファベルジェの印（本物であれ偽造であれ）をつけて、ハマーはこのような品々をアメリカ人なら誰しも愛憎両面の感情を抱いているものの象徴へと変化させた。それは王権だ。彼はファベルジェ・エッグを見る者の心に富と権力を即座に映す象徴にしたのだ。ほとんどの消費者はもっと控えめな銀やほうろうの品を多数買っていたが、結局は熱狂的に買い漁ることで、その品物を非常に価値あるものにした。そのためマルコム・フォーブスや財務長官、アンドリュー・メロンのような富裕な人々はより大きなサイズのものや、さらに破格に高価な品物を、彼らにすればわずかな対価で買い占め始めた。それから、アメリカの大衆が大量に買い込むようになると、ハマーは富や権力、王権に対して彼らが抱いていた感情を元手にさらなる賭けに出て次の何億ドルもの金を作り、直接スターリンの口座に送るのだった。このようにして、私達アメリカ人中流消費者階級が、困難の多い初めの数年間のソヴィエト政府のために資金を提供したのだった。

あの金はどうなったのだろうか。それはソヴィエト連邦になったのだ。スパイ対スパイ、宇宙競争、スプートニク、そして冷戦。二十世紀の西側世界の最強の敵、ロナルド・レーガンが「邪悪な帝国」と呼んだ国は、初めにドイツ、それからアメリカによって賄賂を渡されて腐敗した。

＊1 残念だが、ファベルジェとは何の関係もない。

＊2 ある者は知っていてわざと、またある者は知らないまま。巧妙に知らないふりをしていた者もあった。財務長官アンドリュー・メロンは一九三〇年代にニューヨークでロシア至宝の盗品に六六〇万（訳註：約七億円）ドルを支出しただけでなく、その日のうちにソヴィエトの預金口座に送金しているが、慈善事業への税金控除であるとして帳消しにした。

＊3 強い信頼感が必要だ。なぜなら人々に自分のことを笑い者にしてもよいというわけだから。

＊4 幸福は金では買えない。そう人は言う。しかし、私の母がいつも指摘していたように、頭金を払うと地獄の気分だ。

＊5 「ドゥーマ」はツァーリによって設けられた評議員の集まり。本来は代表者による政府を求める国民の要望に対して歩み寄るものだったが、ツァーリによって敵視されたり、侮辱的な扱いを受けたりすることが往々にしてあった。ツァーリ自身がドゥーマの設立には同意したものの、ドゥーマの下した決定に協力する気はなかったのだ。

＊6 パイプスによると「レーニンの使命にドイツが金銭的にも関わっていたとする証拠は多い」という。

＊7 かつてロマノフが所有していた数々の宝石は共産主義者達にとっては文化的価値がほとんどないもので、第一次世界大戦で疲弊したヨーロッパ人にも金銭的価値がほとんどなく、くず鉄のようにキログラム単位で売られた。一九二六年、一人の有名なロンドンの宝石ディーラー、ノーマン・ワイズはロシア王家の宝石九キログラムを七〇〇万ドルで購入した。

＊8 そして、おそらく極秘任務の中に何か偶然別の情報源があったのではないだろうか。

HAVE

第Ⅲ部
所有
誰でも手に入れられるもの

真珠と腕時計——一個の宝石が社会変革を起こす

欲望は消費で終わる必要はない。一つものを手に入れると、時にそれを超える何かの始まりになることもある。欲しいと思う何かを手に入れることが、さらにもっと多く手に入れたいと思うようになる。それでは何かを実際に所有することは、どのようにその持ち主を作り、また変化させていくのだろうか。さらに、何かを所有することはどのように世界を変えうるのだろうか。

ここまで、価値の幻想と、その非常に主観的な定義について論じてきた。欲望が私達の価値観を作っていく様子を見てきた。マンハッタンを買ったビーズの物語では、欲望がどのようにして私達の価値観を作るか、そしてどのようにして価値に対する概念が欲望の構造にフィードバックされていくのかを目の当たりにした。また、不幸な王妃マリー・アントワネットが処刑された話の中では、欲望がどれほど私達の道徳的価値観の中に満ち満ちているかが見えてきた。

一個の宝飾品が何を意味するに至るのかを検証するうちに欲望が私達の倫理観を形作り、宝石が象徴へと変貌する道筋が見えてきた。物理的な形をとって現れた人間の感情が良い結果も悪い結果ももたらしてきたことを確認した。欲望が否定された場合、それは攻撃性や腐敗へと傾斜し、さらには戦争にまで発展していくのだ。

一個の宝石の本当の価値とは何か、また一個の宝石が何を意味しうるかという問題を探ってきて、次は、一個の宝石が何をなしうるのかという問題だ。一つの文明を救えるのか。時間の枠組みを変化させることができるか。空想上のものでない現実の価値についてはどうか。輝かしい宝石を背景に動き始めた産業や組織、さらに、軍隊についてはどうだろうか。

この最終部ではこれまでの逆方向から検証する。美しいものに対する願望や、貴重な宝飾品や、数が少ない、貴重だと思うものに対する終わりのない追求が、暴力や混乱ばかりではなく、科学や経済、あるいは社会構造において驚くような発展へと繋がってきた様を見ていこう。「所有」(第Ⅲ部)とは満たされた欲望とその結果であり、単なる満足よりも一層興味深い物語となる。

一人のうどん製造業の男は、広大な真珠の養殖田を耕すことを夢見て、意図せずして日本文化を破壊の圧力から救った。一人の時計職人は、ハンガリーの伯爵夫人をはじめとする女性顧客の気まぐれに応えて、結局、ファッションに関するたった一言の意見で、現代の戦争に革命的変化をもたらした。それぞれの人物は個人の欲望を満足させただけだったが、もともとの目的が達成されて初めて、本当の旅は始まったのだった。それが誰であれ、何者になったのであれ、なぜそこが問題だったのかであれ、近視眼的な目標をいとも簡単に超えていったのである。

「所有」(第Ⅲ部)は物がどう変化するか、そして物が世界をどう変えていくかの物語なのである。

第7章 真珠と日本
養殖真珠と近代化

私の実験室で作り出せないものが二つだけある。それはダイヤモンドと真珠だ。真珠を生み出すことができたのは、世界の不思議の一つだ。

――トーマス・エジソン

全てのものは模造品だ。自然が神の芸術だからだ。

――トーマス・ブラウン卿

一六〇三年、自国以外の未開の世界は宗教的な紛争と衝突、問題しかこの国にもたらすものがないと日本は判断した。そこで時の政府は外国人に対して永久に門戸を閉ざした。少なくともそのつもりであった。ほぼ二百五十年後、煙を吐くアメリカの船団に大砲を突き付けられて、門戸は再びこじ開けられた。どの船もあまりにも近代的で、日本人の多くは龍と間違えた。

一八五三年七月八日、アメリカ人提督マシュー・ペリーは艦隊を率いて、文化的にも技術的にもそして軍事的にも無防備のままの日本にやってきた。四隻の戦艦は武器を大量に積み込んでいた。表向き、彼の与えられた使命は外交的なもので、アメリカ合衆国大統領からの親書と、平和条約と相互貿易の合意を求める文書を携えていた。

しかし、現実には、これらの行為はどれも武力を見せつける巧みな示威行為だった。日本の統治政府、徳川幕府はそれまで日本と諸外国との接触を非常に厳格に禁止してきており、アメリカ船が現れること自体によって、その意図ははっきりと伝わった。「ゲームに参加するかしないか」である。彼らは日本に通商のための開国を求めた。

招かれざる客は、日本にとって屈辱的で不平等な自由貿易と、通行の同意と様々な平和条約に署名させると、立ち去って行った。彼らは単純に武力で優っていたのだ。唖然とした徳川幕府は船が消えていくのを眺めながら、どんな犠牲を払っても西洋に追いつき追い越すと、どこかの国の植民地奴隷には決してならないと誓ったのだった。

こうして、二十世紀の幕開けの時代、日本人は世界の舞台に力強く帰ってきた。体系的に分解するというわけにはいかなかったが、何世紀にもわたる深い伝統と、封建制に根差した文化を捨てるという辛い決断をした。そして二百五十年にわたる社会的技術的進歩に追いつくために、総力を挙げて全力疾走する。ヨーロッパやアメリカに多数の留学生が送りだされた。近代工業や科学、商業などについて、できる限りの情報を集めるために使者達を派遣した。また、ありとあらゆる専門分野の西洋人達を招聘して、鉄道建設から銀行の運営まで様々な分野で意見を求めた。外国人「専門家」達はサムライを訓練しなおして、近代的西洋式軍隊として機能するように仕立て上げたのだった。

日本はこの急速な近代化の時代に、強力な蒸気船製造や近代的織物業を含む、数々の産業を発展させた。しかし、御木本幸吉（みきもとこうきち）の天然真珠の養殖に使えるようなものはなかった。これこそ、バイオ技術をスタートさせた発明であり、日本の技術革命のスタートを知らせるピストルの音、そして日本を世界の強国に押し上げた発明だった。

五粒の真珠

御木本幸吉、将来真珠を一般大衆のもとに届けることになるこの男は、一八五八年に生まれた。まさにこの年、日本はついに全世界に向かって門戸を開いた。[*1] 彼は、うどん屋を営む貧しい家の長男で漁村鳥羽に住んでいた。明治の改革（詳しくは後述）はペリーの違法侵入後、何十年にもわたって国を激しく揺り動かし、理論上は経済的な流動性を生み出してはいたが、実際には貧困のため多くの人がそうした流動性を奪われていたことは驚くにはあたらない。御木本が十一歳の時、父が病気になり、幼い御木本は大家族のために家計を支えなければならなくなった。彼は一日中野菜を売ったり、うどんを作ったりし、毎晩のようにうどんの屋台を引いた。

　小さな漁村での苦しい生活の中で、数少ない利点の一つは海岸に近いことだった。青春時代、彼は真珠を見て驚いた。おそらくトップレスの海女にも釘付けになったことだろう。海女とは昔からの真珠採りの女性で、何世紀にもわたって牡蠣を採ってきた。真珠は小粒でも価値が高く、町の市場では粉にひいて、薬や化粧品として売られた。しかし、彼を魅了したのは真円真珠だった。真珠はどのようにしてできるのか、失敗するのはなぜか、人間が真珠の形成を誘導することは可能なのか？　彼は完全な形の真珠を育てるという考えに夢中になった。彼の夢は大量に真珠を育てて、全ての人の手に届くようにすることだった。のちになって、世界中の女性達の首を真珠のネックレスで飾るのが自分の夢だったと彼は述べている。自分の会社が軌道に乗ったあとも、彼はいつか十分な数の真珠を生産して、全ての女性に、自分で買え

る人には一本二ドルで、それが払えない人には一本をただであげたいものだと言っていた。

　二十三歳になると、御木本はまだ夕暮れ時から明け方までうどんを売り歩いていたが、士族の娘と結婚した。うめという名で、彼女もまた真珠養殖の成功に夫と同じくらい貢献した。湾の見張りや収穫物の検査をしたり、真珠を育てる実験のため、御木本が家を空けてよその村に出かけたりしている間、うめは家を守っていただけでなく、家業のうどん屋を切り盛りした。武士の家を出て百姓に嫁いだという彼女の立場は、前の世代では考えられなかったことだ。ともあれ、彼の夢は、いや自分達の夢はもうすぐ手の届くところにあるのだと、うめは夫を励まし続けた。

　彼は真珠とその美しさを夢にまで見ていた。しかし彼にはもう一つ秘密の野望があった。もう十年早ければ一層非現実的だと考えられたはずだ。彼は科学者になりたかったのだ。

　彼の人生のハイライトの一つは、一九二七年、憧れのトーマス・エジソンに招待された時だった。エジソンは自宅に彼を招いて、自分の実験室を見せ、御木本の偉大

な業績を讃えた。エジソンは次のように御木本に言ったという。「これは養殖された真珠ではない。本物の真珠だ。私の実験室で作り出せないものが二つだけある。それはダイヤモンドと真珠だ。真珠を生み出すことができたのは、世界の不思議の一つだ。生物学的に不可能だとされていることだ[*2]」

早くから彼は地元の政界を独力で登りつめ、一八八〇年代の半ばには志摩国海産物改良組合長となった。この時彼は大日本水産会の事務局長柳楢悦（やなぎならよし）の知遇を得る。一八九〇年、柳は御木本を第三回内国勧業博覧会に招いた。[1]ここで彼は日本の最先端の海洋学者、箕作佳吉（みつくりかきち）と出会う。[1]彼の計画を馬鹿げていると考えなかった数少ない一人だ。箕作は彼に膨大な周辺情報と科学的知識を分け与えた。

成功の兆しがないまま、何年もの月日が流れた。しかし、彼の計画と、その投機的事業はどんどん大きくなっていった。ところが一八九二年、大災害に見舞われた。湾を見渡してみると、海水が血のような赤色に変わっていたのである。赤潮だ。有害な藻類の大繁殖である。赤潮は彼らの育てていた五〇〇〇〇個の貝を一掃してしまった。これで真珠養殖は終わったかと思われた。御木本もとうとうあきらめるところまできた。しかし、妻は外海から遮断されていた小さな養殖場がいくつかあると夫に言った。そこではまだ貝が生きているかもしれない。彼女は彼を引きずりながら養殖場を見に行った。

実際、彼女の夫が希望を捨てた時、最初の養殖真珠を殻から抜き取ったのはうめだった。彼女はその日、五粒の真珠を隔離養殖場で見つけた。これが彼女の最後の貢献となった。うめはその後間もなくこの世を去った。一八九三年七月、出来上がった真珠はまだ半円のマベパールだったが、彼の方法がうまくいくことを証明するには十分で、一八九六年には特許を得た。[1]御木本は半円の養殖真珠の売り出しに取り掛かった。その売上金を使って、研究を続行させた。養殖真珠の試みは御木本が最初ではなかった。しかし、彼の中の科学者魂は、成功の秘密とは、十分に立証された体系的な実験の反復で、何年もかけて行われるものであることをよく知っていた。そして実際に彼の成功には長い年月が必要だった。真円真珠の養殖に成功するまでに、彼の実験は二十年以上も失敗の連続だったのである。

何かの物体、核になるものを真珠貝の中に置けば、真珠母で覆われるということには、自信があった。すでに彼はマベパール、半円真珠を作り出していた。しかし、貝を殺してしまったり、拒絶されたりすることなしに、貝の組織の一部を殻から引きはがしたり、二枚貝を刺激して真珠母の発生を誘発させることがどうしてもできなかった。真珠の種が付くように、石鹸、金属、木片など、思いついたものは何でも試してみた。ある日、貝殻から作ったビーズを入れることを思いついた。この試みは成功だったが、いつも同じ結果が出るとは限らなかった。貝は時々しかビーズの周りに真珠母を発生させなかった。

何年にもわたって球体の真珠を作り出す試みが続き、そして失敗。再び彼は新しい手法をじっと考えた。他の貝から採取した組織の中に核全体をくるんでみた。非常に時間のかかる作業で多額の費用もかかった。御木本にはなぜ「全巻式」技術が機能するのかわからなかったが、これは功を奏した。一九一八年、他の生体の組織で真珠の核となる物体を完全にくるむという、この技術で彼は特許を取得した。


結局、外套膜組織のひだの付いた周辺部から被膜状の細胞を採取して、貝の殻の内側に入れると、真珠袋が形成されることが判明[*3]。単に異物を貝の中に入れるだけではうまくいかなかったのはそういうわけだ。核となる異物を貝殻と貝本体の間に外套膜と接するように置いた場合は、半円真珠になる。

他の貝の生体組織の小片が不可欠の材料であることを御木本はのちに発見することになるのだが、この発見は危うく逃してしまうところだった。ほとんど破産寸前となって、自分の「全巻式」真珠に全てを賭けて、彼は辛抱強く真珠が成長するのを待った。しかし、一九〇五年に災害が再び彼を襲った。赤潮が全ての貝を絶滅させてしまったのだ。今回は八五万個の真珠貝を収穫の前に失った。何年もの間のつらい月日の後のこと、精神を病む瀬戸際にいたかもしれない。あきらめきれず、彼は来る日も来る日も海岸に出て、腐臭を放つ死んだ牡蠣の山の真ん中に座り込んで、貝殻を一つ一つ開けた。ほとんど全ての貝が死んでしまっていたが、何千個もの貝の中から再び五粒の真珠を見つけ出した。それは、今度こそ完全な球体だった。

大量生産のスタート

御木本は真珠生産技術を確立すると、大量生産に取り掛かった。彼は単に真珠養殖のパイオニアだっただけではなく、真珠を収穫できるまでに育てる栽培技術を発明し、それを改良した。これは全く新しい概念だった。彼はいくつもの異なったやり方で天然のアコヤガイを探しては、独自の基準で、自分の養殖場で使いたい貝を繰り返し絞り込んでいった。色や殻の硬度から、核形成にも生殖にも有利な多産の可能性まで、全ての項目で評価を行った。貝に核を入れると、かごに入れて、自分の島の海岸に沿って並べた大いかだに吊るして置いた。

御木本は、全巻式の真円真珠の養殖で二件目の特許を取得した。御木本の養殖真珠はすでに高品質での大量生産が可能になっており、彼は全世界に向けて販売を始めた。一九二〇年代には収穫量が上がり、商業的輸出も可能になった。御木本幸吉は日本のトップ一〇人の科学者の一人に挙げられるようになっていた。

養殖真珠は二十世紀の技術と自然の融合の始まりだった。アコヤ真珠は宿主の体内で培養されたまさに最初の工業製品だったのだ。真珠はどんなものも様々な価格で販売された。宝飾品には適さない規格外の真珠は粉砕して、御木本製薬がカルシウムの栄養補助食品を製造したり、化粧品に加工したりした。

ある視点で見れば、数世紀にわたる近代諸国に対する抵抗ののち、日本が先進国に急速に、追いつこうとした明治時代は、御木本にとってありがたい時代だったし、その逆も然りだ。日本の近代化以前の時代だったとしたら、うどん屋に生まれついた御木本が、科学や、また産業のための研究をする自由はなかっただろう。多くの点で、日本の工業化は南アフリカのダイヤモンド・ラッシュに相当するものがある。しかし、その成功は、偶然や植民地化によるものでなく、科学の面での努力と苦労の賜物だった。自分の蓄財を企むのではなく、亡くなる日まで倹約家で簡素だった御木本は、この養殖真珠は日本のためにあってほしいと考えていた。彼の胸の中では自分の養殖真珠が祖国の問題の解決になると思えたのだ。日本は小国で天然資源も乏しいために、主として商業国として生きていくことになる。天然資源を輸入して完成した製品を輸出するのである。彼の人生を賭けたこの仕事が日本のためのもので、私利私欲のためでないことを示すために、「この収穫を天皇陛下の御前に②」と言って、御木本は初めて成功した真珠を天皇に捧げた。明治時代の終わりには、日本は何百万もの真円真珠の唯一の輸出国となっていた。

鎖国の時代

これが御木本の成功物語である。少なくともその始まりである。しかし最初の最初まで遡ってみることにしよう。そこにはいつも小さな種がまかれているのである。

多くの国がその外交政策として孤立主義を唱えてきたが、実際にはほとんどが他の国々との繋がりを絶ってはいない。孤立主義とは、できるだけ他国との関わりを持たないのが普通だ。ところが近世の日本が西洋諸国に対して「立ち去れ、近寄るな」という時、それは言葉通りの意味だった。この政策を数百年も続けることができた

とは、一層の驚きがある。

御木本の養殖真珠の時代から、あるいは二十世紀からはるか前、中世の日本は大名と呼ばれる封建領主が統治していた。彼らは高度に訓練を受けた武士からなる軍隊をそれぞれ率いていた。権力をそぎ落とされた朝廷がただ見ている中、大名達は領地、権力、影響力を巡って戦った。彼らはありがたくないヨーロッパ人の商人や宣教師達とも常に戦っていた。権力は各地に分散し、大名間には絶え間なく戦いが起こった。日本に入り込み、国家の転覆や弱体化を狙っていた勢力、攻撃的なキリスト教宣教師達の存在がこの国をさらに混乱に陥れていた。その結果、日本は十五世紀、十六世紀のほとんどを引き続く内戦に費やしていた。

一六〇〇年、国内の混乱はついに関ヶ原の戦いに発展した。この戦いののち、勝利を収めた徳川家康が実権を握り、日本全国を統一した。彼は江戸、すなわち現在の東京にある堅牢に築かれた自分の城から全国を支配した。朝廷はほとんど権力を持たなかったが、完全にものが見えていないというわけではなかった。時代の流れを読む

目があり、一六〇三年、徳川家康を公式に日本の征夷大将軍として武士の最高司令官に任命した。これにより徳川幕府は樹立されたことになる。これが日本をその後の二世紀半にわたって支配する王家で、日本の近世に君臨することになる。

正式には最高統治者ではなかったが、将軍として、徳川の最初の関心事は一世紀にもわたった内乱と、外国の侵入、宗教的な対立を経た、この国を元通りに縫い繋ぐことだった。彼は日本を伝統的な武士道[*4]の価値観、神道と仏教の信仰へと立ち返らせるという事業に取り掛かった。徳川は、これが達成できれば経済的繁栄も平和も実現すると信じていた。そのために、この政府が最初に実施した政策の一つが、外国人の国外追放だったのである。

キリスト教会が何世紀にもわたる様々な宗教戦争を引き起こしてきたのを、日本人は知っていた。この国の保守的権力は自分達の勢力内で問題が起きることを嫌った。さらに、宣教師達は封建制社会にとって根本的な脅威となっていた。日本では、封建時代のヨーロッパと同様に、人口の大多数は農民で、将軍に対してだけでなく、それぞれの地方の大名に対してより直接的に永遠の忠誠心を抱いていた。人々が忠誠心を持つ対象として、より高位の権威が存在するという考えは、その対象が教皇であれ、キリスト教の神であれ、入念に秩序付けられた日本の社会構造の中で、大きな脅威となった。

こうした宗教的権威の問題に加えて、ヨーロッパ人の商習慣を多くの日本人が不公平に感じていたこと、そして、植民地主義的な列強国が日本の玄関口まで迫ったところで、ますます攻撃的になってきていたことの三点が、日本の外交政策に与えた影響は大きかった。一六三三年にはそれらの心配がない交ぜになって、最も受身かつ最も攻撃的な外交政策を幕府が打ち出すこととなった。鎖国令である。これは西洋世界との繋がりを一切絶つというもので、効果的な策だった。一六三九年まで、幕府は「閉ざされた国」という意味で、鎖国と呼ばれる独裁的政策を次々に実施した。

この極端な政策のもとで、キリスト教の信仰は違法となり、その処罰は苛烈を極めた。いかなる外国人とも接触することは厳格に禁止され、全ての外国人は国外追放となった。鎖国はどこの国の人間も、いかに短期の訪問であっても、日本に入国することを禁止し、日本人自身も日本を離れることを許さなかった。遭難した西洋人水夫が日本の海岸に流れ着いて、公海へと送り返されたとか、殺されたとか、あるいは監禁され、罪人のように扱われたとか、そういった話がいくつも残っている。この強硬策のたった一つの例外は、長崎のそばの小さな居留地、長崎港の中にある、出島という小さな扇子の形をした島だった。そこには、厳しく護衛されたオランダ人貿易商が少数滞在していた。幕府がオランダ人は、その他のヨーロッパ人達ほどは危険でないと考えたことは明らかだった。[*5] そうであっても、こうした外国人達は厳しく隔離されていた。

　日本はこの時代を通じて中国と韓国とは通常の商業的、外交的な関係を維持していたが、出島にいたオランダ貿易商達の派遣団は、西洋世界へ向いた唯一の窓――鍵穴と言ったほうが近いだろうか――となっていたのだった。③

日の出と落日

　江戸時代は一六〇三年から一八六七年まで続いた。この期間、国内はこれまでなかったほどの平和と繁栄を誇っていた。江戸時代、この眠っているような鎖国の時代には、政治的、科学的、あるいは産業の革命は起きなかったが、それ以外の分野ではこの国の全盛期を迎えた。農業の生産性が向上して、経済は急速に成長した。この平和な時代の富の集積によって、手工業や地方経済が成長し、それによって教育を受けた裕福な商人階級が台頭し、その多くは、複雑に成長を遂げていく大阪や京都などの町に根を下ろしていった。

　日本は一七〇〇年前後を絶頂期とする、黄金時代を迎えたのだ。この時期、芸術も花開いた。新興の歌舞伎や文楽が芝居好きを喜ばせ、誹諧や川柳などが読者の人気を博した。浮世絵が誕生し、今日の西洋人が伝統的日本と結びつける繊細な木版画が完成した。鎖国の日本は秩序があって、安全で豊かな国だった。キリスト教徒の追放後は、檀家制度により、人々は皆仏教徒とされていた。

幸運ばかりではなかった。その他のほとんどの社会制度と同様に、そこには欠陥もあった。江戸時代は厳格な身分制度があったため、階級間の移動というものは起こらなかった。江戸社会の階級制の頂点には天皇家があった。実権のない表看板だったが、それにもかかわらず尊重されていた。実際の統治は将軍が行っており、最も権威ある階級が武士階級、サムライ達の階級である。その下に、芸術家、役者や芸人、職人、ますます活気を増していた都市の活力源であった商人達がいた。そして、身分制度では武士の次に位置づけられていたが、社会の最底辺にいたのが農民達で、人口のおよそ八〇パーセントを占めていた。

人々は日本を離れることができないのと同様に、自分の生まれた階級を離れることも許されなかった。厳しい規則で、その階級に許されない娯楽活動は禁止されており、そのために生活も商業活動もさらに制限されたものとなっていた。階級に関する権威主義的な禁止事項は経済的、政治的な社会の安定を確実にするために存在した。しかし、江戸時代の最後の数十年、ペリーが侵入してくる直前にはすでに、この制度には崩壊の兆しが見え始めていた。

決められた役割以外の活動を禁止されていたのは、農民達だけではなかった。農民達が農耕以外の仕事をすることが許されていなかったのと同じく、武士達も、商業に携わることが禁止されていた。そのため戦もせず、借金まみれの武士階級に、商人や農民が怒りを募らせる結果となった。

この制度の長所と短所は表裏一体で、江戸文化の起源も輝きも衰退もまた、全て一つの同じ時代に生み出されたのだった。

黒船来航

二世紀半にわたって、他の国々から完全に孤立していたため、日本は世界のいくつかの重大な動きを見落としている。たとえば、スペインの没落、啓蒙時代、フランス革命、全世界に拡大したイングランド商業帝国、アメリカ合衆国の建国、そして産業革命だ。彼らの持っていたオランダという小さな鍵穴を通して、一握りの日本人学者が世界の最新情勢に触れてはいた。「蘭学」と呼ばれる学問だ。しかし、彼らが学んだことは、ペリー提督とその艦隊が日本の沖に威嚇的な装備で現れた時には、何の役にも立たなかった。一八五三年七月八日、浦賀の村人や船乗り達が初めて見たのは、説明のしようもない世にも恐ろしいものだった。水平線上に巨大な黒煙の雲が現れて、沖合の公海上で何か大きなものが燃えているようだった。その光景は非常に恐ろしく、バラバラに散らばっていた漁船は我先に浜へと漕ぎ戻ってきた。一方陸にいた人々は、龍が煙を吐いていると思い込んで逃げ出した。

悪夢のような出来事だった。村はパニックに陥った。寺の鐘が鳴り、火の見櫓の半鐘が響き渡った。取り乱した村人達は「大きな龍が煙を吐いている！」と叫ぶ者もいれば、「外国の火の船だ！」[4]と言う者もいた。陸上にいた村人達は信じられないほど大きな怪物が漁師の船を脅かして沖から追い立てているのが、すぐにわかった。四隻のそびえるほど大きな黒い鉄の船が石炭を燃やして煙を吐きながら近づいてきているのが見えた。舷窓からは銃や大砲がずらりと並んで光っていた。本物の龍もこれほど恐ろしくはなかったのではないだろうか。

黒船が近づくと、陸にいた人々も散り散りになって逃げ出した。家の中に逃げ込む者もいれば、丘の上を目指して走る者もいた。目と鼻の先の首都江戸まで、将軍に何が起きているかを知らせに幾人かが走った。人々の中の最も良識のある者が、これははるか昔に追放したはずの「南蛮人達」が、強大な力と恐ろしい機械を巧みに使って、戻ってきたに違いないと気がついた。

船はちょうどコロンブスの巨大な木造のガレオン船が新大陸の先住民達を驚かせたのと同じように、それまで見たことのない恐ろしいものだった。鎖国の間、日本人は海岸線に沿ってごく短距離の航海しかしておらず、木造の一枚帆の「帆掛け船」を使用していた。一方、西洋人の船は戦争や商業のため、ますます大きく、速く、強力になり、地球を何周も回っていたのだ。一六〇〇年には、太平洋を横断するのは危険が多く困難で、航行する船はほとんどなかった。しかし、一八五三年にもなると、サンフランシスコから日本への旅はそよ風があれば十八日で十分だったのである。

ペリーの「艦隊」は、二隻の巨大な蒸気快速帆船、ミシシッピ号とサスケハナ号と、それよりやや小型の二隻のスループ型帆船だった。船はほぼ一〇〇〇人の人間と数えきれない銃を運んでおり、それぞれ毎時間何千ポンドという石炭を燃焼させていた。二隻の蒸気船のうち古くて小さいほうのミシシッピ号は一八四一年に進水した船で、その巨大なエンジンは「鉄の地震③」と表現された。日本人はアメリカ船を「黒船」と呼ぶようになったが、それは船が黒く見えるから、また見慣れない汚い煙を吐くからというだけではなかった。この船が日本の人々にとって今にも災厄を運んできそうなオーラをまとっていたからだ。黒船は西洋の技術と、迫りくる植民地主義の脅威の両方を表していた。悪そのものが形を取って現れたのだと思った者もいた。

開港

ペリーの艦隊が巻き起こした恐怖は目論見通りのものだった。軍事的、技術的な優位を示すための巧妙な手口

だった。恐怖心を煽る戦法で、「砲艦外交」として知られるようになる。もう一つの心理戦略は、ペリーは実際に上陸して、息を殺して待っている日本人の前に姿を現すまでに一週間、時間を置いたことだ。彼は旗を掲げ、礼砲を打ち、大砲を配列しなおさせて、まずは、日本の人々をおとなしくさせ、震え上がらせた。ついに上陸するという時、彼は三〇〇人を超える重装備の兵士達を引き連れていった。それと、楽団だ。

彼は合衆国大統領からの親書を携えており、天皇と面会したいと申し入れた。日本は数世紀にわたって孤立政策をとっていたので西洋流の序列については知らないだろうとペリーは考えて、自分の階級の重要性を強調した⑤。しかし、何も知らなかったのはペリーのほうも同じだった。日本の皇帝である天皇がその時点で、ほとんど象徴的立場であったことも、将軍と幕府が権力を握っていることも、ペリーは全く知らなかったのだ。結局、面会に出て来たのは幕府の代表者達だった。

交渉は何日にもわたった。要求を控えめに表現した交渉だったとはいえ、薄いベールの陰から武力をちらつかせながら行われたものだった。アメリカ側は日本の港一、二港を合衆国の船舶が利用できるように要求した。その他、航行に必要な石炭、新鮮な水、食料を得られるようにすることや、日本の国土に漂着したアメリカ人への待遇の改善を求めた。紙に書かれている条項はかなり道理にかなったものに思われたが、アメリカ流の砲艦外交により、いずれの要求も身振り手振りも、圧倒的に非友好的なものとなった。議論や熱弁が数日続き、時に力を振りかざして脅すこともあった。その後、アメリカは香港に向けて出発した。これは交渉の終結宣言として効果的なものだった。返事を聞きにじきに戻ると彼らは約束して船を出した。

黒船が立ち去るや、幕府は前例のない行動に出る。彼らは他の大名達に意見を求めたのだ。実に途方もない状況にあり、非常に大きな問題を突きつけられ、幕府は全くどんな結論を出したらいいのかわからなかった。大統領の親書は翻訳されて大名達の間に回覧され、意見が求められた。ある者は戦争を求め、また別の者は避けられないこととして同意した。しかし皆「貿易」の真の意味は植民地主義だと理解して、恐怖していたのだ。

六カ月後、ペリーは黒船を率いて戻ってきた。今回は一〇隻の黒船だ。ペリーは二十日あればさらに一〇〇隻の戦艦を日本の海岸に浮かべることができると豪語した。自分達が反論のできる立場にないことは、日本側にもよくわかっていた。そこで、銃口を突きつけられた状態のまま、日本は相互貿易を正式に許可する様々な条約に署名したのだった。

クジラから真珠へ

この時点で、すでに東洋のほとんどの国で、西洋諸国は貿易相手国としてか、あるいは植民地宗主国として、当事国と活発な関係を結んでいた。中国では特にアヘンに偏った貿易が盛んに行われたし、インドネシアや東南アジアでは、貴石やスパイス、その他の異国の品々を扱う貿易が手広く行われていたのに、なぜアメリカは日本のことを標的にしなかったのだろうか。

その答えはこうだ。長い間、気に留めてもいなかったのだ。この間、日本は孤立した、非友好的な、おそらくは中世そのものの社会で、広大な太平洋に浮かぶたった四島が連なっただけの国だと思われていた。日本は敵ではなかった。放っておいても何の脅威にも、邪魔にもならなかったのである。情報は限られていたものの、貿易の対象となる特産品も輸出好適品も特に何もなかった。この国はそのようにして、これほどの長きにわたって自らに孤立主義を課すことができたのだった。

しかし、日本が眠っている間に、世界情勢は変わった。合衆国は英国の植民地支配から自由になると、マニフェスト・デスティニーを主張して、まるで血のシミが広がっていくように北アメリカを横切って進んだ。十九世紀の終わりには、工場が昼夜を問わず稼働し、鉄道が国中を縦横に横切り、蒸気船が大西洋も太平洋も巡回するようになった。石炭は国の拡張に大いに力を与えていた。オイルも同様だ。だがご存じのオイルとは別物だ。

大捕鯨船の時代。メルヴィルが『白鯨』の中で書いているように、「もし二重に閂がされた日本が、受け入れを許したとしても、それを喜ぶのは捕鯨船くらいだろう」。何年もの間、西洋諸国の捕鯨船は日本の海域のすぐ外側に潜んで、北海道周辺海域の豊かな海産物を狙っていた。外国船舶は歓迎されてはいなかったが、日本人は彼らと交戦する気もなかったし、そうした立場でもなかった。そのかわり、単純に自分達の海岸に外国の捕鯨船が近づくことを禁じていた。食料などの必需品を求めてくる場合もだ。外国船が難破して日本の岸辺に打ち上げられても、間違いなく水夫達は見殺しにされたのだった。

捕鯨船はいずれにしてもこの海域へやってきていた。日本近海での漁は儲かったからだ。十九世紀の半ば、電気はまだ供給が始まったばかりで、それでも合衆国は東から西へと、町から町へと明かりが灯るようになっていた。進歩のエンジンは掛かっていたが、みな鯨油に依存していたのである。鯨油によって、街灯から、工場や事業所、家々のランプまであらゆる場所に明かりが灯されていた。エンジンにも工業機械にも油が差された。東アジアに向かう黒船が使う燃料や食料の補給、石炭の調達に便利な地理的な位置という他に、日本が有していた利点が一つあった。非常に盛んだった捕鯨業である。この貴重な財産こそが、外交や防衛、マニフェスト・デスティニーと同様に、強引に日本を開国させて、貿易を行わせることの、重要な動機となったのだ。

もちろん、クジラの骨にも大きな市場があった。何百万人というアメリカ人やヨーロッパ人女性の肋骨をぎゅっと縛り上げたコルセットの材料の一つだったからだ。日本が無理やり合衆国と貿易を始めさせられて間もなく、皮肉にも、電力が台頭してきたのと同様に、コルセットは人気がなくなってしまい、クジラはしだいに価値がなくなっていくのである。しかし、その頃までには、日本はあるものを独占するようになる。鯨油が手に入りやすいこと以上に貴重なもの、誰もが常に求めてきた何か、未来にも同じように誰もが欲しいと思うもの。

真珠である。

御木本と明治維新

何百万個という完全でキラキラ光る真珠は、クジラと同じ冷たい太平洋から水揚げされた。しかし、そこで生まれたのではなかった。御木本幸吉の心の中で、育まれたものだった。彼が江戸時代の日本に生まれていたら、農民のままだったことだろう。しかし、西欧の侵略を受けたあと、全てが変化したのだった。

合衆国との間に、「平和」条約を結んだ徳川幕府はその後まもなく崩壊した。二世紀半の幕府支配を廃止に持ち込んだクーデターは、実権を天皇に返還した。と、そう言われている。現実には、明治天皇はわずか十四歳で、王政復古の新政府は政権交代の陰にいた大名達の派閥によって運営されていた。

屈辱的な条約を強引に結ばされたが、新政府は西欧人が再びやってきた時のために、十分な備えをすることを誓って、大改革に取り掛かった。続く時代は明治天皇の名前にちなんで明治時代（明治維新）として知られている。一八六八年から一九一二年までの時代、二十世紀の初めの、文化的にも技術的にも現代の国家としての日本の出現に貢献した時代だった。

明治維新は維新といっても、完全な解体の後に途方もない規模の国家改造が行われるというほどの維新でもなかった。おそらく史上、最も急速で、最も驚くべき、そして最も悲痛な近代化だっただろう。男も女も、階級を問わず、西洋式の服装と習慣を取り入れ、西洋によく似た町の建設を始めた。ごく短期間の間に、日本人はまるで息つく間もなく、何世紀もかかって深く根付いていた文化的伝統を捨てて、世界の他の国々に追いつき、追い越そうとしたのだった。

良きにつけ悪しきにつけ、個人レベルにおいても信じられないものが明治維新の結果として現れてきた。封建制度は徐々に廃止された。農民は生まれ落ちた階級にもはや縛られなくなった。高貴な生まれだからといって、本来的に他の人々よりも優れているとは見なされなくなった。武士階級は強制的に廃止され、頭髪も短く切られた。芸者はタイプライターを習った。士族の岩崎弥太郎は刀剣以外に鉄にはどんな使い道があるか、海外へ人を送って調べさせた。彼は自分の会社を三菱と呼ぶようになった。財界の大立者、のちには鉄鋼王となって、輸送業で蓄財をした。

しかし、御木本ほど輝かしい例はない。彼は武士の娘と結婚し、真珠の養殖法を発明し、完成させ、商品化して、科学者として、また実業家として名声を手に入れた。貧しい農民の子に生まれて、世界の真珠王としてこの世を去った。

同じように近代化しようとした他の多くの国々、たとえばロシアと違って、日本は急激な近代化に成功した。わずか数十年の短期間で、第一次世界大戦に参戦した（ほとんど関係がなかったというが、議論のあるところだ）だけでなく、不名誉な植民地を建設した。ごく短期間だったが、第二次世界大戦中には連合国側と互角の戦いにもなった。そして、そうした全てがわずか五十年の間に起きたのだ。よくやった、日本。

しかしながら明治維新については、あまり賞賛できない点もある。日本の江戸は独特の位置にあった。日本がその門戸を閉じた時、原理的には瓶の中の船のように身動きできなくなってしまうものだが、安全で小さな、地理的にも孤立した場所で、平和と繁栄ばかりか、素晴らしい文明を育んだのだった。武士道に加えて、日本人はある種の非常に特殊な価値観を持つに至った。美は至高、芸術は極めて神聖。とりわけ、大小を問わず仕事の完成に大きな重点を置いていた。御木本の完璧な真珠の探求とそれを作り出すアプローチに影響を与えたのが、この日本人の特質だったのだ。

明治時代とともに訪れたのは、変化だけではなかった。破壊も同時に起きている。ペリーの黒船が到着した日は、この国に深い精神的な傷を残した日だ。幕府から米を作る農民や漁師達まで、全ての日本人が、いかに自分達が危ういところにいるかということに初めて気がついた。肌で感じたのだ。心底震えあがって、彼らは可能な限り近代化の虚飾を尽くして武装した。過渡期の苦しみの中にあって、西洋に追いつくという死に物狂いのゲームは、想定通りに文化全体を破壊することになった。日本は再び自分自身との戦いになったが、今度の内戦は古い時代と新しい時代の戦いだった。

明治時代の公式の政策は「富国強兵」、国を富ませ、近代的軍事力を供えるという意味だが、暗に、西洋に追いつけ、追い越せという命令でもあった。わずか二十年ほどの間に、日本は国内に鉄道を縦横に走らせ、強力な蒸気船を建造し、多種多様な工業が合衆国にも並ぶものとなり、植民地保有では英国のように、また、貿易では中東やアジアに引けを取らない成長を遂げた。

彼らはしっかりと西洋に追いついた。そして、それから養殖真珠産業のおかげで、追い越したのだ。御木本の会社は、もともとは中東やのちにメキシコ湾にあった真珠の産地を東アジアに移動させた。御木本の成功はあまりにも大きく、真珠がいつの時代もアジアから産出されていたと世界は思い込まされるほどだった。ちょうど南アフリカがダイヤモンド生産を独占していたのと同じで、一九三〇年代には、日本が世界の真珠産業を支配していた。日本は初の国産の輸出品を開発したのだ。

そして、これはなんと驚くべき製品だったことだろう。養殖真珠の始まりとともに、人間の歴史上最も貴重な宝石の一つに特許が認められ、日本だけで養殖されることになったのだ。

養殖真珠の作り方

では、養殖真珠とは何か。一九〇四年のインタビューで御木本自身が述べた言葉によれば「養殖真珠とは（中略）真珠貝に真珠を生成させることによって得られた真珠である。種となる真珠、小さな円形の真珠層（真珠母）を生きている真珠貝の中に、独自の手法で挿入したのちに、貝を海中に戻し、少なくとも四年間かけて、挿入された小片の周りを自分の分泌物で覆うようにして、真珠を形成させるのである⑥」。

言葉を換えると、養殖真珠とは地面に種をまくように牡蠣の中に植えられたものということだ。採集狩猟民族が森に入って食べられる植物を探して、採集し、家に持ち帰ったのと大して変わらないやり方で、何千年もの間パールダイバーは自分の命を懸けて海底で真珠貝を探してきた。運のいい時は——四〇回に一回くらい——牡蠣は真珠を発生させていた。その真珠のうちの極々わずかな割合にしか、貴重な真珠は含まれていなかったのだ。

養殖真珠は天然真珠と全く同じプロセスで形成される。しかし寄生虫が入り込んだり、何かの感染が起きたりした結果、偶然に真珠が形成されるのではなく、トウモロコシの種を畑にまくように、実際に真珠の種をまくのだ。何十年もかけて交配し、完璧な色と発光と輝きの頂点を求めてきた真珠貝を何列も何列も並べて、「種」あるいは異物を埋め込み、二年から三年で真珠を生成させる仕組みだ。

種となるものは数多くある。たいていは牡蠣などの二枚貝の殻からとった小片を磨いて球形にしたものである。御木本は決して許容しなかったところだが、より現代的に低価格で作るには大きなプラスチックのビーズを薄い真珠層で覆ったものも使用する。この偽の養殖真珠はほとんどが中国の大量生産の施設で作られている。本物の養殖真珠は硬質の牡蠣殻のビーズの上に形成されるもので、何年もかけて集積した真珠層に覆われている。真正の養殖真珠は徹頭徹尾真珠なのだ。

生成方法は、率直に言って、母なる自然が編み出すよりは少々手荒いやり方だ。ヴィクトリア・フィンレイの描写を借りれば、その過程は「外科的レイプ」で、「今日販売されているほぼ全ての真珠が、小動物への計画的性暴力によって誕生しており、相当な苦しみがこうしたネックレスの糸にぶら下がっている」[7]ということに、気づいている人はほとんどいないという。美しく磨き上げられ、注意深く移植された、貝の球体というほうが、寄生虫に対する防御反応によってにじみ出てきた浸出液が固まったものというよりも聞こえはいいかもしれない。しかし、その過程は同じくらいに不快なものだ。

　このプロセスは核形成と呼ばれている。まず、ドナー側は申し分のない真珠の子孫の真珠貝が選び出されて犠牲になる。貝の周辺部分に沿った、外套膜と呼ばれる薄いぎざぎざの組織は真珠層を分泌する細胞を含んでいる。この外套膜を一筋薄く切り取って、二ミリ四方の小片に切り分ける。それから母貝となる真珠貝（移植を受ける貝）は、暖かい水につけて弛緩させるのが通常の手順だ。時には弛緩剤を入れることもある。貝が殻を開くと、作業者は楔を差し込み、水から出しても殻が閉じないようにする。無理やり口を開かせている間に、歯科医が手術に使用するような道具を使って母貝の生殖巣の中に切り込みを入れて、ポケットを開く。ドナーの貝から採った外套膜の二ミリ四方の切片は、磨かれた貝殻のビーズに押し付けるように置かれる。このビーズが殻を開けられている貝の生殖巣の中の切り込みに入れられる。楔が取り除かれると、牡蠣は貝の口を閉じる。

　多くの貝が外傷によって死んでしまう。核を拒絶する貝もいる。数カ月間牡蠣のＩＣＵ集中治療室に置かれた後、生きている貝は真珠養殖場の浅い苗床の中の可動式いかだに載せられて、海の中に設置される。牡蠣の中の免疫反応によりビーズの周りに、嚢胞のような、いわゆる「真珠袋」が形成される。何度も何度も、嚢胞が真珠層を分泌し、それがビーズの周りを均一に包んでいく。数年後、貝は殻を開けられて、真珠が取り出される。全体の真珠のうち五パーセントから一〇パーセントが価値があると評価されて、分別され、色やサイズを揃えてから市場に出される。

真珠養殖に挑戦した人々

木に金は成らないが、牡蠣の中では真珠が育つ。しかも急速に。特に他の宝石が非常にゆっくりと形成され、その中の多くが百万年から一千万年の年月と、非常に特殊な環境圧を必要とするのとは大きく異なる。この事実や商品価値の高さに気づいて、真正の真珠を育てようと試みたのは御木本が最初というわけではなかったし、最初に成功した人物でもなかった。鉛を金に変えようとした錬金術師のように、牡蠣に真珠を生成させることは、何千年にもわたって、多くの科学者や魔法使いが強い関心を抱いていた。御木本が成功するまでに、何千年もの間、真珠養殖の挑戦の歴史が続いていたのだ。

人工的に生成させた真珠についての最初の記述は、紀元一世紀のティアナのアポロニウスによる記録だ。彼は紅海沿いのアラブ人達がどのようにして真珠を「作り出した」か、描写している。これには、口を開けた牡蠣の肉を傷口から液体が流れ出すまで鋭い道具で突き刺すという手順が含まれていた。この液体を特別な鉛の型に流し込んで、ビーズに固めた[8]。証拠となる真珠は実際には一粒も現存していないが、この方法には異なる説明が幾通りもある。しかしながら、こうした説明は、真珠を所有したいという古代人の欲望と、革新を求める飽くなき人類の願望の両方の証明となる。こうした実験が成功するかしないかとは無関係に、この三世紀のアラブ人はパズルの重要なピースを発見していた。真珠層を形成するのは、柔らかい牡蠣の組織にできた傷と、それに続く免疫反応だったのである。

真珠に似た貝の内側とその成長の可能性については中国人も着目して、真珠製造を試みている。何世紀にもわたった試みの末、成功はしたが、水泡状のマベパール、半円真珠しか作れなかった。マベパールは半球体の真珠で、片側だけがドーム状に丸く、反対側は平板である。牡蠣の組織の中ではなく、牡蠣殻の内側に接着して成長する。古代中国人はこの偉業を牡蠣殻の内側にボタンをはりつけることによって成し遂げた。また多くの場合、仏陀の像を彫った平たい鉛のメダルを牡蠣の内側、殻と生体の組織の間に並べた。これで生じた刺激によって外套膜が真珠層を発生させたのである。仏像のメダルがうまく真珠質に覆われると、仏像真珠は殻から切り取られて、磨き込まれた。こうした仏像真珠は中国では宗教的な目的でも、また旅行者の土産物としても、何千年もの間、珍重され、販売された。彼らが最初に真珠の養殖に成功したわけではなかったが、最も堅実な努力をした人々だった。

　生物学の学徒にはリンネウスとして知られている現代学術用語の父、カール・フォン・リンネは一七五〇年代に真珠養殖熱に取りつかれた。自分の進化系統樹にも情熱を持っていたが、それよりも真珠の大愛好家だった。分類学よりもむしろ真珠学で有名でありたいと主張したほどだ。真珠が正確にはどのようにして生成されるのか、どのようにして養殖できるかを考えることのほうに、自身の学者としてのキャリアのより多くの部分を費やした。

　彼の最も成功した方法は、貝の殻に小さな穴を開けて、石灰岩の球体を二枚貝の中に挿入して、T字形の銀のピンを使って殻から離してぶら下げることで、真珠が水泡型の半円にならないようにしたことだ。彼は現代と同じ

品質の球体状の真珠を作り出して、一七六二年にその発明をペーター・バゲという別の人物に売った。バゲはスウェーデン国王から独占権を受けていたのに、それを利用して何かをしようとはしなかった。[9] 真珠を作る難しさと費用だけでなく、その価値が一般に軽視されていたという点が大きかった。つまり、養殖真珠が本物だと考えられていなかったということだ。そのため、リンネは確かに真円真珠の養殖に成功はしたかもしれないし、それができた最初の人物だったかもしれないが、彼は自分の発明をのちの時代に残さなかった。彼が秘密にしたものは百四十四年間人の目に触れなかった。この「失われていた書類」は現在リンネ協会が入っている建物の中で一九〇一年に再発見された。

　この時点までに、御木本は真珠養殖技術を進歩させてすでに一つ目の特許も取得していた。リンネの石灰岩から作った真珠は誰の役にも立たなかった。御木本は最終的な勝者だったかもしれないが、十九世紀の終盤、真珠養殖に成功した同時代人の中でも最初の人物ですらなかったのである。少なくとも他に二人が、それぞれに異な

る方法で成功していたが、半円真珠、マベパールを作り出しただけだ。御木本は彼らが自分と特許を争っていると知ると、彼らの特許を買い取って、自分の特許の中に組み入れた。御木本だけが真円真珠の大量養殖を成し遂げた。真珠を完璧に仕上げて初めて、世界に養殖真珠を本物と認めさせるという偉業を達成しうるのだ。

真珠文化と養殖真珠

エメラルドがお金のように見え、ダイヤモンドの輝きは人々の注目を集めるのに対して、真珠は特権階級の排他性をちらつかせる。真珠の魅力の重要な部分は、王族を連想させることと、数が少ないうえに、一粒一粒がまたとないものであると感じさせることにあった。なおもっと重要な点は、真珠の魅力が完全性の探求と関係していることだ。一粒の完全な真珠は、ひっそりと成長し、希少で、ほとんど手に入らないというファンタジーが、この産業全体の価値を長い間牽引してきた。

偶然できたものや、ダイバーが見つけた天然の真珠は決して完全ではない。正確な球体ではないし、色も形もサイズも同じものは一つもない。宝石とは異なり、真珠は鉱山から出るわけでも鉱脈から見つかるわけでもない。生きている動物から一粒ずつ出てきて、お互いに似ていることはめったにない。それぞれの貝の遺伝的特徴によって、真珠質の色が決まるため、二個の真珠が正確に同じになるためには二個の全く同じ貝から生まれなければならない。真珠採りを職業としているダイバーは、一本のネックレスを作るために、よく揃った球体の真珠を十分な数集めなくても、職業としてはかなり成功できる。ラ・ペレグリーナのような大粒の真珠は物語や神話にはあっても、八ミリ以上の天然真珠を見つけることは信じられないくらいに稀有なことなのだ。天然真珠は相当小さく、普通は直径が三ミリ以下、鉛筆に付いた消しゴムの半分の大きさだ。

土の中に永久的に埋まっていて、発見されるのを待つだけのダイヤモンドや宝石類と異なり、真珠は生まれ、成長し、そして死ぬ。面白いのは、真珠はしばしば捕食されることだ。ほとんどがタコだ（ルビーについて同じような話はない)。どんなに幸運な人でも、鉱物の宝石と違って、真珠は常にどんな日にもそこにあるというわけではないし、宿主の真珠貝も同じだ。真珠は有機的に生命体の中に発生するものなので、ほとんどはまだ発生もしていないか、またはもうなくなってしまった後かだ。したがってダイヤモンドや宝石は歴史上常に最も高値を付けた入札者に売られたが、真珠は本当に数が少ないものだったので、特別大きいか、品質の良いものはほとんど王室に予約されていた。

まず、真珠貝はその一生が限られた時間しかなく、その短い生の中で真珠を育む。アコヤガイの場合、その一生は六年から八年だ。宿主が死ぬまでたった一粒の真珠しか生長しない。また、貝自体は見るからにおいしそうだ。扱いにくい小さな生き物だし、赤潮にも、寄生虫にも、ストレスやフジツボにも、水温の変動にも非常に影響を受けやすく、真珠貝が死ぬ原因は他にも色々とある。手入れはランよりも厄介だ。しかし、御木本はゆっくりと時間をかけて、殻片を包む方法を編み出し、外敵などに対してもより強く、丈夫になるように、十年から十一

年まで貝が生きるように改良を重ねた。

養殖真珠には最初からサイズに関して好都合な点があった。核にするビーズは貝に真珠を作るように指令を出すが、同時にサイズの面で有利になる。真珠袋は小さな侵入物の切れ端の周りにはできないのに、直径数ミリの丸いビーズの周りには形成されるのだ。数十年を費やして、養殖用の貝は、農場の動物や穀類のように、選別されながら最も大きく、最も白く、明るく、真珠光沢を持った真珠貝を作り出すために交配が繰り返された。養殖の真珠は本物の真珠というだけでなく、本物の真珠よりも「さらに優れた」真珠なのだ。もちろん、その過程で殺してしまった真珠貝のことを考えないとすればである。キュービックジルコニアのほうがダイヤモンドよりも時により明るく輝くという意味で「さらに優れた」と言っているのではない。養殖真珠は正真正銘の真珠であり、本物の天然の貝の中で、本物の天然の海の中で、育てられた天然の真珠なのである。ただ、たまたまそれが丸く、つやがあって、大きさが揃っているというだけなのだ。

なかなかいい話のように聞こえる。注文通りの完璧な

真珠だ。しかし、希少性が価値を決定し、金が世界を動かしている。一九二〇年、御木本が生み出した、丸くて、完全な、粒の揃った真珠が西側世界に売り出された瞬間、全世界が変わった。

真珠のツナミがやってくる

御木本真珠店は完全に真珠だけを扱う最初の宝石店だった。一店舗を真珠で埋め尽くすだけの真珠を用意できる者は他には誰もいなかった。供給の問題以外にも、宝飾品の小売業に参入したのには理由があった。御木本は自分の真珠を売る小売店以上のものを求めていた。真珠を売り込む時のイメージを探していたのだ。養殖真珠は本物の宝石で、人工物ではないということを世界に納得させるには、自分の真珠を宝飾品として人々の目の前に見せることが一番だとわかっていたのである。

一九一九年、御木本は十分な真珠の供給が確保できると、世界征服を目標に定めた。彼はロンドンを皮切りに、パリ、ニューヨーク、シカゴ、ロサンゼルスと、世界中の大都市に次々と支店を開設した。真珠のネックレスに加えて、彼はデザイナーを雇って、現代西洋の宝飾品や、帯留の「矢車」という作品のように、目を見張るような素晴らしい美術品を制作させた。これはダイヤモンド、サファイア、エメラルドの他、四一個の完全に粒の揃った見事なアコヤガイの真珠を使用したものだった。ヨーロッパの現代的なアールデコ風の外見だったが、他にはない日本的な味わいがあった。部品を分解し、再度組み立てることで一二通りの宝飾品にできるようになっていた。

御木本の傷のない、全てが直径およそ六ミリから八ミリの真円の真珠を見た世界の真珠ディーラー達は仰天した。これは、御木本が狙っていたのとは異なる反応だった。

何千年という長きにわたって、完璧な真珠は手に入らないものという考えのうえに真珠産業は築かれてきていた。しかし、御木本の真珠は完璧だった。実際、いわゆる「本物の真珠」よりも完璧だった。御木本の真珠は、より低価で全く見事だというだけでなく、数が豊富だったのである。養殖真珠は津波のように日本から押し寄せてきて、市場から競争をかき消してしまった。御木本の真珠が自然界から見つけ出された真珠と品質が同じだったとしても、その供給量の多さは真珠産業の存続に対して破壊的な威力となった。一九三八年のピーク時で日本には約三五〇カ所の養殖場があり、年間生産量は一〇〇〇万個だった。それに対して、天然の真珠は年間およそ数ダースから数百個の範囲で採集されていた。

御木本は既存のサプライチェーンを台無しにしただけでなく、宝飾品の市場でも競争に参入した。彼は垂直統合の開拓者だった。自社で宝飾品を制作し、展示し、その見本を世界中に送り出した[9]。これは盤石の真珠産業にとって徹底的な痛手を意味した。

混乱する西欧諸国

ヨーロッパとアメリカでは売り手も買い手も巻き込んで、大パニックとなった。一九三〇年の真珠市場の崩壊は完全に宝飾品業界を骨抜きにしてしまった。価格は一

日で八五パーセント下落した。真珠が世界で最も価値の高い宝石の一つだったことから、その価格破壊は経済にも波及した。

実際には、養殖真珠が市場崩壊に果たした役割は、無視できるとは言えないまでも、ごく小さなものだった。主な原因は世界大恐慌だった。そうであっても、天然真珠に出資していた人々は御木本とその養殖真珠産業への非難をやめなかった。品質のより良い真珠が世界恐慌前の十年間に大量に東洋から流れ込んできて、市場に限界まで重い負担がかかっていた。市場が崩壊した時、彼らはほぼ全財産を失った。彼らに残されていた選択肢はただ一つ、競争相手を排除することだった。その唯一の方法とは、本物と偽物との間のグレーゾーンに付け込むことだった。

希少性の法則であろうと、地位財であろうと、人間の感情は価値と現実との間を大きく揺れ動く。それが私達の世界の見方における根本的な構造的弱点だ。常にここに付け込んでくるのは美の調達人だ。この場合も、既存の天然真珠ディーラー達が自分達の地位を再生させる最後の手段は、養殖真珠が本物の真珠でないことを証明す

ることだった。

　同じ年、ヨーロッパの真珠シンジケートは御木本幸吉を裁判に訴えた。彼らの主張は、御木本の真珠は不正な品物で市場から取り除かれなければならないというものだった。御木本は科学に基づいて反論した。オックスフォード大学のヘンリー・リスター・ジェームソン教授が証言人となった。スタンフォード大学の前学長のデイヴィッド・スター・ジョーダン教授が、「養殖真珠は物質も色も天然のものと正確に同じであり、養殖真珠が天然の真珠と同じ価値を持ってはならないという理由はない⑨」という公式見解を提出した。もちろん、世紀の最も有名な科学者トーマス・エジソンの支持の言葉もあった。彼はすでに御木本の真珠を「本物の真珠」だと賛美していた。

　御木本は勝訴し、彼の養殖真珠が市場から排除されることはなくなった。したがって、「天然真珠」との区別をつけるためにその出所を言う必要もなくなった。しかし、ヨーロッパの真珠産業がそこで戦いをやめたわけではなかった。彼らは御木本の養殖真珠に対して高い関税

をかけて、自分達の品物の価値を高めた。御木本の真珠を貶めるために、彼らは真珠が天然物か養殖物かの区別をつけることのできる科学的手法を見つけ出そうとまでした。ヨーロッパの宝石商達の団体が協力しあって、御木本の真珠に「養殖、日本産」といったようなラベルを付けるように要求を出した。そうすれば消費者には魅力のないものとなるだろうという、最後の賭けだった。しかし、どれも功を奏しなかった。

　一九三〇年代になると人々の財布は軽くなる一方で、真珠の価格の引き下げと新しくできた価格帯の商品は喜ばれた。結局、年間に何百万個と分類される養殖真珠のほうが、何百、何千個の天然物よりも、大きさなどが揃っているだけでなく、ダイヤモンドのように等級を付けることができた。ジャズ・エイジのフラッパー達の装飾品に対する情熱は、すでに真珠の大量消費時代の基礎を作っていた。彼女達はそれまで特権階級だけのものだった真珠を自分自身のために求めていた。どこの市場にも買い手が必ずいた。

　養殖真珠は偽物だと証明できなかったが、シンジケー

トにしてみれば、それなら偽物だと仄めかせばいいだけだった。真実は価値と同じように、群集心理によって決定される。真正だと考えられれば、あるいは偽物だと考えられれば、その言葉通りになるには十分だ。消費者の心の中に小さな疑いの種を植え付けることは、真珠の中に核を植え付けるのと、実に違いはないのだ。消費者によっては、疑いの小さな種が育って、養殖真珠は本物の真珠ではないと信じ込む者もいた。

そこで御木本はプロパガンダに対してはプロパガンダでもって戦う決心をした。

御木本は自分から進んで養殖というラベルを付けることにした。その必要がないとの裁判所の決定にもかかわらず、欠点でなく区別をつける印としたのだ。養殖真珠とは正確に何か、どのようにして養殖されているのかという情報を一般の人々に伝えるさらなる努力を続けた。養殖の過程とその製品について、すなわち学術的記事も一般向けの記事も発表しながら、御木本の真珠がどこから来て、どのように、そしてなぜ、天然真珠と全く同じなのか、どのように、そしてなぜ、養殖真珠のほうが優れているのかを解説した。

宣伝マンの御木本

真実も嘘もそれぞれに、人の頭の中では有機的な統一体として機能する。

養殖真珠とは不思議なものである。養殖と聞けば、人は偽物だと思う。しかし、養殖真珠が偽物でないのは、果樹園の木からもぎ取った一個のリンゴと同じである。種は偶然にそこに落ちたのではないかもしれないし、自然のまま木に成長したというのでもなかったかもしれないが、果実には何の違いもない。

真実とは価値の概念と同じくらいに融通の利くものだということだ。

御木本が大好きで、存命中に何度も繰り返していた園芸家の話がある。園芸家は長年商売をしたのち、もっと大きな名声を手に入れたいと望んだ。美しいけれど、どこにでもある赤い実のなる観葉植物を取り上げて、実を白く塗った。彼の純白の実は世間を驚かせた。彼は賞賛され、大成功を収め、金持ちになった。しかしそれは雨が降るまでのことだった。白い塗料ははげ落ちて、彼の事業は失敗し、最悪だったのはこの男をもう誰も信用しなくなったということだ。

美しい白い実を売った男とは違って、御木本は自分の真珠は養殖真珠だということをあらゆる人々に伝えるという点を重視していた。ラベルを貼り、さらにその素性について盛んに宣伝した。彼は次々に記事を発表した。インタビューも受けた。いくつかの記事では、真珠がどのようにして養殖されるのか、図解を入れて説明している。嘘を明るみに出すことによって、その力をはぎ取った。ここには色を塗った実はなかった。模造の真珠を天然真珠市場に紛れ込ませていると言って、御木本を非難することは誰にもできなかった。

御木本は「ヘンリー・フォードとトーマス・エジソンを一つに包み込んだような、日本の控えめな人物[10]」と表現されてきた。しかし彼は生まれついての興行師でもあった。少なくとも彼のそんなところはP・T・バーナム(訳註：アメリカの興行師)によく似ていた。自分の真珠を見れば、人々の真珠に対する基準は再定義され、自分を中傷する人々をやり込めることができると、御木本は知っていたのだ。御木本は空前のショーを企画し、自分が作った真珠を遠方まで送って、完璧な真珠がどれほどのものか、多くの人の目に触れるようにした。まず、ジョージ・ワシントンの実家、マウントバーノンの模型を二万四三二八個の真珠で制作し、一九三三年のシカゴ万国博覧会に出品した。それまで誰もこれほど多くの真珠を一カ所で見たことはなかったはずだ。しかもどの一つをとっても傷が全くなかった。これはアメリカの一般大衆の間に大きなセンセーションを巻き起こした。養殖真珠に対する大きな好奇心を呼んで、御木本の名前が人々の心に刻まれた。他にも、一万二七六〇個の真珠を使用した五階建てのパゴダや、自由の鐘の縮尺模型が制作され、これは一九三九年のニューヨーク万国博覧会に出品された。後者の模型は一万二二五〇個の完璧な白い真珠と三六六個のダイヤモンドで作られており、かの有名な亀裂は、非常に希少でかつてはほとんど入手不能だった青い真珠で再現されている。[*6]

御木本の最も偉大で、最も効果的な一般大衆向けのショーは、美術品の制作ではなく、破壊行為だった。一九三二年、神戸商工会議所前で外国人ジャーナリスト達が目撃した光景は写真と記事で全世界に発表された。不完全な真珠が市場の品質を下げていると主張して、商工会議所の建物の外で、御木本は大かがり火を焚いた。大勢の人だかりができると、真珠を燃やし始めたのである。群衆が驚いて見守る中、彼は真珠をバケツに入れて運んできて、シャベルですくっては火の中に流し込んだ。これらの真珠は天然の最も良質な真珠よりも多くの点で優れているが、自分にとっては十分に良質とは言えないのであると御木本は述べた。完全性は手に入れられる、だが、もしも市場が妥協を許してしまえば、それは不可能だと御木本は説いた。これらの「傷なし」というレベルに達していない真珠は価値がなく、「燃やすに値するだけだ」と彼は宣言した。こうして七二万個の真珠を焼却したのである。彼はシャベルに一杯、また一杯と何百万ドルという値打ちの宝石をまるで落ち葉のように火の中へ投げ入れた。

唯一無二の「大将連」ネックレス

マジシャンが女の人をのこぎりで半分にひくのは格好がいいが、彼女を全き姿に戻すまではマジックは成功したとは言えない。真珠を作ることはマジックの途中にすぎなかった。世界の人に養殖真珠を欲しいと思わせることがマジックの成功だったのだ。

養殖真珠の真実の姿が人々の信用を得ていく戦いの中で、宝石商でさえも養殖真珠と天然真珠とを区別することはできないのだと、つい人々の前で認めてしまった宝石商もいれば、養殖真珠はそれよりも見劣りのする（しかし天然の）いとこ達と物理的に同じものだと態度をはっきりとさせた科学者達もいた。トーマス・エジソンも養殖真珠は本物だと宣言した。

だが、真珠は独特なもの、他にはない宝石として評価する風土の中では、そんなことは全然関係なかった。真珠に傷があることを評価するのではなく、可能な限り傷のない真珠を手に入れたという勝利を人は評価するのだ。

宝物だというだけではなく、「狩り」をして手に入れたということこそが、真珠に価値を与えるのだと、有名なトレジャー・ハンターのメル・フィッシャーは主張した。粒ぞろいの完全な真珠が絶え間なく供給されるということは、「狩り」の持つ有機的統一体としての本質を骨抜きにしてしまったのだ。真珠は手に入れることのできない理想では、もはやなくなっていた。それでは、欲しいものが何もなくなってしまったら、人間はこれからどうするのか。

御木本はまさにこの問題に答えを出した。社員達からボスのネックレス、「大将連」と呼ばれた品だ。養殖真珠の中でさえも、美しさの点でも品質の点でも並ぶもののない真珠を探し出して一連なりのネックレスを作った。真珠の存在感を、またこれによって、手に入れることのできない真珠という価値を再構築したのである。

最も大粒で、最も完全な、そして最も美しい粒の揃った真珠を選んで、彼は四九個の真珠を少しずつ順に大きくなるように並べて長い一本のネックレスを作った。その中の最も大粒なものは一四・五ミリあった[*7]――それは養殖真珠では異常な大きさで、天然真珠の中に見つけることはほとんど不可能な大きさだ。年間に何百万個という真珠から選び出したのに、この一本を作るために十年以上かかった。これほどまで豪華な真珠のネックレスを見た者はそれまで誰もいなかった。天然真珠では平均で二ミリ、八ミリ以上のものは皆無、そして「完全」と評価されるのはほんの一握りという世界で、大将連は現代の奇跡だったのだ。

再び、欲しいと思えるものが現れたのだ。そして全ての人がそれを手に入れたいと思った。

売り物であったとしたら、すでに前章までに議論してきたように、戦争や確執、政治的な緊張へと進展する可能性もあった。しかし、これは売り物ではなかった。大変魅力的なオファーが御木本のところには来ていたが、死ぬまで彼はそれを断り続けた。御木本は謙遜してこれは自分のネックレスだと言った。彼はそれをポケットに入れてあちこち持って歩くのが好きだと言っていた。もちろん人に見せるのだ。

実際に、真珠を焼却した炎は大将連の一大広報活動の一環だったと考えることもできよう。真珠を焼却したことで、御木本は不完全性に対して許容しない態度を明らかにした。大将連によって、完全性は達成可能だが、手に入れることはできないということを示したのである。世界が最も欲しがっているものをいったん手に入れておいて、それを彼は売ることを拒否した。

その結果、御木本真珠は完全性の同義語となった。一〇〇万に一つという種類の完全性というだけではない。実際に手に入れられない、したがって計測不能の価値を持った完全性なのである。

完全なる養殖真珠

完全性とはその定義からして不可能な基準ということはもちろんである。数多くの宝石がその不完全性を特徴としている。その他、ルビーやエメラルドなどではジェムクォリティのものは非常に希少であるため、その不完全性は当然のことと考えられており、他の種類にはないそれぞれの石独特の特徴として受け入れられている。

傷のない宝石という考えはダイヤモンド業界だけで存在してきたものだ。そのように考えられるのは、炭素が非常にありふれたどこにでもある物質で、したがってダイヤモンドはごく普通の物質であり、特に白いダイヤモンドは珍しくないという事実があるからだ。しかし真珠ではどうか。有機的な副産物が、完全な形とは? これぞ不可能性だ。大将連のように一本のネックレスが全て完全な真珠など、空想物語である。

少なくとも、人間がその明るく輝く球体を集めて、崇拝し、それを巡って戦いを繰り広げていた数千年の間はそうだった。御木本以前は「丸い」真珠とは、「ほとんど丸い」真珠という意味だった。博物館や私的なコレクションの中でそういったものを見ることができる。普通は卵のような形をしているか、いくつかこぶのある球体といったところだ。ごく至近距離に近づいて見るまでは、せいぜいよくても球体か、白く見えるものだった。シェークスピアはこうした欠陥を「自然の手にあるシミ」と呼んだ。凡人の私達はこれを遺伝上の多様性と呼ぶ。

しかし、御木本が真珠養殖とそれぞれ異なった系統から特別な色や輝きを求めて選択的交配を行う手法を導入してからは、傷のある天然真珠を探すよりも、真円真珠を作り出すほうが容易になった。ある意味では御木本は貴石の世界のヘンリー・フォードだった。彼はその価値を減ずることなく真珠を標準化したのだ。

確かに、天然真珠もほんの少しは被害を受けた。しかし、パニックになったディーラー達が考えていたような理由でそうなったのではなかった。ヨーロッパの真珠ディーラー達は、御木本があまりにもたくさんの標準化された真珠を持ち込んで、市場は供給過多になってしまい、それによって真珠の価値が減少すると震えあがっていた。しかしそうではなくて、御木本が「例外的な」真珠をあまりにもたくさん市場に流入させたため、より高価で、手に入れるにはより多くの困難と危険を伴い、そしてその品質は劣るという「天然真珠」を求める市場が長期にわたって縮小したのだった。ロンドンはパニックになり、裁判が起こされ、ネガティブキャンペーンが起きた。全ては恐怖心からだった。競争の恐怖、変化の恐怖、そして大部分は完全性への恐怖だった。それが前例として通用するようになるという恐怖だった。

その全てを心理的なものとして片づけることはできない。一粒の真珠が、別の真珠と比較として良いか悪いかが決定する地位財の延長上にあるものと言うほど、完全性とは単純なものではない。人間は万人受けする左右対称性の中に文字通り絡め取られている。球体の真珠はそうでない真珠よりもより良いとされ、傷のない真珠は表面に一カ所だけ傷のある真珠よりも望ましいと考えられたのはそうしたわけだ。

ユニヴァーシティ・カレッジ・ロンドンの神経美学のセミール・ゼキ教授は美の神経科学の研究を行っている。ゼキによれば、脳の中で美を注視している唯一の定数は脳内報酬系と快楽中枢、すなわち眼窩前頭皮質の中での活動であることは明らかだという。何か美しいものを見ると、人はわくわくする。しかし美はそれを見ている者の脳の中にある。あるものをまずは美しいと考えることができるが、その傷がはっきり見えてくるにつれて、その喜び効果はどんどん弱くなる。ゼキの表現を借りると「美の認知はそのものの欠陥を認識するようになると弱体化することがある[11]」ということだ。言い換えると、ほんの少数の真珠しか見たことがないと、全ての真珠は魔法のように見えるということになる。毎年何百万個という完全な真珠を浴びるほど見せられると、こうした傷が命取りになるのだ。

コレクターの間では天然の真珠のための小規模の市場がいまだに存在している。今日に至るまで、そのためには命を落とすのも当然だと思われるような真珠を適正価格で手に入れることができる。養殖真珠なら同じくらいに本物で、はるかにずっと魅力的な真珠があるのに、なぜそんな天然物を欲しがるのだろうといぶかる者もいるだろう。「天然の真珠」という意味は、偶然に発生して、ダイバーによって発見されたという意味であり、毎年市場にはほんの一握りしか出てこないし、そのほとんどはアンティーク物だからだ。最も繊細で、最も優雅な、最も高価な真珠で、最も評判のよい会社やディーラーの品物でも、実際は養殖物だ。

このような養殖真珠の優位の理由は数多くある。水に潜って真珠貝を採るためには、入手困難な許可証がほとんどの国で必要になっている。そして多くの場所では、かつて淡水真珠が豊富に採れたスコットランドのように、真珠を採ること全般が禁止されている。二十世紀に入る頃には、乱獲によって真珠貝の供給は各地で減少していた。御木本が真珠養殖科学を完成して、世界中に養殖真珠を認めさせただけでなく、完全性に対する基準を変えさせていなかったら、今頃牡蠣は絶滅してしまっていたかもしれない。次回牡蠣を食べる時には考えてみてほしい。

私も真珠が欲しい

世界中の真珠ディーラーは養殖真珠が市場にあふれると、自分達が所有している真珠の価値を維持するのに必要な希少性が破壊されてしまうのではないかと、非常に恐れた。二十世紀に入る頃、真珠は高値が続いていた。真珠は非常に需要が高く、この時代は真珠の第二の流行期と考えられた。急激に入手しやすくなったためではなく、その人気が急上昇したのだ。産業界のリーダーや石油の大事業家、金取引で儲けた成金など、新しいアメリカ貴族達の全てが真珠は王家の宝石であることを知っており、自分達にも、と真珠を求めたのだ。

この需要を満たし続けるには、真珠の量は十分ではなかった。天然物の供給量は危険レベルにまで低下して、価格は前例がないほど高騰した。一九一六年、カルティエは二連の真珠のネックレスをモートン・F・プラント所有の建物の一つと交換した。カルティエはこれをニューヨーク本店として使用することになる。

宝石商や科学者はもちろんのこと、誰より消費者を混乱させるに十分な質を養殖真珠が備えていることをヨーロッパの真珠ディーラー達はよくわかっていた。真珠市場は希少性効果と完全性の追求という、常に二つの方向性の中で決定されていたから、そのような圧倒的な真珠が、しかも大量に現れて市場を支配すると、全ての真珠の価値をだめにしてしまうだろうと誰もが恐れたのだ。

結局、価値は急落したが、その理由は世界中の真珠ディーラー達が恐れたものではなかった。養殖真珠は市場を供給過多にはしなかったし、天然真珠の価格を養殖物と一緒にだめにしてしまうこともなかった。天然真珠の需要を低下させてしまっただけだ。天然真珠の市場は縮

小した。養殖真珠のほうが優れていたからだ。養殖真珠は本物で、質の点でも天然物よりも優れていて、価格も安かった。

両方の品を見る時、私達の脳は以前にはなかったと思われる天然真珠の傷を探すようになる。養殖真珠の持つ完全性が標準になるにつれて、次第に天然真珠はその魅力を減じていった。

大将連を手に入れることは誰にもできなかった。しかし、誰でも御木本の真珠を手にすることはできた。誰でも、だ。御木本が最初の一粒の真珠を生み出すはるか前、世界中の女性の首を真珠のネックレスで飾るのが自分の夢だと、彼は手紙に認めていた。それで、彼はあらゆるサイズの、可能な限りの量で、幅広い価格帯の真珠を作り出した。その結果、富裕な特権階級に限られたものではなくなったが、貴石としての価値と人気を保持できたのは、御木本の天与のショーマンシップと大将連、世界で最も完全で誰も手に入れることのできない真珠のネックレスの功績が大きかった。

その結果、真珠養殖は経済と産業の近代化を目指す明

治の精神のきわめて重要な局面となった。そのことを御木本自身もわかっていた。確かに彼は完全性に取りつかれていて、世界中の女性を真珠のネックレスで飾るという夢に夢中になっていたのかもしれないが、彼は決して商売を知らないわけではなかった。完全性については武士の精神を持って臨んでいたし、詩人の魂を宿していた。明治維新から利益を受けて、その恩返しをしようとしていた。アメリカが大好きだったのと同じくらいに、彼は愛国主義者だった。最初に成功した真円真珠は天皇に捧げた。世界の真珠貿易の七五パーセントが神戸経由で行われていることからしても、ある意味では彼は真珠産業全体をも自分の国のために捧げたと言えよう。

御木本は「普通の市民が自分の足かせを振り払って自由になれた時代の最も輝かしい例[2]」だと表現されている。より偉大な何かを求めて生きることを彼に許したのは、まさにこの自由だったのだ。実業家となり、科学者となり、そして世界の真珠王となった御木本。真珠のおかげで、日本は最初（で最後）の自家栽培の輸出品を手に入れた。御木本自身と同様、この国は二十世紀における技術革新をリードする存在としての新しいアイデンティティを見出した。しかし、そのために自分達の過去を完全に消し去る必要はなかったのである。

御木本の真珠産業のおかげで日本は大切な部分を保持して、彼の真珠のように完全な円形に、経済的、そして文化的な独自性を保つことができた。それによって外国からの植民地化の圧力を跳ね返すこともできたのだ。金も邪魔にはならなかった。養殖真珠による収入は巨額で、御木本は自分が「負け戦の補償金は真珠で払う[2]」とまで夢のようなことを言ったと伝えられる。

一九三五年には、日本全国に三五〇カ所の真珠養殖場があり、年間に一〇〇〇万個の養殖真珠を生産していた。日本は今日、世界最大の真珠輸出国である。世界で最初にミキモト真珠は宝石の大衆化に成功したのだった。

量産によって真珠の生産コストは低減したが、貴石としての認識は今も変わらない。真珠産業から上がってくる総収益とそれによって活力を得る商業的な力とともに、人の感情に訴えてくる価値は国際的な発言力を得るに十分すぎるものがある。

*1　ペリーが来航したのは一八五三年だが、日米修好通商条約はそれから五年後の一八五八年に初めて調印された。これによって誰でも国の内外であらゆる業種のビジネスを行うことが許された。

*2　御木本幸吉宛てのトーマス・エジソンからの書簡、一九二七年。

*3　その後の研究で、真珠の形成に核は厳密には必要でないということが明らかになってきた。淡水真珠は外套膜の小片だけを使用して養殖されるものも多い。寄生生物が自然界で貝の中に入り込む時、外套膜の被膜状の細胞を一部一緒に引っ張り込むため、その細胞が活動を始めると寄生生物の周りに真珠袋を形成させるということはすでに理論化されている。養殖真珠の核が貝の肉をメスで切って挿入される場合、組織の小片も一緒に挿入されなければならない。

*4　武士道は歴史的用語というよりは現代的な表現で、騎士道とは異なる哲学と行動規範を持つが、規律、自己犠牲、完成性により大きな重点が置かれている。

*5　VOCの非公式のモットーが「キリストはよい、貿易はもっとよい」だったことを思い出してほしい。

*6　Mikimoto Archives, Pearl Island Museum, Japan, http://www.mikimoto-pearl-museum.co.jp/eng/collect/index.html.

*7　大将連は鳥羽の真珠島にある御木本幸吉記念館で常時展示されている。価値が高すぎて島を一度も離れたことがない数少ない逸品である。ミキモトの代理人が私に自信たっぷりに語った話だが、二〇一三年から一四年にかけて、ロンドンにあるヴィクトリア&アルバート博物館で開催された真珠をテーマとした企画展に出品されなかったのも、これが理由だという。

第8章

タイミングが全て 第一次世界大戦と最初の腕時計

個々の新しいテクノロジーによって変わるのは額縁のほうであって、額縁の中の絵のほうではないのだ。

——マーシャル・マクルーハン

時間は私の味方

——ローリング・ストーンズ

タイムピースというのは宝飾品の中で最も矛盾に満ちたものである。大量生産によって生まれた製品で、それが暗示する富と社会的階級のシンボルとして評価される。装飾的であることはもちろんだが、加えて機能性のある数少ない宝飾品の一つだ。多くは貴金属や宝石で作られているが、その真の価値は職人技の機械装置にある。正しい時間を表し、記録し、計る装置として、時計は有閑階級と驚くような関係を有する。しかしながら、時計は産業と戦争にとっても不可欠な道具だった。実際に、腕時計は本来的には女性の装飾品を連想させるものではあったが、戦時においてはより男性的な使用に傾くものだった。

時計については長い歴史が語られるが、時を計るものという意味での腕時計は極めて新しい改良品だ。約百年前まで、腕に動いている小さな時計を巻き付けることを考えた者は誰もいなかったとは、驚きだ。そしてその時点でさえ、一人の裕福なハンガリーの夫人が少しばかり余分の注目を集めたかったからという理由だったのだ。

世界最初の腕時計はコスコヴィッチ伯爵夫人のために

パテック・フィリップが一八六八年に制作したものだ。[1] それは馬鹿げた装飾品だったが、長く後を引く重大な影響を残すことになる。

彼女の富と影響力を強調するために、言い換えると彼女のクジャクの羽根がそれと気づかれないままにならないようにするために、ハンガリーのコスコヴィッチ伯爵夫人は考えうる限りで最も高価で贅沢な宝飾品を依頼した。ちょうど現代のアップル社のような十九世紀の革新者パテック・フィリップに、時計として完璧に機能し、ダイヤモンドのブレスレットの中央の大きな宝石部分に置き換えることができるほど超小型のものを制作させたのだった。

飾り付きの分厚い金のブレスレットで、三連祭壇画のような金の箱が大きく目立っている。三連の四角形の真ん中の部分は、金の花びらが開いている中に大粒のダイヤモンドが取り付けられている。左右には、四角形の真ん中に黒色の七宝を背景にダイヤモンドがはめ込まれた花で繊細に飾られたやや小さい箱が配置されている。ブレスレットの全体は華麗に波打つ金の花綱飾りで囲まれており、ベル・エポック風の金色の渦巻きの中に固定されている。最も大きなダイヤモンドを飾った真ん中の四角形は、実際は蓋である。カチッと音を立てて開けると中から爪の大きさほどの時計が出てくる。文字盤は白と黒の七宝でできており、ブレスレットの波打つモチーフに合わせてデザインされた文字が描かれている。時計は金の鍵でゼンマイを巻く。

コスコヴィッチのブレスレットは単に飾りとして時計部分が含まれているというのではなかった。ルネサンス時代の指輪時計と同様に、時計はしっかりと固定され、かつ見せるためにあった。現代の実用的な懐中時計に使われている高い技術と、保護のための金の蓋を組み合わせていた。これぞ初のハイブリッドな時間崇拝者の宝飾品、機能する時計だった。

この作品は「リストレット（腕輪）」と呼ばれた。実際に動く小型の時計である一方で、少なくともこの伯爵夫人にとっては、主としてステータスシンボルであり、当時の基準でいえば時計というよりはずっとブレスレットに近かった。はじめ、リストレットはぴかぴか輝く目に麗しいだけのものになるはずだった。これはジュエリーであると同時に時を計るもので、女性の間で大好評を博した。伯爵夫人のリストレットは望み通りの効果を有するものとなった。パテック・フィリップにはヨーロッパ中から注文が届いた。それだけの金を支払うことができる王族や貴族の女性達の間で、宝石をちりばめたリストレットは時代の最先端の流行となった。この流行が広がるために必要なのは戦争ではなく、古きよき時代の支出カスケードだけだ。

しかし、進歩は時間と同じように進んでいく。二十世紀になると戦争は現代的な様相を呈し、正確に周囲と足並みを揃えて動くこともまた必須となったのである。社会や技術が、そしてさらには戦争が近代化するにつれて、両手を使いながらも正しく調子を合わせることは決定的に重要なのだと兵士達は気づいた。

世紀の変わり目の時代、腕時計といえばまだ圧倒的に女性の装飾品にすぎなかったのが、軍事上の必需品にもなっていた。「戦争を終わらせるための戦争」と呼ばれた第一次世界大戦の間、コスコヴィッチ伯爵夫人の腕時計から発想を得た「巻き付け時計」はテクノロジーの重要な一品となり、戦場の兵士達の最も大切な友となった。

第一次世界大戦が勃発すると、時計は大量に生産されて前線の兵士達に支給された。協商国の軍隊が懐中時計のネジをまだ巻いているドイツ軍と遭遇した時、どちらが優勢かは明らかだった。

第一次世界大戦が終結した時には、腕時計は精密機械へと進化しており、宝飾品とテクノロジー、そしてファッションにおいて不動の地位を得ていた。時計の技術が進歩するにつれて、時計はさらに時間を正確に刻むようになり、精度が上がるにつれて時計への要求はさらに高まっていっただけでなく、機能も変化した。また、それを身につける人々も同じく変化した。

これは虚栄心の強い伯爵夫人の発明品の物語である。ファッションに関わるたった一言で、その後、戦争を変え、現代人の時間の概念まで永久に変容させてしまうことになる物語だ。

時計の歴史

文明の夜明けの時代から原子時計の発明に至るまで、

私達の生活は時間によって支配されてきた。一日一日を、また日々の活動を、季節によって、社会によって、人間同士の間で、様々な用途に分節してきた。時間の自覚は非常に基本的なもので、時間の単位はもちろんのこと、人類の進歩を振り返るというプロセス自体、何世紀もかけてどのようにしてここまで大きく進化してきたのか、想像することは難しい。時間を管理するテクノロジーは世界を変え、反対にその新しい世界によってこのテクノロジーもまた何度も歴史を超えて作り替えられてきたのだ。

まず初めに、重大な時間はただ一つ、「時の翁」だった。すなわち誕生から死までの旅路は、何千年にもわたって、大鎌を持った老人で象徴されてきた。もちろん母なる大地があり、いつ眠りいつ起き、いつ収穫し、いつ種を蒔くのかを決定してきた。分と時は取るに足らぬものだった。私達の時計は太陽と月だけだった。そして時間は必要に応じて決定された。現代の時計に方向付けられた時間に最も近づいてきたのは、といってもまだそれほど近くもないのだが、一日を広い幅で太陽の位置によってそれぞれ朝、昼、晩と大きく区分したことだ。

時間を管理するための道具の最も初期のものが日時計だったことは驚くにはあたらない。最も古い日時計で現存しているものは紀元前一万五千年にまで遡る、エジプトの古代王国のものだ。日時計は様々な形と大きさで作られ、多種多様な仕組みで動く。しかし、どのようなデザインであろうと、一つの基本的な原理を必ず守っていなければならない。それは、予測可能だが変化する天体の運行だ。惑星の動きについて人間の理解が進んで、太陽を基本にした時間管理器具はこの天体の軌道を反映する影を利用している。一個の影を作る物体、通常「日影棒」と呼ばれる柱か大釘だが、これが等間隔に目盛を刻んだ面に対して垂直方向か、または水平方向に固定されている。太陽が東から西に向かって天空を移動する時、指柱の影が目盛りのついた面の上に線を描く。時間が経過して太陽が移動するにつれて、影も同様に中心点の周りを一日の経過に従って回転する。

日時計は明るい日差しの出ている日にはとてもうまく機能する。当然、太陽が出ていないとそうはならない。この明らかな欠点のために、日時計は昼間の時間だけしか時間を知らせることができない。紀元前一万五千年頃の人間は夜になるとほとんど寝て過ごしていたので、それでほぼ問題がなかった。もちろん日時計には他にも制限があった。室内や曇りの日では役に立たなかったことだ。

やがて、日時計の後には短時間を計るタイマーが続いた。ストップウォッチや砂時計、水時計の古代の祖先にあたるものだ。これらの三種類はどれも同様な形で、決まった量の水や砂が使用され、それが一カ所から別の場所へと一定の割合で移動する。時間が尽きるのを待つことによって、短い単位の時間を知ることができた。多くの器具は目的によってそれぞれ違うものが作られていた。たとえば、布を染液に浸しておく時間とか、あるいはモルタルの養生時間などだ。

時間計測技術はおわかりのように、人類の努力と肩を並べて進んできたし、またそのスピードを決定づけても来た。そして、原野から町へと人の生活拠点が移動するにつれて、時計はどんどん複雑になっていった。最初の日時計が太陽と季節の移り変わりを辿るのに使用されてから何千年もの年月が過ぎて、本物の機械仕掛けの時計

が生まれた。特別に正確というわけではなかったが、こうした大きな時計は歯車やゼンマイ、おもり、レバーなどが複雑に組み合わさっていた。日時計のように時間を示すだけのものだったが、室内で過ごす時間が増え、日没後の活動時間が増えたことも反映していた。

こうした時計は新しすぎたし、価格も高すぎたので、制作される数も少なく、ごく平均的な人が持つことはできなかった。中世までは、時間は主に教会に属するもので、教会が鐘を鳴らして起床時間、始業時間、集会時間などを知らせていた。普通の人々にとって大切な日課といえばこのくらいのものだった。この後、非宗教的な政府が神権政治に取って代わると、公共の時計が教会の鐘の役割をするようになった。それでも、時間とその管理は時の権力者の仕事だった。

ルネサンス時代になると、より正確な振り子時計とゼンマイ時計の発展とともに、時間の技術でも、時間を誰が決定するのかという側面でも進化の兆候が見られた。十九世紀の産業革命の時代になるまでは、時間の小さい単位はほとんど問題にならなかった。都市の拡大と工場

労働の始まりによって、人々はより窮屈なスケジュールに従うようになった。農地に出ている時は必要ないが、製造ラインで働く時には必要だ。突如として、列車が走り、その列車の時刻表ができ、出退勤のタイムカードが始まり、ありとあらゆる市民が公式のタイムテーブルに従わなければならなくなった。幸運にも、産業革命が正確な時間管理を必要とし、同時にその方法を用意したのである。すなわち取り換え可能な部品の大量生産ができるようになって初めて、時計は一般の人々にも手に入りやすくなったのだ。個人に時間の管理を可能にしたのも、それを比較的安く生産できるようにしたのも、同じテクノロジーだったのだ。

時計がどれほど進化しても、日時計の旧石器時代からほとんどその機能は変わっていない。地球の軸の周りの回転と太陽熱の中に入ったり出たりする、その動きを記録するために存在していた。日時計の周りの輪の中を影が回っているのと同じように、時計の針は今日に至るまで中心の軸の周りを回転している。太陽が空の最高点にある昼、「正午」が時計の文字盤の一番上に来るのはそういうわけなのだ。

最先端技術

日時計の影に対するものとして、私達が今日、時計仕掛けと考えるもの、最初の機械時計が作られたのは紀元七二五年中国でのことだった。当初は機械時計といっても時間を伝えるのにまだ水や砂に頼っていた。その頃の仕組みは、例えば砂時計といったものよりははるかに複雑なものだった。時計の歯車を回すために流れ落ちる水を使っていたものは、水車にも似ていた。のちに、この仕組みはさらに持続可能に、また水浸しにならないように重りと滑車の落ちる力を使った仕組みに取って代わられた。しかし、日時計や砂時計に対して、真に機械仕掛けの時計と言えるものは動力源を必要としており、人間の歴史の最後の最後まで、電力はその選択肢に現れてこなかった。

では、どうするのか。

物理学を使うのだ。運動エネルギーとは運動によるエネルギーである。位置エネルギーとはある物体がその位置にあるがゆえに有しているエネルギーである（言い換えると、蓄えられていて、すぐにも利用できるエネルギーだ）。弓の弦はぴんと張ると位置エネルギーを保有し、矢が放たれる時に、運動エネルギーに変換される。矢を飛行させるのに十分なエネルギーだ。滝の頂上では水は位置エネルギーを保有しており、水が流れ落ちる時に放出されて、その後、水力タービンを回転させるのに利用される。

位置エネルギーには二種類ある。重力と弾性エネルギーである。水力タービンを回転させる滝の水は重力の位置エネルギーの例である。物体をある場所から別の場所に移動させる重力の効果を利用している。弓と弦は弾性エネルギーの例である。位置エネルギーを発生させるためには、引き延ばすか押しつぶすかすることによって新しい力を導入しなければならない。弓と矢の場合には、弓の弦を後ろ方向に引くことでシステムに力を導入しているのだ。それによって弾性エネルギーが発生、弦が離されるとそのエネルギーは運動エネルギーに変換される。

時計製造者が利用するのは、重力エネルギーであろうが、弾性エネルギーであろうが、振り子かゼンマイを使うわけで、仕掛け全体は獲得したエネルギーを運動エネルギーに変換する必要がある。機械時計の中ではこの仕掛けはエスケープメント（脱進機）と呼ばれる。振り子が前後に揺れる時、それに取り付けられているレバーが一定の速度で歯車を回すのである。

振り子の揺れは全てが規則正しい。振り子の動きの一回が主要な歯車をカチッと一つ動かし、その後、これに連結した歯車が全て一定の決まったスピードで動き、それによって時計の針が等間隔で動くのだ。ゼンマイの場合には、緩んでいく主ゼンマイは重りや振り子と同様の目的に使用されているが、振り子時計ではできない小型化と携帯性が可能になる。

より小型で持ち歩けるゼンマイ仕掛けの時計、これが腕時計の前身である。十五世紀のヨーロッパに姿を現し、これによって大きさと携帯性の問題は解決したが、新たな困難に直面した。ゼンマイは緩むにつれて、エネルギーが失われる。エネルギーの喪失は一方ではゼンマイが装置をどのように動かしているかということでもある。ゼンマイがエネルギーを歯車に伝えているのだが、これは設計上の欠点でもある。ゼンマイは初め非常にきつく巻かれていて、エネルギーの状態は高位置にあるが、最後は緩んでエネルギーが低い状態となる。ゼンマイが緩んでいくにつれて、時計は動きがゆっくりになるのだ。言い換えると、こうした早い時期の製品は小さくて携帯可能にはなったが、一定の速さで時間を刻むことができなかったのだ。

この解決策は一六七五年にヒゲゼンマイの発明とともに訪れた。ぐるぐるに巻かれた非常に細長い金属片で、てん輪に取り付けられたものだ。ヒゲゼンマイが緩むことにより、てん輪が音を立てて一定間隔で振動する。原理的にはゼンマイとてん輪の動く仕組みを調和振動に変え、それによって心臓の鼓動のような、一定間隔の正確なリズムを刻ませるのだ。心臓の鼓動、すなわち振動は歯車の輪と歯車を回転させ、弾性エネルギーによる力を長期間にわたって均等に分配し、その結果安定した時間管理ができるというわけだ。しかし、このたった一つの発明は出来上がるまでにほとんど五百年を要したのだった。

結局のところ、時計はその他多くの非常に古くからあったテクノロジーなのだ。いつの時代にも、私達が今いる時代も含めて、さらなる正確さを求めて設計された時間管理とその技術は、手工業と機械工学、さらには宇宙に関する理解の、当代の最高点を象徴するものだった。

印象を決定づける

ではここで閑話休題。しばらくの間、携帯用時計をすっかり変貌させてしまった十七世紀の技術革新から二十一世紀に関心を集めているテクノロジー分野へ飛躍してみたい。アイトラッキング（視標追跡）だ。アイトラッキングとその研究は現代的な革新であり、「注意の心理学」を理解するための新興分野である。最初の腕時計の歴史からは大きな飛躍のようにも聞こえるだろう。しかし虚栄心や競争、そして最も重要なのが、人々からの注目を求めるという効果が時間管理技術の発展において果たした役割を考えてみると、それほど大きな飛躍でもないことがわかる[*2]。

アイトラッキングの仕組みは複雑だ。まず、目の上のところに小型の器具を取り付ける。この器具は被験者の視線がどの方向に動くのか、またどこで止まり、どのくらいの時間そこに留まるのかなど、文字通りに「追跡する」。何が、そしてどの程度、目にアピールするかの記録だという点は議論の余地がない。単純にどんな話題に興味を感じるかという質問をするよりもはるかに正確だ。もちろん人は嘘もつく。しかし、より重要なのは、自分が実際に何を見ているのか、なぜそれを見ているのか、自分でわかっていないらしいということだ。

アイトラッキングの技術は広告戦略の基礎情報になったり、ページやスクリーンの上の視覚情報をどのように解釈するのかを理解するのに利用されたりしてきた。結果は滑稽なほどに明らかなことが多い。たとえば、男女が交じったグループにビキニ姿の女性の同じ広告を見せると、女性は広告の女性の顔に最も長く、最も頻繁に視線を向けることがはっきりしている。それに対して男性の方は女性の顔、胸、その他とで大体同じ割合となる（女性もビキニの女性をじろじろ見るが、その注目は圧倒的に顔面に向けられているという意味だ。誤解なきよう）。興味深いことに、男性と女性が魅力的な男性の写真を見せられると、結果は反対になるのではなく、全く同じになる。女性はほとんど彼の顔を見ており、わずかにその体に視線を注ぐのに対して、男性のほうは主に自分の想像上のライバルの体格と特にその男性パーツに目を向ける。

私達が探索しているのは実は何なのだろうか。性別ほどには単純ではない。異性愛の男性と女性は一〇〇パーセントそうだとはいかないまでも、多くの場合に異性の身体に視線が向けられている。私達は他をうらやむという自分の視標パターンを弱めることもできないし、女性が顔よりも競争相手の体形をより長く熱心に見つめるということもない。

私達が無意識のうちに探しているのは、クジャクの尾羽に相当する人間の持ち物だ。人間が持っていないものでクジャクが持っているものは何か。より左右対称で均整のとれた（遺伝学的に言うと、「適合的な」）顔か？繁殖力やエサの豊富さ、あるいは競争に勝ち残るために大きく成長できるという遺伝的特徴を示す身体か？　人間は仲間同士の間で客観的な評価をすることによって、自分を主観的にランク付けするために見ているのだ。地位財のことを思い出していただきたい。アイトラッキングを使えば何と何を比較しようとしているのか、正確に図表で記録することができるのだ。

この傾向は見せる対象の性別とそれを表す身体を実験の対象から除外すると、より具体的に見えてくる。男性と女性の両方のグループに男性と女性の肩から上だけの写真を見せると、アイトラッキングの結果は両グループともほとんど同じになる。両方の性別グループともに同じ長さで、非常に長い時間をかけて観察対象が身につけている宝石類の一つ一つに視線を注いでいる。しかも、ほとんどの場合、顔面に視線を注ぐよりずっと長い時間だ。無意識のうちに財産とか、地位や階級を表示するものを自分と比較するために探している。

自分の周りにいる人や物の価値を算定したり、自分自身を何らかの基準で順位付けたりしなければならないように感じるのは人類共通なのだ。競争することと、よく観察し、比較し、格付けすることは私達人間の動物としての本性なのである。また、最も高い価値でありたい、最も強く望まれたいというのは、かなり標準的な本能と

言える。これが性淘汰とダーウィン的進化の基本だ。しかし、望まれるためには、まずは見られなければならない。

キラキラ輝く青い蝶や、尾羽を大きな扇形に開いたクジャクのように、最も素早く周りから注意を引く方法は、何か特別なものを持つことだ。これぞ宝飾類の最も重要な機能というわけだ。目立つこと、輝くこと、人の注目を集め、それをつかんで離さないこと。宝飾類は美を高めることもあるし、富と権力を一目で伝えることもある。どちらにしても、天然のものであれ、獲得したものであれ、それは常に優越の表示となる。

このように考えてほしい。遺伝的適応度、若さ、多産性などを捏造することは、二十一世紀の私達もベストを尽くしてはいるが相当難しい。しかし、物質的な財産なら、有形でないものや、あるいは時間とともに消えていかないようなもの、可能ならその両方の、物質的な優越性を伝えることができる。金や権力、影響力や利用権といったものだ。おそらくそういった理由で、女性は顔に視線を向けるのに対して、男性は身体により注目し、そ

して男女ともに最もよく見ているのは宝石類だ。注目を集めたり、特権を持っていることを伝えたりする、最も手っ取り早い方法はステータスシンボルを持つことなのだ。

望むらくはとても光るものを。

天体の運行を身につける

すでに立証済みのことだが、富や、優越性を伝えるための、自由に使える生物学上の手段を人間はほとんど持っていない。キラキラ輝いたり、羽根を持っていたりする動物とは違って、私達人間には尾も羽根も鱗もない。そこで、その他の動物達に負けない独特な強い競争力を発揮するものに頼ることになる。機械仕掛けの発明品である。

それでは数百年さかのぼって、当時の新興技術、懐中時計を見ることにしよう。

十五世紀のいつ頃か、一六七五年にてん輪とバネが進化を遂げるはるか前、最も古い原始的な懐中時計が出来上がった。ばねを内蔵した持ち運び用の時計の最も古い型とほとんど変わらないものだった。それは、内部にバネを収納するため、驚くほど大きな樽型のものだった。一日中繰り返しネジを巻かなければならなかったうえに、針も時針しかなく、時間はいつも狂ってばかり、日に数時間遅れた。

扱いにくいうえに、実用性にも問題があったが、身につける目的で作られた。恐ろしく高価で、どこにもない品だったので、その希少性から、富と権威を直接的に表現して人目を引いた。十六世紀にはエリート階級の間で人気の装飾品となっていた。

結局は、一個の懐中時計を持っているだけでは十分ではなくなり、古典版の支出カスケード現象では、ヨーロッパの富裕層はさらに複雑で、したがって一層高価なデザインのものを要求するようになった。一世紀と経たないうちに、気まぐれな形の小さな時計で、衣服につけたり鎖をつけて首にかけたりするものが一時的に流行したりした。星や十字架などのような象徴的なアイテムから、花や動物など、洗練されて装飾的なテーマのものまで、様々だった。頭蓋骨の形に作られているものもあった。いわゆるしゃれこうべ時計は、時の翁が全ての人のもとにやって来るということを沈痛に、詩情豊かに思い出させてくれるというわけだ。

十七世紀になると珍しい形の、より小型の携帯時計への要求が、ヒゲゼンマイのような、さらに進化した時計技術を誕生させた。イングランドのチャールズ二世は両脇にポケットのついた粋なベストを導入して、比較的正確で、小型の平べったい時計をポケットに入れておくスタイルを流行らせた。これが「懐中時計」の誕生だった。

二十世紀初期まで、機能的な時計は最新技術の典型であり、最先端であった。その当時、ちょうど今と同じく、技術は小型であればあるほど、より新しく、より高価なものとなった。伝統的には、時計は富裕層に属していることを示すものだった。時計が作られた初期の頃から今から百年ほど前までは正しく動かなくてもそれが当たり前だったが、希少な宝石のような値段がつけられて入手するのは困難だった。

ヘンリ八世は自慢することにかけては躊躇がなく、「懐中時計」を欲しがった最初の人物だった。その時計は、サラダ皿の大きさで鎖につけて首にぶら下げることができるものだった。予想通りに高級なものだった。彼の娘のエリザベス一世は上腕の周りに巻いていた。ダイヤモンドで回りを囲まれ、「腕輪」に取り付けられた円形の懐中時計は、彼女の寵臣で、恋人だと目されていた、レスター伯ロバート・ダドリーからの贈り物だった。[①] マリー・アントワネットでさえも、時間を管理できる何がしかの機械が組み込まれたダイヤモンドのブレスレットを注文していたと考えられている。[②]

指輪時計もまたかなり人気があって、少なくともルネサンス期まで遡ることができる。宝飾品の代わりに時計[*3]を用いるのだが、主に装飾的で大体の時間を示す時針だけがついているもので、しばしば止まったり、針が進みすぎてしまったりすることもあった。完全に役に立たないものだったのだが、見せびらかすものとして数世紀にわたって好まれた。ダイヤモンドのティアラにしても、頭を濡らさないようにする目的では使いものにならなかったではないか。

十八世紀、十九世紀になると、まだ壊れやすく、ありとあらゆるダメージを受けやすかった携帯時計も、ようやく正確になってきて、その利便性だけでも十分価値のあるものとなってきた。それでもなお、宝飾品として考えられることが多かった。金や七宝、ダイヤモンド、その他の宝石で飾られたケースの中に、時計本体は美しく収められて、宝飾品同様に人の視線を集めた。しかし、聖人の骨やトリノの聖骸布などが入った、宝石で飾られた聖遺物箱のように、ぴかぴか光る時計のケースは中に通常の価値を超えた何かが入っていることを示す証しだった。それは時間だ。

職人がダイヤモンドをカットしたり、金細工職人が指輪や鎖を作ったりするには並外れた技術が必要である一方で、時計の組み立てにはさらなる技能を要する。職人は時間と空間の構造を理解したうえで、大変微細で複雑な動きをするパーツを作り出すために高い精密技術が求められた。日時計を作るためには、昼と夜の循環と惑星や恒星の運行に関してしっかり理解している必要があった。それに加えて、冶金術と機械工学についても根本的に把握して初めて、時計を作ることができるのだ。倍音

に関しても正しい知識があり、最も高度な技能を持つ数少ない時計職人だけが、このテクノロジーを小型化して、懐中時計を制作することができるのだ。

自らの富と権勢を誇るのに、天体の運行を金の鎖の端に繋いで身につける。これ以上の方法があるだろうか。

最初の時計

強い女王という例外も時にあるが、金と権威は伝統的には男性に属するもので、また、わずかの例外を除けば、時計も同じことだった。十九世紀になると、懐中時計産業は盛んになり、様々な型やスタイルのものがあらゆる必要性や価格帯に応じて製造されるようになった。裕福な淑女達が自慢する女性用懐中時計もあったが、時計業界の内部では総じて高価でくだらないものと見られており、それほど真剣には考えられていなかった。

パテック・チャペック社は携帯用時計の需要を満たすために急成長した、数多の時計メーカーの中の一社だった。一八三九年、ポーランド人デザイナー、アントニ・

パテックとその共同事業者フランチシェック・チャペックが創業した、パテック・チャペック社は、伝統的なポーランド風のデザインで華麗な装飾の施された懐中時計を専門に製造した。

一八四四年、最初に店をオープンしてから約十年ののち、パテックは非常に優秀な技術を持った時計製造者ジャン・アドリアン・フィリップと出会う。フィリップはパリで「リューズ巻上げ式」システムを発表したばかりだった。フィリップの新発明の素晴らしいところは、携帯用の時計もそうでない時計も、ネジを巻くのに必要だった鍵をなくしたことだ。時計の上部にある巻き上げ式の装飾、小さな内部鍵を、リューズに置き換えたのである。翌年パテックはフィリップを新しい共同事業者、技術主任として自分の会社に誘い、社名をパテック・フィリップ社に変更して事業展開を始めた。チャペックは一八四五年に同社を追われている。

その後間もなくして、時計は男性のものという考えが支配的だった中、ヴィクトリア女王が顧客となった。クリスタル・パレスで行われたロンドン万国博覧会で女王はパテック・フィリップ社の機械仕掛けの奇跡にすっかり心を奪われ、女性用の懐中時計を購入した。薄い青色の七宝の地が、ダイヤモンドで作られた花の枝模様で覆われている作品だった。

ロンドン万国博覧会の時点で、最初の腕時計が出来上がるまでにはさらに十七年が必要だった。君主としてのイメージが全く異なるエリザベス一世とマリー・アントワネットは、両者とも腕の様々な部分に時計をつけるのを好んでいたが、彼女達の時計は単純な理由から、腕時計とは呼べないものだった。時計として機能しなかったのだ。縮小化の技術が十九世紀に入るまで完成していなかったのである。さらにはっきり言って、時計として機能させることを目指していなかった。マリー・アントワネットの時計のように宝石で文字盤がすっかり見えなくなっていたか、あるいはエリザベスの時計のように、他の人からしか見えない腕の部位に固定されていたか、いずれにせよ、こうした初期の時計は宝飾品の中の新しいアイテムと考えられた。すなわち、宝石の代わりに値段のつけようのない技術が用いられた新アイテムだった。

現代的な意味での最初の腕時計として、次に現れるのは、アブラアン・ルイ・ブレゲが一八一〇年にナポリ王国の王妃カロリーヌ・ミュラのために制作したものだ。非常に薄い、楕円形のリピーター時計で、もちろんこれもまた正確な時間を表すことはほとんど意図されていなかった。金属のブレスレットや革紐ではなく、「髪の毛と金糸を撚り合わせた」非常に繊細なバンドに取り付けられていたので、おそらく時計は完全に装飾品だったと推測される。ブレゲのこの奇妙な髪の毛を使用した腕時計には温度計がついていて、おそらくはさらに精巧になる十九世紀の時計に含まれる「コンプリケーション[*4]」機能を予感させるものだった。[①]

腕時計は女のもの

宝飾品だとすれば逆説的になるが、リストレットとなると、時計をより小さくすれば、より高価なものになるということで、小さければ小さいほど好ましいということになる。時計といえば現代のコンピュータにも相当するもので、今日同様、小型化は高額化を意味していた。

伯爵夫人の小指の爪の大きさで完璧に機能しているという時計は、人々の想像力を大いに刺激し、嫉妬をかき立てたことは確かだったが、他方で時計というものが実際に正確な時間を表せると思っている者はほとんどいなかった。

男性からすれば、手首に懐中時計を取り付けるという考えは明らかに馬鹿げていた。宝飾品として身につける実用性のない時計という歴史や、また、技術的に限られた機能しかないという認識により、ヨーロッパの男性バイヤーはまず手を出すことがなかった。ブレスレットは非常に小さいので、ライバル同士の時計製造者にも消費者にも、この極小機器が正確な時間を表す性能があるとは到底思えなかった。また、小さくてはかなげに見える精密機器を腕につけて、衝撃や動作、湿度や気温の変化などによっても故障しないとは、にわかには信じられなかった。

リストレットの誕生で、極小化された精密機器を組み込んだ宝飾品が歴史上初めて完璧に動いたのだった。時計業界全般がリストレットに対して冷淡だったというのでは、控えめに過ぎる言い方かもしれない。時計付きのリストレットは過渡期の一瞬の気まぐれ、女性達の移り気の為せる業、永遠に変化し続ける流行、それ以上のものではないだろうというのが一般の見方で、ヨーロッパの時計業界でも、リストレットはすぐに流行が過ぎていくだろうと考えられていた。ハンブルクの大学教授ボルクは一九一七年になっても(第一次世界大戦が勃発した時、男性用の腕時計の需要が空前の高まりを見せた時だ)、「流行の最も新しい愚かな状態はブレスレットに時計を取り付けて持ち歩くというものだ。非常に激しい動き、危険なほどの気温の変化に時計をさらすことになる。このような事態はすぐに過ぎてもらいたいものだ[①]」と発言している。

男性達の間の支配的空気が、流行を追う裕福な女性達の熱狂に水を差したというわけではなかった。しかし、リストレットを買っていく平均的な女性達は、それを買えるほどの経済力があるのだが、どこぞに時間通りに行くなど、何の関係もないし、その必要もないのだと考えられた。これに対して、男達はみな非常に多忙で重要な仕事をしていた。時間を管理することは男性の一日の最

も重要な側面であり、男の時間は実に貴重なのだった。

腕時計は懐中時計がその人気も完成度も最高潮となった同じ十年の間に誕生した。商業的な視点からすると、腕時計が流行すれば懐中時計メーカーは失うものも多かった。そうであっても、彼らからの反対意見は経済的観点からというよりも多分に感情的なものだった。腕時計に反対する声は、非常に女性嫌いの傾向を帯びていた。「女は時間を知る必要などない[①]」という根強い意見が労働者階級の男性にも有閑階級の男性にも支持されており、彼らは小型時計を女性のものと考えては、リストレットを見せびらかすようになるよりも「先にスカートをはくようになるだろう[①]」と、しばしば不平を漏らしたほどだった。

極小でありながら完璧な精度とは、時計付きリストレットが持っていた最も疑わしく、最も期待されていなかった属性だったが、運よく、これはじきに時計製造技術の革命へと繋がっていくのだ。完璧に機能する時計を小型化していく試行錯誤の中から、時計製造だけでなく、その他の関係産業、技術全般にまで数多くの進歩が生まれた。

しばらくの間、人々はパテック・フィリップ社が正確な時間を表し、かつ身につけるのにちょうどいい大きさで、丈夫な腕時計を制作したと聞いても信じることができなかった。腕時計は西ヨーロッパの富裕層やコスコヴィッチ伯爵夫人のような有閑階級の女性達にとっては好ましいものだったが、世界中の男らしい男達はというと、自分達の時計はそのあるべき場所、ポケットに入れて持ち歩き続けたのである。

戦場と時間

事実、ヨーロッパの男達はこうした懐中時計を持ってはるばる戦場へと出かけた。しかしこれは役に立つというよりは即座に邪魔なものとなった。繊細な時計を手に持って、蓋を開けて、ネジを巻き、ベストのポケットにしまうというのは、戦場で時刻を知る最も便利なやり方ではないということがわかってくる。ボーア戦争後、急速に戦争が近代化したが、懐中時計の命運には何の役にも立たなかった。馬と銃剣が退場、マスタードガスと機関銃が登場。近代戦の兵士達は両手を自由に使えるだけでなく、常に正確に一致した行動をとって、銃撃し、援護しなければならないという新しい課題が与えられた。飛行術と空爆という新たな任務は言うまでもない。次第に明らかになってきたのは、超男性的に武装した兵隊達が、女性的なリストレットを着用することは、仲間同士の間の暗黙の了解となったことだ。

最初の男性用時計は軍隊からの支給品として、一八八〇年代にスイスの時計メーカーのジラール・ペルゴ社によって大量生産された。ドイツ帝国海軍が海上での攻撃の際、一斉に行動を取れるようにすることを意図したものだった。推測だが、戦争中、砲撃の時間調整をしている時に、自分の懐中時計をうまく扱えなかった砲兵隊の一人がこれを思いついたのではないだろうか。とうとう彼はブレスレットのように自分の手首に時計を巻き付けたのだ。彼の上官はこのアイディアが気に入った。「ラ・ショー・ド・フォン（スイス西部にある時計製造業の代表的都市）の時計製造業者達はベルリンまで行って、小さな金時計を手首に取り付けるタイプの生産について、軍上層部に掛け合ってほしいと依頼されたのだった」③

ジラール・ペルゴ社のモデルは相当原始的で、多くの点でまだ懐中時計をもとにしていた。時計は金鎖で、チョッキではなく手首に、取り付けられたというだけだった。実用化されたとはいえ、さらなる大きな飛躍が必要な段階だった。戦場に出ている男達にすれば、「巻き付け時計」が非常に便利だったことから女性のアクセサリーを身につけていることの気恥ずかしさが薄れたのだった。しかし、ジラール・ペルゴ社のトップはこの新しい巻き付け時計が軍事技術にとって重要なものになるとは、まだ見ていなかったのである。

この傾向が変化するのは、第二次ボーア戦争中のことで、この新種の巻き付け時計が、多くのイギリス軍部隊を助け、勝利に導いたと功績が大いに認められたのだった。

外部取り付け式

ボーア戦争は南アフリカで二度にわたって帝国主義者のイギリスと、フォールトレッカーズ達との間で行われた戦闘だった。フォールトレッカーズとはオランダ系移民、ボーア人達をさす。一八三五年から一八四五年の間、フォールトレッカーズ達は強引な大英帝国によって政治的に疎外されており、特に奴隷制の廃止やケープ植民地における英国支配の拡大など様々な政策は歓迎されていなかった。

そこで、不満を募らせた約一万五〇〇〇人のフォールトレッカーズは究極の受動的攻撃行動に出て、英国領のケープ植民地から出て行ったのである。彼らはオレンジ川を渡り、南アフリカの内陸部へと進んで、そこで二つの独立共和国という形で自分達の国を建てた。トランスヴァール共和国とオレンジ自由国である。

ボーア人達——ボーアとは「農民」という意味——はおよそ一世紀の間、二つの共和国で緩い自治を行って暮らしていた。当時、これらの二つの共和国はほとんど自給自足レベルの農場から成り立っていた。トランスヴァールとオレンジ自由国は大英帝国から略式とはいえ承認もされていた。しかし、ボーア人が農耕を行っていたオレンジ川とヴァール川の合流地点は、不幸にも、間もなく訪れるダイヤモンド・ラッシュの中心となる土地だったのである。一八六七年、コスコヴィッチ伯爵夫人が彼女の腕時計を世界に初登場させる一年前、一人の少年がオレンジ川から巨大なダイヤモンドを拾い上げたのだった。その後は植民地とカルテルの歴史の話になる。

当然の流れとして、ボーア人達はそれを持って逃げるか、そうでなければ取り上げられるかだった。

第一次と第二次のボーア戦争は一八八〇年に始まり、一九〇二年に終わった。その間の平和状態はごく短いものだった。この戦争は政治的に見て、大英帝国による土地略奪の自己正当化という要素が強かった。結局のところ、ボーア戦争は南アフリカの景観を文字通りに、また象徴的意味でも変化させたのだった。

英国軍はより十分な訓練を受けており、装備品もはるかに優れていたが、自国領土で戦っているボーア人には人数で負けていた。これまでの戦争で採用されていた伝統的な戦法では歯が立たないことは当初から明らかだった。産業革命のおかげで技術面では長足の進歩を遂げて

おり、連発銃や自動機関銃、さらには煙の出ない火薬といった技術革新によって、戦争の構造自体が変化し始めていた。新しい軍事技術は従来に比べてはるかに、戦場での個々の兵士の武勇に依存しなくなっていた。一人一人の兵士は、精密に働く機械を構成する独立した部品であるかのように振る舞わなければならなかった。ボーア戦争は現代戦の特徴を多少なりとも帯びた世界初の戦争で、広い歴史的文脈から見ると世界大戦に向けてのウォームアップという意味合いがあった。

新しい資材と装備の出現で、分刻みの戦闘がこれまでにない規模で導入されることになった。それには正確な時間管理を必要とした。そして新しい装備を使用するためには兵士の両手が空いていることが必須だった。一八八〇年代にドイツ軍から注文が出て、その後忘れられていた腕時計は、世紀の変わり目の南アフリカで英国軍人達にその価値が再発見された。結局のところ、必要は再最適化の母というわけである。

一九〇〇年と一九〇二年の間にボーア戦争に出ていた英国兵士達は、自分の妻のブレスレットを思い出したの

か、懐中時計を取り出して、カップのように窪んだ革の原始的なバンドを使って手首に巻き付けたのだ。英国軍の武官達はこうした戦場用に間に合わせの腕時計を使って、軍隊の同時行動を組織化し、側面攻撃を調整し、敵の隊形に向けて大規模な砲火攻撃を一斉に行った。[*5]

事実、軍用時計、腕時計はアイディアとして大きな成功を収め、突如として賞賛を受けるに至ったため、男性の腕時計という発想に時計製造業者達が関心を向けるようになった。時計製造会社は新しく腕時計の製造を始め、その販促活動を進めた。南アフリカでの英国軍の勝利に乗じたものだった。

腕時計のイメージチェンジ

一九〇一年、ゴールドスミスカンパニーは腕時計と置時計のカタログに、「軍用時計」としてリストを掲載して、軍用の懐中時計の宣伝を行った。この時、同社は一九〇〇年六月七日付の「お客様からの声」を入れることを忘れなかった。宣伝されているものと全く同じ懐中時計を所有しているという兵士は次のように証言しているという。「私は南アフリカでこれを三カ月半にわたってずっと身につけていた。常に正確に時間を刻み、私を決して失敗させなかった。敬具。北スタフォードシャー連隊、大尉」[③]

時計製造各社は腕時計の製造を始めたが、世紀が替わる頃の広告は、ほとんどが懐中時計に関するものだった。一九〇六年オメガ時計のカタログでは懐中時計が四八ページで、三個の腕時計に対してスペース不足になってしまっていた。しかしそれでも、時計産業界は軍事市場に入り込み始めただけでなく、軍を利用して販売するようになった。ゴールドスミスカンパニーがボーア戦争の退役軍人によって支持されたとして宣伝をしていた軍用時計は、「厳しい軍事行動展開中の戦場にいる男達のために、苛酷な着用に耐え、世界中で最も信頼のおける時間管理ができる」と表現された。

腕時計とは信頼のおけるもので、機能的で、さらに男性的であるという考えがいったん受け入れられると、女性の腕時計はもう一段階ファッション方面への変化を余儀なくされた。女性用ブレスレット時計と呼ばれるようになったのである。腕時計といえば男性の時計だけが含意されるようになったが、それでもなお一般市民、特に男性の場合には、広く受け入れられて使用されるまでには、まだ長い道のりが待っていた。

男性が心理的に腕時計を男性のものと考えるようになる過程は、商業主義というより象徴主義との戦いだった。腕時計は機能的な装備品の一つだったけれど、同時にそれはまだ宝飾品だったのだ。そしてこれまで見てきたように、宝飾品は幻想としての価値や象徴的な意味や価値を帯びているものだ。男性に腕時計を身につけさせるためには、塹壕戦という文脈を離れて、腕時計が人間のほうを作り変える必要があった。

幼い男の子達は皆飛行機が大好きだ。二十世紀に入る頃は、特にその傾向が強かった。一九〇四年、ルイ・カルティエは友人の有名なブラジル人操縦士、アルベルト・サントス・デュモンの依頼で時計を作り、デュモンも友人の時計製造に対して多くの貢献をした。二十世紀以前は、飛行家はグライダーや気球、やがて世紀をまたぐ頃には初期のエンジン付き飛行機を目視だけで操縦せ

ざるを得なかった。この直線飛行は海岸線や陸標がはっきり見える、低空飛行でのみ可能だった。飛行家の草分けの一人、サントス・デュモンは長距離の単独飛行に使用するために、目視によらずに機器による飛行を可能にする、より高性能の時計制作をカルティエに依頼した。①

戦時での革新ではあったが、サントス・デュモンのためにカルティエが制作した飛行時計は、男性のためにと銘打って制作された最初の腕時計だった。その時計はカルティエの飛行機乗りの友人と同じく先駆的だった。パイロットでも楽に利用できるように、左腕に着用するデザインになっていた。外見は懐中時計とは全く異なり、懐中時計の代わりを務める意図で作られたものでもなかった。時計は長方形で、金属の留め具でベルトにしっかいと固定されていた。(英仏海峡を飛行機で越える時に時計を落としたくはないだろう)。デュモンの時計は実際ブレスレット状だったが、男性が着用しても、恥ずかしくない初めての時計だった。その場しのぎの巻き付け時計や、懐中時計の進化形という時代は終わった。

時間とスピード、そして位置を正確に計算するという

問題に対処できるようになるや、飛行は一層容易になり、さらに広がっていった。デュモンは人々をわくわくさせる空想好きな人物で、カルティエは誰からも人気があった。初めのうちこそ、軍用の巻き付け時計はとりわけ男性的な腕時計という考え方を強調したのかもしれないが、カルティエとデュモンが組んだことによって、男性も腕時計を手に入れたいと思うようになったのだ。たとえばエリザベス一世と真珠のように、宝飾品がある歴史的な文脈では女性の美徳を表すようになっていたのとは逆に、腕時計は象徴的に男性の男性らしさと、また男性の徳目として考えられていた男らしさ、兵士の勇敢な不屈の精神、初期の飛行家の向こう見ずな性的魅力と結びつくようになった。そして、腕時計が一層高価になるにつれて、それは銀行家や企業家の財産や特権を連想させるものとなっていったのである。

そして、リストレットのほうはすっかり忘れられてしまった。

新しい、マッチョな腕時計は軍人達の間で大人気となり、実用的であるのはもちろん、時計が所属を表すバッジの役割も果たした。第一次世界大戦の初めの一、二年

の間、英国は腕時計を標準仕様としなかったが、中盤になるとイギリス軍の全体にコスコヴィッチ伯爵夫人のおしゃれなリストレットタイプの時計をかなり乱暴に崩した腕時計が支給された。アメリカ軍兵士は新しい型の時計を身につけていた。ほとんどが創業間もないロレックス社やゼニス社が製造したものだった。

時限爆弾

第一次世界大戦は全ての戦争を終わらせるための戦争だと考えられたが、世界が当時までに経験した中で最も破壊的で広範囲にわたった紛争だった。ボーア戦争は第一次世界大戦の予行演習だったのかもしれないが、世界大戦では塹壕戦や機関銃による砲撃戦、機銃掃射が何年にもわたって続き、毒ガスは悲惨な結果をもたらし、最終的には使用が禁じられた。第一次世界大戦を特徴づけるこうした戦いは、先のボーア戦争とは比べものにならなかった。ヨーロッパ全土を巻き込んだだけでなく、日本やアメリカ、敵も味方も巻き込む、前代未聞の戦争と

なった。

第一次世界大戦を恐怖の中で生きのびた兵士や市民の、親や祖父母の世代は、騎兵隊や剣を振るう戦争を戦ってきていた。かなり最近まで大砲が軍事技術の最先端だったのだ。突然兵士達はガスマスクを着用して、飛行機から爆弾を落とすようになった。新時代は戦場から誕生したのだった。

戦争と技術革新

腕時計は紛争とそれを引き継いだ現代世界を新しく切り開いた、最も重大で、かつ見過ごされてしまった技術の一つだった。新しい世界秩序の兵器工場の中で、最も大きいわけでもなく、最も大きな音が出るものでもなかったし、最も恐ろしい武器でもなかった。しかし最も強力だった。何千人もの個人の間で正確なタイミングを調節することは、現代戦争の中では命に関わるほどの重大事であることがわかってきた。それ抜きには、それ以外の先進技術も働かないのだ。たとえば、全ての連隊の上に爆弾を落とす航空機は適切な機器がなければ飛行することは不可能だ。しかし世紀が変わる頃では、まだそうした技術は現代に比べてはるかに遅れていた。GPSもなければ、ミサイル誘導技術もなかった。パイロット（数世紀前なら船乗り達だ）が持っていた最も強力な計器は、時間を正確に計測し、距離やスピード、位置、それと機体姿勢を算出できた。どこに自分の機体があるのかを正確に知らなければ、爆弾一つ落とせないのだ（もちろんやってやれないことはないが、やるべきではない）。

機関銃を装備した歩兵は、単発式のライフルと銃剣で武装している歩兵よりもはるかに強力だ。[*6] しかし、いつの時代でも攻撃とは時を計って、調整しながら行われなければならないものだった。数十年遡れば、こうした攻撃を組織するには、担当指揮官が待機中の戦闘員に戦闘隊形や、前進、砲撃のタイミングを知らせるために合図の連続発砲をしなければならなかった。このような手法では、敵方がこの発砲を聞いて、即座に手榴弾をこちら側の塹壕に投げ込んでしまえば、作戦は終わりだ。機械化され破壊力が増した新時代の戦争では、同時性とともに沈黙も必要としたのだ。手榴弾といえばミサイルや地雷、爆弾もだが、爆発物を扱っている時に、少なくとも自爆しないように気をつけたいなら、より精度の高い時計が必要となる。同様に催涙ガス爆弾やマスタードガス、塩素ガスなどの有害なガスを使用する場合にも同じことが言える。

異端審理の宗教裁判以来、独創的でかつ恐ろしい殺人手段が、これほど多く考案されたことはなかった。英国とドイツの爆撃機に加えて、ドレッドノートのような巨大な戦艦や、それよりは小型でも同様に破壊力の大きいドイツの潜水艦、ツェッペリン型飛行船、地対空ミサイルや戦車、さらには火炎放射器などがそれにあたる。

第一次世界大戦の終わりまでには、主要国は二十世紀の恐ろしくて扱いに困るような技術を操り、戦争への認識と可能性を見直すこととなる。腕時計の存在で、時間の同一性と同時性は普遍のものとなり、あらゆる場所や状況にいる個々人が、腕時計を持つことでそれを手にしていた。これは戦争の変化に必須のものだった。期限厳守とよく言われる。時計は究極的に機械の使用と進化を促進する際の、要の楔として現れてきたのである。機械はそれ自体で大変革をもたらすものと思い込んでいる人が多い。コスコヴィッチ伯爵夫人の注目されたいという望みは、主としてファッションについての関心によって動機づけられていたが、彼女のあずかり知らないところでは、時間管理の行き届いた近代的軍隊の創設に貢献していたのだ。

腕時計VS懐中時計

一九一六年、英国の時計メーカー、H・ウィリアムソン社は年次総会で次のような声明を発表した。「一般の人々は生活必需品を買っている。時計が贅沢品であると主張している人などいない。最近では時計は帽子と同じかそれ以上に必需品となっている。帽子がなくても汽車に時間通りに乗れるし、約束を守ることもできるが、時計がないとそうはいかない。四人に一人の兵士が腕時計をつけており、残りの三人はできるだけ早く腕時計を買いたいと考えているという。腕時計は贅沢品ではない。

結婚指輪もそうだ。これら二品目を宝石商達は過去長い間、最も多く売ってきたのだ[4]」

腕時計は兵士達の間ではニーズが非常に高かったが、自費で購入した者もいれば、ボーア戦争時にやっていたように、自分で懐中時計を腕時計に改良して、その場をしのいだ者もいた。腕時計について英国軍は早くから乗り気ではなかったが、将校達は腕時計をしていた。その理由はただ、自分の装備品を自力調達するように言われていたからだった。

ほとんど残り全ての時計メーカーが同じくこの分野に飛び込んできた。ロレックス社は防水時計のさきがけとなった。オメガ社はイギリス陸軍航空隊向けに腕時計を製造し、合衆国陸軍にはスパイ時計を納めていた。一方ドイツ軍は戦争技術面ではほぼ標準に達していたが、時間管理という話になると出遅れていた。協商国軍は「様々な新モデルを用意していた[5]」。

公平を期して言えば、アメリカ軍には他国軍より遅く戦争に参入した利点があった。合衆国軍が戦場に足を踏

み入れた時には、すでに多くの兵士達が自分の腕時計を持っていた。装備品の水準が低かった英国兵士達も、必需品だと考えて自費で購入したり、自分で改良したりしていたのである。一九一四年の戦争勃発当初、主に懐中時計を配給していた英国軍の軍需品調達担当の将校達は、以前に公然と否定していた戦場における腕時計の有効性についてすでに再考を始めていた。一九一七年、英国陸軍省は自国軍の将校達に一斉に腕時計の支給を始めたのだった[6]。

第一次大戦の末期には、時計製造の進歩と兵士達の様々な必要性を反映して、選択の幅が広がっていた。すべての標準仕様の軍用時計には共通の要素がいくつかあった。強靭であること。比較的、水や衝撃に強いこと。読みやすく安全なこと。そして何より、正確な時間を表示できることだ。軍事支給品の腕時計の特徴は全体が金属製で、黒か白の七宝製の文字盤に大きなはっきりとしたアラビア数字が使われた。この文字盤の数字は長短の針とともに、ラジウム仕上げになっており、暗い塹壕や、戦車、飛行機、潜水艦の中でも文字が読めるように光るのだ。焼き戻し鋼の網でガラスを榴散弾から保護するタ

イプのものも多くあった。他には、特別に航行援助装置がついているものもあって、それらは特に飛行士や水夫達向けに作られた[7]。

こうした腕時計には、もう一つ別の重要な機能があった。「ハック機能」だ。秒針が一度に一秒ずつ進んで断続的な音を出す。それ以前に望ましいとされていた滑らかに連続した回転ではない。最も小さい時間の単位を分けるこの最新の技術は時間管理を一層高め、時計と行動との間のさらなる同時性を可能にした[7]。

一九一四年から一七年にかけて、協商国側では軍用腕時計が市場を供給過多にしていた一方で、ドイツの軍需品調達担当はそれよりも保守的だった。最初に軍用腕時計の制作を注文したのは一八八〇年まで遡るというのに、腕時計の有用性について、ドイツ人は決して意見を変えるに至らなかった。ドイツ軍は戦争の間中、兵士達に時代遅れで扱いにくい懐中時計の配給を続けていた[5]。その時点で、より伝統を重んじるグループの間で、男性が腕輪をつけることに関して現実性と妥当性にまだ疑いがあったのである。

戦争の最後の年、懐中時計（とドイツ）は戦いに敗れた。腕時計は宝飾品から新しい商品へ、軍隊の必需品へと転換したのだ。『インターナショナル・ウォッチ・マガジン』によると、「第一次世界大戦は軍隊の装備の一つとしての腕時計を誕生させた[8]」という。

腕時計は不可欠の装備品とされたようである。戦時中に出版された、塹壕へ向かう兵隊達のためのガイドブックの決定版『戦争に向かう知恵：前線の兵士のためのハンドブック』には、少なくともそうある。『戦争に向かう知恵』には標準的な兵士の装備品として必要な四〇品目がリストアップされている。ナイフや救急処置のセット、さらにはブーツさえもしのいで、リストの冒頭に挙がっているのが、「耐久ガラスを使用した夜光性の腕時計」であった。事実これは命に関わるもので、「回転式連発拳銃」の一つ前の項目に挙げられている[9]。

腕時計の地位向上

大戦から兵士達が帰国してきた時、心的外傷後ストレス障害（PTSD）[*7]だけが兵士達の持ち帰った土産というわけではなかった。ヨーロッパでの戦闘で命に関わるほどに重要だった軍支給の腕時計は、そのまま各人が所有することが許された。兵士達、戦争ヒーロー、彼らを讃える市民達の間で腕時計人気は単にこれを必需品として見るだけではなかった。新規に賦与された男性性、現代性、そして第一世界の紋章となったのだ。

アメリカ人兵士もヨーロッパの兵士も、市民生活に戻った後も、軍用時計を使い続けた。そしてこの新しい流行は大金持ちだけに限定されるものではなかったのである。引き続いて腕時計を所持して身につけていたことで、男性達の間に急速に腕時計が受け入れられることに繋がった。しかも熱狂的にである。かつて「私を見て」と言わんばかりのリストレットだったものが、戦争中の五年間ほどで技術も磨かれて、今や勇気の象徴となって、「塹壕時計」と呼ばれるようになったのも実にうなずける。

一九一七年、イギリスの『時計学ジャーナル』は次のような記事を発表した。「リストレット時計は男性が使用することは戦前にはほとんどなかったが、現在では軍服を着ているほとんど全ての男性、加えて普段着の男性の多くが手首に装着している」[10]。十年以内に腕時計五〇個に対して懐中時計一個という比率になるだろうという。もはや議論の余地はなかった。腕時計は生き残ることになったのだ。前出のボルク教授はさぞ落胆したことだろう。

腕時計の起源は感情の大変動の実証でもあった。二十年遡れば、男性は腕時計をつけるくらいならスカートをはくほうがましだと思っていた。世界大戦後には腕時計をつけていないところを見られたくないというところまでになった。一種の流行にすぎなかったものが、性別を見せつける武器に変容し、さらに成長して、心理的、社会経済的必要性を持つに至る。腕時計はあらゆる場所において、男性性のステータスシンボルになったのだ。

その他ほとんどの宝石と同様に、腕時計の所有と使用に関連して非公式の奢侈禁止令が効力を発揮していた。腕時計が男性のアクセサリーとして認められるようになった後、しかし広く誰もが身につけるようになる前の短期間、腕時計を身につけることが、権利ではなく、社会的な特権であった時期があった。それまでとは正反対の驚くべき態度で、一人前の男であることを示すために腕時計が必要となった一方で、ある状況ではそれを身につけることが実質的に禁止されていたのだ。なぜなら、腕時計が示すような男性的な徳目を誇示する権利を得ていない者がいたからだ。

イリノイ時計の歴史の中で、フレデリック・J・フリートベルクはそうした不幸な男の物語を次のように書いている。「世界大戦の終結後のことだ。ケネソー・マウンティン・ランディス判事は法廷で法律問題を議論していた一人の弁護士が腕時計をしているのに気づいた。判事は弁護士の話を途中で制止して、従軍していたのかと尋ねた。弁護士が従軍していないと答えると、判事ランディスは彼に腕時計を外すように命じた。復員軍人でもない者が腕時計を着用することは不適切であるというのだった[11]」

それはそれは。

女性が偽物のダイヤモンドを身につけて笑われる時のように、社会は偽りの広告から収入を得るし、また反対にそれを忌み嫌うこともある。特に、社会的地位の詐称や所有してもいない財産を偽ることに対してそうだ。気取り屋は常に社会的制裁を受ける。しかし、ついに腕時計を恥ずかしいものと思っていた純粋主義者も態度を和らげた。戦争の時代が終わる頃、真珠が女性達にとって常にそうであったように、腕時計は男性にとって性差の印であり、それから連想される全てのイメージを担う象徴となっていた。

モダンタイムズ

突如として、男性は誰でも腕時計を持っていなければならなくなった――いかにそれがぼろぼろの軍用時計であったとしてもだ。それによって従軍したことがあるという事実（または嘘）が伝わる。また、それが高価な金の腕時計なら、見る人全てに富と成功を伝えることになる。結局、アイトラッキングの科学が解き明かしているように、無意識の人間の目には金ぴかのもののほうが肉体よりも魅力的なのだ。

腕時計の需要が急激に高まったので、世界中の時計メーカーが超高速生産に入った。一方には大戦中に全ての兵士達にばらまかれた何百万個という腕時計があり、一刻も早いモデルチェンジと未来にあるかもしれない第二次世界大戦を視野に入れた軍事用の注文を受けており、また他方で、一般市民からの大きな需要があって、男性用腕時計の市場は工業化時代の超巨大市場となった。時計製造業界が大きく成長するにしたがって、時計産業と、その他の驚くような関連分野でも同様に技術革新が大きく進んだ。

時計のケース製造でも新しい方法が編み出されて、水やほこりから内部の複雑な機械構造の部分を守るため、より密閉できるようになった。一九二六年、ロレックス社は世界初の完全防水のオイスターケースを、すぐに続いて自動巻き式オート・ローターを導入した。その他数多くの会社が衝撃や摩擦による傷に対する強さや、耐久性、デザイン性を提供した。このような最高級時計は、まるで自分の腕の一部であるかのように着用しやすい時計を作り出そうという努力の中で出来上がってきたものだった。

壊れやすいガラス蓋の問題はまず合成宝石によって解決した。サファイアガラスである。これによって塹壕時計時代の金属網が、さらにその前身の旧式の懐中時計のカバーが必要なくなった。合成クリスタルは一九〇二年にフランス人化学者オーギュスト・ベルヌーイがその製造に成功していた。これはガラスに比べてあらゆる点で優れていた。はるかに大きな衝撃に耐えることができ、粉々に壊れることもなかった。ほぼ完全に摩擦による傷に耐えるものだった。さらに大量に安価に生産できるようになったことが、おそらく最も重要な点だっただろう。[*8]

続く数十年、時計技術の分野ではさらに数々の進歩が見られた。オイスターケースの登場からほどなくして、ジャガー・ルクルト社が世界最小の機械時計のムーブメントを作り出した。その一年後の一九三〇年には、ブライトリング社が初のストップウォッチで特許を取得。続いて、ハミルトン社が最初の電気時計を発表、数年後にはセイコーのクォーツ時計の電池使用モデルが出た。一九七〇年には、ハミルトン社が世界初のソリッドステートのデジタル腕時計の原型、パルサーを導入した。パルサーの明るい赤のデジタルスクリーンにＬＥＤ技術を使ったモデルは新感覚のデザインだった。また金属のバネと歯車の代わりに使用されたクォーツ回路は、その昔のヒゲゼンマイや調和振動子に匹敵する大革新だった。

兵器の発展でもさらなる革新があり、遠距離通信の拡大とともに第一次世界大戦の二大遺産と考えられた。それによって、科学と技術の分野では、世界を激変させる進歩がその後の数十年にわたって用意されたのだった。これが社会と社会的相互作用に及ぼした変化は避けられないことだった。世界大戦は他のあらゆる武器の使用を促進した。静かだが最も重要な武器として腕時計が世界大戦中に発展を遂げたのと同じように、腕時計は何十年かの技術革新と社会変革の時代を静かに着々と推し進める結果となるのである。

一九八三年、パルサーから十三年後、スウォッチ社はプラスチックのスイス製クォーツ時計の新型ラインを導入した。スウォッチ社はそれ自体使い捨て可能なものとしてでなく「購入しやすい」ものとして、タイムピースがプラスチック製の新しいモデルを販売した。伝統的な金属製のケースとバンドに代わって、プラスチックがファッション界の革命に火をつけた。しかし、時計製造の世界にプラスチックを持ち込んだ効果は思いもよらないもので、その最も劇的なものは製造コストをただ同然まで下げたことだった。

時計産業がさらなる革新を推し進め、新しかったものは次の瞬間には時代遅れとなり、革新的だった技術は脇へ追いやられて、常に最先端の新しさを求めて、別の産業へと手渡されていった。その間に、時計産業界は大量生産に入り、製造過程と部品はますます価格を下げ、とうとう人間の歴史上、はじめて誰もが腕時計を持てる時代がやってきたのだった。

そして、この時点まで来たところで、非常に不思議なことが起こった。

時計の歴史の初期からずっと、時間管理術というのは希少価値のあるもので、限られた少数のエリートだけが把握し、運用していた。その結果、少数の人々によって多数の人々のものが運用された。私達の人生は常に時間によって区切られ、制限されてきた。誰が時を支配し、時間や分に切り分けるのかという問題は、受け手側の存在価値とアイデンティティに常に直結していた。

人々に時を告げた個人や組織、あるいは職業が人々の時間を所有していたのである。自分が何をすべきで、どこにいて、何になり、そしてある程度まで、何者であるかというところまで、つまり、農夫なのか、兵士なのか、教区民、臣民、労働者なのか、一瞬ごとに告げられてきたのだ。教会の鐘が鳴って、人々に祈りの時間を告げた。いつ立ち上がり、いつ跪くのかを教え、彼らをキリスト教徒であると、また教会へ通う者として定義した。工場の笛は昼と夜とを分け、仕事時間と休憩時間を産業革命後の男女達に知らせた。立ち上がる時間、座る時間を、まさに教会の鐘がしていたように、人々に労働を促した。

日時計から時間を読んで、季節に従って生活しようが、時間が教会の持ち物で鐘を鳴らして知らされようが、私達の時刻を知る能力は、常に時間を管理する能力を決定してきた。腕時計が本当に全ての人の持てるものとなった時、時間は個人のものとなったのだ。初めて一人一人の人間が世界中のどこにいても、自分自身の時間を所有するようになったのである。

時間が一日や季節ではなく、分や秒単位により小さく刻まれるようになると、時間は大きくなっていった。私達は自分の生活を微細な、同一の、交換可能な時間単位に分け、世界全体で同時に時間を読み、理解するようになった。自分以外の人々も同じことをするので、私達はより大きな時間の一部となった。私達は地球規模の時間の一部となったのだ。

人類全体は今や一秒単位に至るまで、全く同じタイムテーブルで働いている。標準時間帯とグリニッジ標準時間が導入されてからは、全世界と足並みを揃えて進んでいくためには、一人一人がある場所で正確に時刻を知る能力があれば足りるようになった。教会の鐘が鳴るのを待たなくてもいいし、相談すべき懐中時計もない。守るべき公の場の時計もない。時間はようやく一〇〇パーセント正確になり、個人のものとなり、完全に世界共通のものとなった。

そしてその結果はどうか？　これぞ現代世界そのものである。

男の必需品

二十世紀後半になると、腕時計を持っていることはあたりまえになった。腕時計は進化した。階級を示し、社会秩序を押し付けるために使用される重要な贅沢品だった一方で、皆が時間を知っていて、時間に遅れることがもはや自分一人の問題でなくなった世の中で、腕時計は一般の労働者にとって基本的なものとなった。事実、腕時計は高速の交通機関と地球規模のコミュニケーションの世界では欠くべからざるものとなったのである。

この時点までには、人々は持てる限りの時計を所有した。現実の道具として使用される時同様、社会的ツールとしても腕時計は基本的なものであり、効果的に使用された。深海に潜ったり、高い山に登ったり、ありとあらゆる種類のスポーツにはいかついアウトドア用のモデルがあった。仕事のためには精密なモデルがあった。ほとんど使い捨てのようなファッション時計もあれば、高級なドレスウォッチや、もちろんキラキラ光る宝石をちりばめた宝飾品で、時間を計るのはついでに、といった腕時計もあった。技術面で花開いた腕時計だが、ほとんどの宝飾品と同様に、社会的地位や、職場での地位、個人的な興味や、スタイルを瞬時に伝える手段でもあった。

今日に至るまで、男性用の腕時計市場と並ぶものはダイヤモンドの婚約指輪市場くらいのものだった。贅沢な腕時計は究極的に男性のステータスシンボルだ。結婚指輪のように、腕時計は上等のものでない場合でも、一個持つ（一個も持たない）だけでそれが一つのステートメントとなる。ほとんどの男性にとって、腕時計は義務的なもので、人々の心を操作して腕時計の希少性や特殊性を信じさせるようなカルテルは存在していない。時間を告げるだけのものに、感情的な、性的魅力のある、また心理的な含意を持たせることによって、自分自身を操作しているのである。

世界初の腕時計が伯爵夫人の手首につけられてお目見えした一八六八年、その後にどんなものが続いてくるのか、飛行機や潜水艦から、長距離通信に至るまで、そういったものは当時、誰も想像だにしなかった。想像を超える新技術は、たとえば地球規模での同時性という複雑な概念のように、腕時計が人々に与えた、必要になるとは考えもしなかった驚きの機能と結びあわさって、現代世界が形成されていくための足場を築いたのである。

では、今日、腕時計はどこまで行ったのだろうか。新型のアップルウォッチとその多くのライバル達の命運は市場に登場した後、中途半端なところに留まっている。頑固な消費者が喜んでいる一方で、大多数の人は自分には必要ないと手を振って追い払っている。手首に括りつけることだってしようと思えばできる小型化されたアイフォンと比べて、より革新的だとも言えないからだ。人々が懸念するのは、コンピュータは手首につけられるほど丈夫でないことと、この小型化したアイフォンが小さくなればなるほど、昔の手のひらサイズのポケット型モデルよりもできる仕事は少なく、したがって、価値も小さくなるということだ。ほとんどの批評は、一過性の流行、目新しいだけのアイテムだと断言する。

どこかで聞いたような話である。

この場合、新技術の批評家や中傷する人、あるいは支持者が言っていることが正確かどうかは誰にもわからない。最初の腕時計の物語が現代の私達に何か伝えているとしたら、絶え間ない変化ということではないだろうか。あの腕時計の物語は、将来の希望やどんでん返しの物語だ。伯爵夫人の腕時計を彼女や彼女の仲間にとって魅力的にしたのは、その新奇性だった。目新しさと特権階級だけが持てるという点だった。それでいて、わずか数十年後には、腕時計を成功させたのはその数の多さだったのである。私達の生活は今までとは全く異なったやり方で腕時計によって線引きされている。全ては私達がそれに対して意味と価値を付与しているからなのである。

世界が変わるにつれて、腕時計も変わってきた。そして腕時計が世界を再び変容させてきたのだ。

どんな驚きがやってくるのか、どんな技術的な進歩が同時に起きるのか、将来を知ることは誰にもできない。それはより小型のスマートフォンを手首につけるのと同じくらいに見たところ小さな変化によって、可能になったり、性能が高まったりするのかもしれない。過去とは序幕にすぎない。しかし、未来はどんな時も広く開かれているのだ。

＊1　几帳面さは時計製造者に求められる資質だが、パテック・フィリップはその極致を追求している。創業以来百七十九年のこの会社は、これまでに製造した時計全ての記録を残している。最初の腕時計を身につけたのがコスコヴィッチ伯爵夫人だとわかるのは、主にこの記録のおかげだ。
　オークション会社ボナムズによると「懐中時計がブレスレットにつけて着用された例は一八六八年以前にもあると言われており、おそらくは一五七〇年代くらいまで遡るようだ。しかしながら、これを裏付ける具体的な証拠はなく、コスコヴィッチ伯爵夫人のためにパテック・フィリップがデザインしたもの（一八六八年）が腕時計というその言葉の現代的意味において最も早いものだった」ということである。

＊2　さらに言えばこれは宝石全般についても言える。

＊3　矛盾するようだが、機能するかどうかは関係なかった。

＊4　「コンプリケーション」とは時計の複雑さを増すために加えられた要素のこと。時間、分、秒だけでなく長期間のカレンダーが表示できた。初期のコンプリケーションは永久カレンダーが多かった。グランド・コンプリケーションには飾り立てた太陽と月の満ち欠け、クロノグラフ、星図が含まれていることが多かった。

＊5　ボーア戦争の結果、唯一正式に採用されたのは、軍が支給した腕時計だけではなかった。第二次ボーア戦争以前、英国軍の制服は目立つ鮮紅色だったが、南アフリカのゲリラ部隊との戦いでの恥ずべき敗北の後、一八九七年、国外で戦闘に参加する英兵の公式の戦闘服の色として、例の特別な色合いのカーキが採用された。軍隊の装備品として見る限りでは、ファッションは急速に変化し、拡大していく世界と足並みを揃えて変容を続けていたのである。

＊6　集中砲撃は敵の防御線を崩したり、味方を援護するために爆弾を落としたり砲撃したりする長距離にわたる戦列である。一九一五年の段階では第一次世界大戦の最も象徴的な砲術作戦、移動弾幕射撃はドイツ軍に対

して大きな効果を上げていた。移動弾幕射撃においては機甲歩兵部隊の兵士達は砲兵隊によって作られた弾幕射撃ラインのすぐ後ろを行進する。敵方の防御が一歩一歩後退するにつれて、歩兵隊が前進していく。砲兵隊が弾幕射撃を続け、弾幕に守られて兵士達が少しずつ前進を続け、弾幕のラインは歩兵隊と敵方との間で途切れずに続く。弾幕を作っている砲兵隊とその背後を進む歩兵隊との間の完全な同時性は、腕時計が第一次世界大戦の技術戦で果たしていた静かでかすかな、そして完全に不可欠な役割の一例である。

*7 実際に前例がないほどの数の兵士がPTSDを発症して帰国した。戦後の兵士の心理状態については広く知られるようになっていたが、帰国した兵士を苦しめる症状は実に様々で、これが新しい種類の戦争による結果なのだという信念が生まれるに至ったのである。専門家達は、患者達は「戦争神経症」、すなわち終わりのない耳をつんざくような集中砲撃の砲火と爆発音に曝されたことにより、精神的に、また感情面に損傷を負っているという結論に達した。

*8 ついでながら言えば、サファイアガラスは当時の時計産業に革命を起こしたのだが、その技術的重要性は今日に至るまで継続している。サファイアガラスは現代機械の幅広い分野で使用されている。食料品店のスキャナーのガラスにも、また携帯電話や人工衛星に使用されている高出力、高周波のCMOS集積回路にも応用されている。二〇一四年現在で、アップル社は七億ドル以上を自社製のスマートフォンと新型スマートウォッチのサファイアガラス製スクリーンの生産に投資している。

宝石は人の心の中で造られる――あとがきにかえて

一九七七年、アフリカの独裁者ジャン・ベデル・ボカサは中央アフリカ共和国の政府転覆に成功し、即座に中央アフリカ帝国の皇帝となった。言うまでもなく、中央アフリカ帝国はわずか数年続いただけで、国際社会からも国家として承認されることはなかった。しかしながらこの短期間に、ボカサは独裁者や自称皇帝だけが持てる絶対的権力というものを手にしたのだった。

ボカサが持っていなかったものは、自分の資格を象徴的に援護するためのクラウンジュエル、王家を象徴する宝石だった。高貴な宝物は所有していないが、信用より多くの銃を所有している、彼のような立場の独裁者ならやるだろうと思われる、もっともな行動をボカサは取った。正統性を金で買うことだ。ダイヤモンド鉱業社長アルバート・ジョリスから、にわか仕込みのクラウンジュエルを買って、自分の統治権に正統性を与えたいという希望を表明した。彼は国王や教皇が身につけているような国をかたどった指輪を要求した。「ゴルフボールに負けないサイズの」ダイヤモンドだ。

ジョリスは契約を取りたかった。そしてもちろん、自分の命も確保したかった。しかし皇帝の指輪を作るためのダイヤモンドを買う金が彼にはなかった。少々苦労してジョリスは実に巧妙な手を思いついた。ごつごつしたままの巨大な工業用ダイヤモンドの塊を買った（真の美、ジェムクォリティのブラックダイヤモンドと誤解なきよう）。これはゴミのようなもので、機械の研磨材を作るために粉末にされるものだ。これに最も近いものといえばアスファルトの塊だ。彼はプラムくらいの大きさの塊を使って、それを削って、アフリカ大陸の形に整えた。次に完全なファセットカットを施した非常に小さなホワイトダイヤモンドを一個、黒いアフリカの石の上の皇帝の新しい国のおよその位置に取り付けた。そしてこの寄せ集めのガラクタを指輪に仕上げたのだった。

全体で五〇〇〇ドルほどのものだったが、およそ二五〇〇万ドルの価値があるとしてジョリスは震えながら皇帝にこれを差し出した。すると驚くようなことが起こった。このごつごつの粗悪なブラックダイヤモンドが、どれほど希少なものであるか、またとないものであるか、そしていかに価値あるものであるか、特に推定価格を聞くと、皇帝は指輪を自分の指につけて、自慢そうに部屋の中を歩き回って、控えている者達に順に見せて回ったのだった。

数年後、独裁者は追放された。ボカサが追放される際、唯一持ち出したのはこのお気に入りの指輪だった。ボカサの追放と指輪の話を聞いた時、ジョリスは次のように言ったという。「価値のつけようのないダイヤモンドなのだ。……彼があれを売却しようとしない限りは」

結局は実在するように見えるからといって、そこには実体はないということだ。

これは人を不安にさせる考えだ。真実とは何かという私達の認識の中心部分に打撃を与えて、世界を渡っていくコンパスを不能にしてしまう。価値観を揺るがすのだ。

これまで一個の石の価値は何かと、問うてきた。一個の宝石が何を意味するのかと。宝石とはどういうものなのかと。それで何ができるのだろうかと。どれもとてもいい質問だ。そして、結局、どの質問も同じ問題の別のバージョンなのだ。

何が一個の宝石を作っているのか。

宝石を作る方法はいくらもある。煮えたぎる地球の中心でかき回されて、捻じ曲げられて誕生し、突然噴出して、ダイヤモンドのように地表にばらまかれるものもある。エメラルドのように、お互いにぶつかりあう地殻変動によって形成される、ごく稀な混合の副産物として地中で溶けあって成長するものもある。真珠のように生物学上の廃棄物であるかもしれない。人間の機械的な発明によって、時計のように作られるものもある。しかし、宝石について最も特別な点は、それが物理的に出来上がってきた道筋ではなく、おそらくどのようにして価値あるものとなるかという点だ。

真の宝石で地面の下や研究室でできるものは少ない。人間の心の中で形成されるのだ。宝石には力があるように見える。世界を何度も何度も作り変える力があることは確かだ。だが、それらは単なる物質にすぎない。殺すことができる物質でもない、癒やすことができる物質でもない。何かを建設することや、考えることができる物質でもない。

宝石の目的、宝石の本質はただ一つだ。人間の眼を釘付けにすることと、反射することだ。ちょうどそれは宝石の光を放つ表面のようだ。宝石はただ一つの真の力を持っている。宝石は人間の欲望を映し出し、反射して人間に投げ返してくる。そうして、自分がどんな人間なのかを突き付けてくるのだ。

謝辞

ある事件はどのようにして勃発するに至るのか。本書はこの奇妙に曲がりくねった物語を多少なりとも解き明かそうと努めるものだ。本書の出版までの経緯もまた、ここで語った物語に劣らず、数々の偶然と突発的な出来事から導かれている。

まずは友人のアレックス・マクドナルドに感謝しなければならない。ロンドンに、そのあとパリに誘い出してくれ、そこからこの本に繋がる出来事が現実に動き出したのだった。アレックス、あなたは面白い。

パリでは旧友で大学時代のルームメイトであるローラ・シェクターと数日を過ごした。何日にもわたるいかにも彼女らしい誕生日のお祝いの最初の晩、ディナーの席で隣り合わせた女性がしていた婚約指輪は、偶然にも私がタコリ社に勤めていた時にデザインしたものだった。彼女は私が宝飾品のデザイナーをしていることを聞いていて、どういったジュエリーをデザインしているのかと聞いてきたので、話をした。自分の指輪のデザイナーに出会えたことに興奮した彼女は、私の向かい側に座っていた夫のステファン・バーバラを紹介してくれた。

婚約指輪、ダイヤモンドの話、宝石を巡る常軌を逸した歴史、その相対的な価値のこと……、その夜の間中会話は続いて、ここまで読んでいただいたような形にまとまっていった。

ステファン・バーバラはローラの著書の出版を手がけていて、今は私の本も扱ってくれている。彼らはこの着想を得た時に傍にいてくれたばかりか、励ましと支援を惜しまなかった。そして本書を書き上げる私の能力を信頼してくれたことは、本当に大きな力となった。

ローラ、ありがとう。大学の授業が始まった最初の週、特別空腹でもなかったのに、「ワッフルを食べにおいで」と誘ってくれて。そして、昨年の誕生日パーティにも「絶対に来なさい」って言ってくれて。本当はあの時、別の用事があったのだったけれど。出版の提案があった時、大変な仕事になりそうだったので、気が進まないと言ったのに、絶対に本にするべきだと言ってくれたのはローラだった。また、この仕事は絶対にやり遂げられると彼女は一年を通して強く背中を押し続けてくれた。

ローラ、あなたは本当に嵐のような人。ワッフルの話も小説も、あなたとは議論しても意味がない。「一緒に来て」とあなたが言う時、あなたがやっていることはいつも素敵なことなのだ。私を誘ってくれてありがとう。

そして、驚くべきブックエージェント、ステファン・バーバラに、私は感謝を捧げたい。私の初めての書籍のために、本当に素晴らしい仕事をしてくれた。彼は私の特殊なユーモアのセンスと、単純でわかりやすい気分の波にも寛大でいてくれた。そして、彼が自分ではどうすることもできないことや、彼には何の関係もないような案件で、必要以上に怒鳴られたりするのだ。連邦薬物カルテルだの、周期的にやって来る氷河期だの、挑発的な服装をさせたロボットの話などなど。ステファン、あなたは偉大だ。そして、私にこの企画の成功を信じ込ませるという途方もないことをやってのけ、現実にも成功に導いてくれたのだから。

ハーパー・コリンズ社でこの企画に携わってくれた皆さんにも感謝を申し上げたい。エマ・ジャナスキーは何よりも私のスペリングを大目に見てくれた。キャサリン・バイトナー、ソーニャ・チューズ、クレイグ・ヤング、ベン・トメク、そしてダン・ハルパーン。成功の全ては極めて優秀なこのチームの努力のおかげなのだ。

中でも本書の編集を担当してくれたヒラリー・レドモンには格別お世話になった。編集者としての助言は彼女の貢献のほんの手始めでしかない。ヒラリーは出版用の原稿を選定してくれただけでなく、構成から表紙まで本書の完成にあらゆる面から積極的に協力し、この企画のために疲れも見せず、熱烈に邁進してくれた。彼女以上のパートナーを見つけることは不可能だっただろうと思う。ヒラリー、ありがとう。

見えないところで助けてくれた全員にお礼を言いたいと思う。シェーン・ハント、あなたの驚くべき記憶力と肖像権をめぐる論争の上手さに感謝している。親しい友人で同僚のタビッシュ・ライアンはまるでスマートフォンのように、何年もの間にただの友人ではなく、少々恐ろしいくらいに、傍にいないと困る存在となった。タビッシュなしには何も完成しなかっただろう。他の誰か、他のどこかでは絶対に不可能だった。

なかんずく、私の家族に多謝。私がやりたいことは（どんなに奇妙なことでも）何でもできると常に強く言ってくれる母。そして、実際に、しばしばその命令を守らせてきた。私の父はというと、私のしたことを（どんなに奇妙なことでも）人々に自慢げに語ってくれる。兄弟姉妹に至っては、時に神経質そうに、また時に騒々しく応援してくれた。そして時にぴょんと仕事中に飛び込んでくることもあった。私の家族、お気に入りの人々だ。

その時の気分でパーティになったり、モブになったり……、という「いつもの面々」にも感謝。何十年にもわたる終わりのない物語に耳を傾け、気分屋の私を許してくれたこと、そして私の風変わりな癖を面白がりつつ、私の奇天烈な願いを叶えてくれたことに、心から感謝している。そして言うまでもなく、母に、あなたのジュエリーの全てに、感謝を捧げる。

the Sundial to the Wristwatch : Discoveries, Inventions, and Advances in Master Watchmaking (Paris : Flammarion, 2012).

② "The State of the Art in Women's Watches," *Chicago Tribune*, November 25, 2014.

③ Michael Friedberg, *Wristlets : Early Wristwatches and Coming of an Age in World War I* (n.p., 2000), http://people. timezone.com/mfriedberg/articles/Wristlets.html.

④ Stephen Evans, "10 Inventions That Owe Their Success to World War One," BBC News, Berlin, April 13, 2014.

⑤ John E. Brozek, "The History and Evolution of the Wristwatch," *International Watch Magazine*, January 2004.

⑥ Z. M. Wesolowski, *A Concise Guide to Military Timepieces : 1880-1990* (Ramsbury, GB : Crowood Press, 1996).

⑦ "Vintage Military Wristwatches," *Collectors Weekly* (Market Street Media LLC, 2007-2015).

⑧ Judith Price, *Lest We Forget : Masterpieces of Patriotic Jewelry and Military Decorations* (Lanham, MD : Taylor, 2011).

⑨ B. C. Lake, *Knowledge for War : Every Officer's Handbook for the Front* (repr., London : Forgotten Books, 2013).

⑩ Emily Mobbs, "Watches Are a Man's Best Friend," *Jeweller : Jewellery and Watch News, Trends and Forecasts*, January 8, 2014.

⑪ Fredric J. Friedberg, *The Illinois Watch : The Life and Times of a Great American Watch Company* (Atglen, PA : Schiffer, 2005).

⑨ S. A. Smith, *The Russian Revolution : A Very Short Introduction* (New York : Oxford University Press, 2002).
⑩ Alan Howard, *Reform, Repression and Revolution in Russia : A Phased Historical Case Study in Problem Solving and Decision Making* (n.p., 1977).
⑪ Richard Pipes, *The Russian Revolution*, (New York : Vintage, 1991), 411-12.
⑫ Susan Ratcliffe, ed., *Oxford Treasury of Sayings and Quotations* (New York : Oxford University Press, 2011), 389.
⑬ Albert L. Weeks, *Assured Victory : How "Stalin the Great" Won the War, but Lost the Peace* (New York : Praeger, 2011), 39 .
⑭ W. Bruce Lincoln, *Red Victory : A History of the Russian Civil War* (New York : Da Capo, 1989).
⑮ Edward J. Epstein, *Dossier : The Secret History of Armand Hammer* (New York : Carroll & Graf, 1999).
⑯ Armand Hammer with Neil Lyndon, *Armand Hammer : Witness to History* (New York : Perigee Books, 1988).

第７章

① Nick Foulks, *Mikimoto* (New York : Assouline, 2008).
② Robert Eunson, *The Pearl King: The Story of the Fabulous Mikimoto* (Rutland, VT : Charles E. Tuttle, 1955).
③ John W. Dower, project director, *Black Ships and Samurai : Commodore Perry and the Opening of Japan (1853-1854)* (Cambridge, MA : MIT Visualizing Cultures Project, 2010).
④ Rhoda Blumberg, *Commodore Perry in the Land of the Shogun* (New York : HarperCollins, 1985).
⑤ Emily Roxworthy, *The Spectacle of Japanese American Trauma : Racial Performativity and World War II* (Honolulu : University of Hawaii Press, 2008).
⑥ "Pearl Culture in Japan, the Process by Which Oysters Are Made to Produce Pearls, and Mr. K. Mikimoto, Its Discoverer," *New York Herald*, October 9, 1904.
⑦ Victoria Finlay, *Jewels : A Secret History* (New York : Random House, 2007).
⑧ George Frederick Kunz, *The Book of the Pearl* (New York : Century, 1908).
⑨ Neil H. Landman et al., *Pearls : A Natural History* (New York : Harry N. Abrams, 2001).
⑩ Stephen G. Bloom, *Tears of Mermaids : The Secret Story of Pearls* (New York : St. Martin's, 2009).
⑪ Elizabeth Landau, "Beholding Beauty : How It's Been Studied," CNN, March 3, 2012.

第８章

① Dominique Fléchon, *The Mastery of Time : A History of Timekeeping, from*

⑭ Victoria Finlay, *Jewels : A Secret History*, 319, 320, 321, 325.

第5章

① Neil H. Landman et al., *Pearls : A Natural History* (New York : Harry N. Abrams, 2001).
② George Frederick Kunz, *The Book of the Pearl* (New York : Century, 1908).
③ Michael Farquhar, *Behind the Palace Doors : Five Centuries of Sex, Adventure, Vice, Treachery, and Folly from Royal Britain* (New York : Random House, 2011).
④ Tracy Borman, *Elizabeth's Women : Friends, Rivals, and Foes Who Shaped the Virgin Queen* (New York : Random House, 2010).
⑤ Robert Lacey, *Great Tales from English History* (Boston : Back Bay Books/Little Brown, 2007).
⑥ Susan Ronald, *Pirate Queen : Elizabeth I, Her Pirate Adventurers, and the Dawn of Empire* (Stroud, UK : History Press, 2007).
⑦ Victoria Finlay, *Jewels : A Secret History* (New York : Random House, 2007).
⑧ Peter Ackroyd, *Tudors : The History of England from Henry VIII to Elizabeth I*, vol.2, *History of England* (New York : St. Martin's Press, 2013).
⑨ Andrés Muñoz, *Viaje de Felipe Segundo à Inglaterra*, 1877.
⑩ Ki Hakney and Diana Edkins, *People and Pearls : The Magic Endures* (New York : HarperCollins, 2000).
⑪ John Guy, *Queen of Scots : The True Life of Mary Stuart* (Boston : Mariner Books, 2005).
⑫ Sally E. Mosher, *People and Their Contexts : A Chronology of the 16th Century World* (n.p., 2001).

第6章

① Toby Faber, *Fabergé's Eggs : The Extraordinary Story of the Masterpieces That Outlived an Empire* (New York : Random House, 2008).
② Victoria Finlay, *Jewels : A Secret History* (New York : Random House, 2007).
③ John Andrew, Fabergé Heritage Council member, in conversation with the author, London, 2013.
④ Nigel Kelly and Greg Lacey, *Modern World History for OCR Specification 1937 : Core* (Oxford : Heinemann, 2001).
⑤ David R. Woodward, *World War I Almanac, Almanacs of American Wars, Facts on File Library of American History* (New York : Infobase, 2009).
⑥ Alain Dagher, "Shopping Centers in the Brain," *Neuron* 53, no. 1 (2007) : 7-8.
⑦ Simon M. Laham, *The Science of Sin : The Psychology of the Seven Deadlies (and Why They Are So Good for You)* (New York : Random House, 2012).
⑧ Sean McMeekin, *History's Greatest Heist : The Looting of Russia by the Bolsheviks* (New Haven, CT : Yale University Press, 2009).

225.
② Adam D. Pazda, Andrew J. Elliot, and Tobias Greitemeyer, "Sexy Red : Perceived Sexual Receptivity Mediates the Red-Attraction Relation in Men Viewing Woman," *Journal of Experimental Social Psychology* 48, no. 3 (2011) : 787.
③ Irene L. Plunket, *Isabel of Castile and the Making of the Spanish Nation : 1451-1504* (New York : G. P. Putnam's Sons, 1915), 216-20.
④ Willie Drye, "El Dorado Legend Snared Sir Walter Raleigh," *National Geographic*, October 16, 2012, http://science.nationalgeographic.com/science/archaeology/el-dorado/.
⑤ Kris Lane, *Colour of Paradise* (New Haven, CT : Yale University Press, 2010), 26, 43, 56-58.
⑥ Rubén Martínez and Carl Byker, *When Worlds Collide : The Untold Story of the Americas After Columbus*, PBS, September 27, 2010.
⑦ Jospeh F. Borzelleca, "Paracelsus : Herald of Modern Toxicology," *Toxicological Sciences* 53, no. 1 (2000) : 2-4.

第４章

① Antonia Fraser, *Marie Antoinette : The Journey* (London : Phoenix, 2001).
② Casimir Stryienski, *The Eighteenth Century : Crowned*, reprint (London : Forgotten Books, 2013).
③ David Grubin, *Marie Antoinette and the French Revolution*, PBS, September 13, 2006.
④ Jane Merrill and Chris Filstrup, *The Wedding Night : A Popular History* (Praeger Publishers, 2011).
⑤ Dan Ariely and Aline Grüneisen, "The Price of Greed," *Scientific American Mind*, November/December 2013, 38-42.
⑥ Mrs. Goddard Orpen, *Stories About Famous Precious Stones* (Boston : D. Lothrop, 1890).
⑦ *Guinness World Records*, 2015.
⑧ Anthony DeMarco, "The 'Incomparable' Sets Guinness Record for Most Expensive Necklace, Valued at $55 Million," *Forbes*, March 21, 2013.
⑨ John Steele Gordon, "The Problem of Money and Time," *American Heritage Magazine*, May/June 1989.
⑩ L. P. Hartley, *The Go-Between* (New York : Knopf, 1953).
⑪ Ed Crews, "How Much Is That in Today's Money," *Colonial Williamsburg Journal*, Summer 2002.
⑫ Simon M. Laham, *The Science of Sin : The Psychology of the Seven Deadlies (and Why They Are So Good for You)* (New York : Three Rivers Press, 2012).
⑬ Mme. Campan (Jeanne-Louise-Henriette), François Barrière, and Mme. Maigne, *The Private Life of Marie Antoinette, Queen of France and Navarre*, vol. 1 (New York : Scribner and Welford, 1884).

引用文献

まえがき

① Lance Hosey, "Why We Love Beautiful Things," *New York Times*, February 15, 2013.

第1章

① Robert O'Brien and Marc Williams, *Global Political Economy : Evolution and Dynamics* (New York : Palgrave Macmillan, 2014), e-book.

② Stephen Worchel, Jerry Lee, and Akanbi Adewole, "Effects of Supply and Demand on Ratings of Object Value," *Journal of Personality and Social Psychology* 32, no. 5 (1975) : 906-14.

③ R. B. Cialdini et al., "Empathy-based Helping : Is It Selflessly or Selfishly Motivated?" *Journal of Personality and Social Psychology* 52 (1987) : 749-58.

④ J. J. Inman, A. C. Peter, and P. Raghubir, "Framing the Deal : The Role of Restrictions in Accentuating Deal Value," *Journal of Consumer Research* 24 (1997) : 68-79.

⑤ Frank J. McVeigh and Loreen Therese Wolfe, *Brief History of Social Problems : A Critical Thinking Approach* (New York : University Press of America, 2004).

⑥ Kathleen Wall, "No Innocent Spice," *NPR Morning Edition*, November 26, 2012.

第2章

① A. J. A. Janse, "Global Rough Diamond Production Since 1870," *Gems and Gemology* 43, no. 2 (2007).

② Bain & Company and Antwerp World Diamond Centre, "The Global Diamond Industry : Portrait of Growth," 2012.

③ Victoria Finlay, *Jewels : A Secret History* (New York : Random House, 2007), 343.

④ Edward Jay Epstein, "Have You Ever Tried to Sell a Diamond?" *Atlantic*, February 1, 1982, 23-34.

⑤ J. Courtney Sullivan, "How Diamonds Became Forever," *New York Times*, May 3, 2013, ST23.

⑥ A. Winecoff and others, "Ventromedial Prefrontal Cortex Encodes Emotional Value," *Journal of Neuroscience* 33, no. 27 (2013) : 11032-39.

第3章

① Victoria Finlay, *Jewels : A Secret History* (New York : Random House, 2007),

索　引

訳者あとがき

自分にはまあ無縁の話だろうと、しかし、これも何かの縁、宝石の国に物見遊山に行く気分で翻訳に乗り出した。ところがどうだ。たったの二四ドルのビーズでマンハッタン島を買った話に頭を捻り、すぐに「ダイヤモンドは永遠の輝き」というほぼ無意識の領域に刻み込まれた言葉を掘り起こすに至る。地球の造山運動から説き起こすエメラルドの物語には、鉱物女子予備軍の好奇心をくすぐられたし、『ベルばら』のファン魂が目を覚まし、気がつけば『マリー・アントワネット展』ラスト一週間の混雑に紛れ込んでいたという具合だ。

実は今年の春先、我が家の次女が就職と同時に結婚して家を出ていった。この時、私の翻訳作業は、ダイヤモンドの超豪華なジュエリーが歴史の回転扉をぐいと押す、例の王妃の首飾り事件のただ中にいた。虚飾のベルサイユ、ゴシップにペテン、ギロチンとダイヤモンドの呪い……。世に言うドーター・ロス、エンプティ・ネストなど、どこ吹く風……と実に面白く世界史の読み直しをした。

……と終わる話ではなかった。著者エイジャー・レイデンが持ち出してくる新しいレンズは人間の普遍的な性質を大写しにしていく。進化生物学、神経美学などといった領域の新しいレンズが、人間の歴史の回転扉のありかを鋭く突き止めていくのだ。

「血まみれのメアリ」とエリザベス一世、さらにその前のヘンリ八世など、十五、十六世紀のイングランドの登場人物達は、実に起伏に富んだ物語を織りなしている。世にも珍しい大粒の真珠、ラ・ペレグリーナを憎い妹エリザベスに渡すものかと、贈り主のスペイン国王フェリペ二世に返すように遺言したのは、死期の迫った姉メアリの「悪意ある妬み」。海賊を利用して、何が何でも同じくらいに素晴らしい真珠を手に入れようとする妹エリザベスの「有益な妬み」。海賊達の海の知恵と技を味方につけて、……ここに歴史の回転扉が現れる。アルマダの海戦だ。

「地位財」という言葉は私にとって新しいものだった。しかし、その内容は、あるものの価値が隣の誰かが持っている同種のものとの比較によって、マイナスになったりプラスに転じたりする、日々何かと体験する、もやもやとするお馴染みのあれだ。著者はロシア革命に「悪意ある妬み」という物差しを当てる。

真珠の形成される仕組みは知れば知るほど面白い。しかし「本物」とは何かを考えさせられることにもなる。海中で偶然に発見される真珠と、御木本幸吉の開発した技術で養殖される真珠との違いをどう見るのかという時、養殖と聞けば人は偽物だと思うからだ。

ところで、羨ましいと思う、自分も手に入れたいと思う「有益な妬み」が技術を進歩させ、新しい世界を切り開いてきたことは疑いようもない。戦争が近代戦へと変化していく時、兵士達は足並みをピタリと揃えて攻撃をするために、正確なタイミングが必要になった。戦場で懐中時計から腕時計へとシフトしていく時が来たのだ。

宝石には人間の目を釘付けにし、反射する性質がある。人間の内面を、欲望を否応なしに映し出し、反射して、もとの人間に投げ返してくるとレイデンは言う。そして自分がどんな人間なのかを突き付けられることになるのだ。そこに見えてくるものを幻想と呼ぶのか、錯覚と呼ぶのか、いや、つまるところ、これぞ真実ということかもしれない。

核のボタンに指をかけている指導者（達）がいる。自分が欲しいものをどうしても手に入れることができない時に現れる「悪意ある妬み」。どうかこの「悪意ある妬み」を発動させないでほしい。憧れの文明をその持ち主達もろとも吹き飛ばしてしまえば、あとには破壊と略奪しか残らないというのが、レイデンが本書の読者達に物語ってきた人間の歴史なのだ。

こんなに面白く歴史を読んでもいいのか？　たった一粒の真珠がイングランドの運命を変えたというのは、さすがに深読みではないかと一瞬思ったのだが、いいんじゃないだろうか。どのみち私達人間の見ている世界は錯覚に満ち満ちているのだから。

最後になったが、大変興味深い文明史の書き物を見つけて翻訳の機会を下さった、築地書館の土井二郎社長に心からの感謝をお伝えしたい。私のような文系人間が科学の世界を垣間見るチャンス、たっぷりと楽しませていただいた。そして、今回も私の拙い訳文を矯めなおそうと試みてくださった編集部の北村緑さんに、心よりお礼を申し上げたい。

二〇一七年九月　柏市の自宅にて

和田佐規子

【著者紹介】
エイジャー・レイデン
シカゴ大学で古代史と物理学を学ぶ。在学中に著名なハウス・オブ・カーン・エステート・ジュエラーズのオークション部に部長として勤務。また、ロサンゼルスに拠点を置く宝飾ブランド、タコリ社で7年以上にわたってシニアデザイナーとして働いた経験を持つ。経験豊かなジュエラーであり、研鑽を積んだ科学者でもある。カリフォルニア州ビバリーヒルズに住む。

【訳者紹介】
和田佐規子（わだ・さきこ）
岡山県の県央、吉備中央町生まれ。
東京大学大学院総合文化研究科博士課程単位取得満期退学。夫の海外勤務に付き合ってドイツ、スイス、アメリカに合わせて9年滞在。大学院には19年のブランクを経て44歳で再入学。専門は比較文学文化（翻訳文学、翻訳論）。現在は首都圏の3大学で、比較文学、翻訳演習、留学生の日本語教育などを担当。翻訳書にポール・キンステッド著『チーズと文明』（2013年）、フランク・ユケッター著『ナチスと自然保護』（2015年、以上築地書館）がある。趣味は内外の料理研究とウォーキング。

宝石　欲望と錯覚の世界史

2017年12月21日　初版発行
2019年 2 月27日　2刷発行

著者　エイジャー・レイデン
訳者　和田佐規子
発行者　土井二郎
発行所　築地書館株式会社
東京都中央区築地 7-4-4-201　〒104-0045
TEL 03-3542-3731　FAX 03-3541-5799
http://www.tsukiji-shokan.co.jp/
振替 00110-5-19057
印刷・製本　シナノ印刷株式会社
装丁　秋山香代子（grato grafica）

ISBN 978-4-8067-1548-1